高等教育管理科学与工程类专业

GAODENG JIAOYU GUANLI KEXUE
YU GONGCHENG LEI ZHUANYE

系列教材

建筑设备安装识图与施工工艺

JIANZHU SHEBEI ANZHUANG SHITU YU SHIGONG GONGYI

主 编/汪 梦 冯 满 杨稀童

副主编/吴汉美 李春娥 邓 芮

U0190382

重庆大学出版社

内容提要

本书根据工程造价、工程管理和工程审计等专业的建筑设备安装识图、施工工艺的基本要求,结合应用型本科教育教学改革实践经验编写而成。本书围绕建筑给排水系统、建筑电气系统、建筑消防系统、建筑通风空调系统和建筑智能化系统讲述其概念、构成、常用材料及设备、图例符号、主要施工工艺,使读者掌握生活给水系统和消防系统工程、电气工程的相关知识,能够独立准确地识读工程图纸。

本书适用于应用型本科和高职高专院校工程造价、工程管理、建筑设备、建筑经济及土建类相关专业的教学,也可供建筑安装工程技术人员、管理人员学习参考。

图书在版编目(CIP)数据

建筑设备安装识图与施工工艺/汪梦,冯满,杨稀童主编. -- 重庆:重庆大学出版社,2024.10.
(高等教育管理科学与工程类专业系列教材). -- ISBN 978-7-5689-4747-3

Ⅰ. TU204.21;TU8

中国国家版本馆 CIP 数据核字第 2024LC2765 号

高等教育管理科学与工程类专业系列教材
建筑设备安装识图与施工工艺

主　编　汪　梦　冯　满　杨稀童
副主编　吴汉美　李春娥　邓　芮
责任编辑:文　鹏　　版式设计:刘颖果
责任校对:关德强　　责任印制:赵　晟

*

重庆大学出版社出版发行
出版人:陈晓阳
社址:重庆市沙坪坝区大学城西路21号
邮编:401331
电话:(023)88617190　88617185(中小学)
传真:(023)88617186　88617166
网址:http://www.cqup.com.cn
邮箱:fxk@cqup.com.cn(营销中心)
全国新华书店经销
重庆紫石东南印务有限公司印刷

*

开本:787mm×1092mm　1/16　印张:18.25　字数:457 千
2024 年 10 月第 1 版　　2024 年 10 月第 1 次印刷
印数:1—2 000
ISBN 978-7-5689-4747-3　定价:49.00 元

前　言

　　随着科技的飞速发展和城市化进程的加快,建筑行业的复杂性日益凸显,尤其是建筑设备系统的安装与调试,已成为衡量建筑品质与智能化水平的重要标尺。从给排水、暖通空调到电气照明、智能化控制,每一环节都需精准设计与精细施工。因此,掌握建筑设备安装的识图技巧与施工工艺,对于提升工程质量、保障使用安全、促进节能减排具有不可估量的价值。本书旨在通过深入浅出的讲解,使读者能够迅速掌握相关知识,为职业生涯奠定坚实基础。

　　建筑设备包括建筑给排水、建筑电气、建筑消防、建筑供暖通风空调以及建筑智能化等几大专业。它是房屋建筑不可或缺的组成部分,其各个专业施工工艺的熟识和图纸识读是一项技术性、实践性很强的工作,既涵盖了多方面的专业知识,也涉及国家相关规范与条文。这些知识是从事建筑设备安装工程施工工作和计量计价工作的基础。

　　本书严格遵循国家及行业相关标准与规范,确保内容的准确性和权威性,引导读者树立规范意识,提升职业素养。以《建筑给水排水及采暖工程施工质量验收规范》(GB 50242—2002)、《建筑给水排水制图标准》(GB/T 50106—2010)、《通风与空调工程施工规范》(GB 50738—2011)、《建筑电气工程设计常用图形和文字符号》(23DX001)等现行规范为依据,根据"双师型""思政型"教学团队多年的工程实践经历以及教学经验,在课堂教案、企业典型案例和相关教学资料的基础上优化、凝练、编撰而成,具有以下特色:

　　(1)本书针对应用型本科院校学生及工程造价专业人员的需求,充分体现以培养读者实际应用能力和创新能力为主的教育特色。内容覆盖建筑设备安装的各个领域,从基础理论到最新技术,从识图技巧到施工工艺,力求全面而深入地展现建筑设备安装的全貌,并且覆盖了安装工程计量与计价所需的前置知识点,为后续顺利进行计量计价打下坚实的基础。

　　(2)本书内容和选材方面,充分利用产教融合,采用的新工艺、新技术、新材料,贯彻的新规范、新标准,贯穿全书的新图纸、新案例,均为校企导师联合研讨提供;书中配以大量高清图纸、实物照片及三维模型图,直观展示设备构造、安装流程与细节要点,帮助读者快速理解并掌握识图与施工技巧;结合工程实例,详细解析设备安装过程中的常见问题与解决方法,注重培养学生的动手能力和解决实际问题的能力。

　　(3)本书亮点是贴合应用型本科院校的办学定位和教育理念,依托重庆市线上线下混合式一流课程《建筑设备安装识图与施工工艺》《安装工程计量与计价》教学特点,结合OBE教育理念、新工科理论、产教融合育人体系及课程思政,紧跟行业发展趋势,介绍绿色建筑、智能建筑等新兴领域中的设备安装技术,为读者打开视野,拓宽职业发展道路。并通过BIM技术为读者构建安装数字世界,力求实现三大目标,包括:

①知识目标:掌握给排水、消防、电气、通风空调和建筑智能化工程的专业知识,并能将安装全专业融会贯通;

②能力目标:具备懂施工工艺、精准识图的技能;突破课程固有边界,培养能根据规范与建筑特点识读图纸、修正设计,并应用相关理论解决工程实际问题的基本能力;

③素质目标:将思政元素融入教材,实事求是磨练工匠意志;培养协作共进、分析问题并解决问题的能力和严谨的科学态度;培养开拓创新、勇于探索的进取精神。

本书由重庆城市科技学院市级一流课程《建筑设备安装识图与施工工艺》教学团队的汪梦、冯满、杨稀童担任主编,吴汉美、李春娥、邓芮担任副主编。汪梦编写前言、绪论、第1章(1.4小节由冯满编写)、第3章3.1—3.6小节,冯满参与编写第1章1.4小节、第5章(5.5小节由杨稀童编写),杨稀童参与编写第3章3.7—3.8小节、编写第4章,李春娥和邓芮共同编写第2章,吴汉美编写第3章3.9—3.10小节。

我们深知,建筑设备安装是一个既古老又年轻的领域,它承载着历史的智慧,又不断吸纳着现代科技的精华。我们希望通过这本教材,能够激发读者对建筑设备安装事业的热爱与追求,培养出一批批既有扎实理论基础,又具备丰富实践经验的优秀人才。同时,我们也期待本书能够成为行业内交流学习的平台,促进技术创新与知识共享,共同推动建筑行业的持续健康发展。

本书在编写过程中参考了国内外公开出版的许多书籍和资料,在此谨向有关作者表示谢意。最后,衷心感谢所有参与本书编写、审校工作的专家、学者及技术人员,是你们的辛勤付出与智慧结晶,让这本书得以面世。愿本书能成为每一位读者成长道路上的良师益友,伴随大家在建筑设备安装领域不断攀登新的高峰。由于编者水平有限,书中不妥和错漏之处在所难免,恳请广大读者批评指正。

编　者
2024年7月

目　录

绪　论

本书主要围绕给水、暖、电 3 个部分讲述其概念、构成、常用材料及设备、图例符号、主要施工工艺，开展施工图的识读，进行给排水、消防、电气工程、通风空调、建筑智能化等相关施工工艺的学习。在学习相关章节之前，下面先简要介绍建筑设备安装识图的一些通用基本知识。

0.1　建筑设备施工图识图概述

▶　0.1.1　建筑设备施工图组成

建筑设备施工图通常包括图纸目录、设计说明和施工说明、设备表和主要材料表、图例表、平面图、系统图、剖面图（部分管线繁杂的部位，如水池、水箱等处）等。

1)图纸目录

图纸目录是为了在一套图纸中能快速地查阅到需要了解的单张图纸而建立的一份提纲挈领的独立文件，如图 0.1 所示。识图过程从阅读图纸目录开始，这有助于帮助工程人员熟悉整套图纸的基本情况。

序号	图号	图纸名称	图幅
1	DS-01	电气设计总说明（一）	A2
2	DS-02	电气设计总说明（二）	A2
3	DS-03	绿色建筑电气节能专篇	A2
4	DS-04	配电箱系统图（一）	A1
5	DS-05	配电箱系统图（二）	A1
6	DS-06	配电箱系统图（三）　弱电系统图	A1
7	DS-07	一层电气平面图	A1
8	DS-08	二层电气平面图	A1

图 0.1　图纸目录示意图

2）设计说明和施工说明

设计说明部分介绍了设计依据、设计范围、工程概况和管道系统等内容。凡不能用图示表达或需要强调的施工要求，均应在设计说明中表述。施工说明部分介绍了系统使用材料和附件、系统工作压力和试压要求、施工安装要求及注意事项等内容。

各专业具体内容将在对应章节详细介绍。

3）设备表、主要材料表和图例表

设备表主要是对本设计中选用的主要运行设备进行描述，其组成主要有设备科学称谓、图纸中的图例标号、设备性能参数、设备主要用途和特殊要求等内容；主要材料表主要有材料名称、标准或图号、材料规格型号、用途、特殊要求等内容；图例表是将图纸上出现的设备材料等用简洁、形象、便于记忆的各种图形、符号表示出来。

一般因为工程大小、设计师习惯的不同，不同图纸绘制会有差异，有的图纸会将上述表格进行合并编制，一些大型复杂工程则分开编制。如图 0.2 所示工程为某小型工程图例及设备材料表，此工程将设备表、主要材料表和图例表 3 个表合并编制；图 0.3 所示工程将主要设备和主要材料表合并编制。

序号	图例	材料名称	型号规格	备注	单位
1	▬	动力配电柜	AD	见系统图	套
2	▨	分配电箱	AP/AL	见系统图	套
3	▱	公共照明箱	ALE	见系统图	套
4	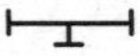 ⊢⊣	壁装单管荧光灯（节能型）	36 W	教室沿黑板上沿 距地2.5 m贴墙安装	套
5	⊢⊣	单管荧光灯（节能型）	1×36 W	吊装，距地2.4 m	套
6	 ⊨⊨	双管荧光灯（节能型）	2×36 W	吊装，距地2.4 m	套
7	⊗	防水防尘灯	1×36 W	吸顶安装	套
8	✗	单联跳板开关	250 V,10 A	中心距地1.4 m安装	个

图 0.2　图例及设备材料表示意图

序号	名称	型号	规格及性能	单位	数量
（一）	给水系统				
1	截止阀	J11W－16	DN20　PN16	套	按需
2	截止阀	J11W－16	DN25　PN16	个	按需
3	截止阀	J11W－16	DN50　PN16	个	按需
4	软密封闸阀	Z45W－16	DN65　PN16	个	按需
5	静音双隔膜式缓闭止回阀	H741X	DN100　PN16	个	按需
6	可调先导式减压稳压阀	200X	DN65　PN16	个	按需
7	自动排气阀	P41X－10	DN15　PN10	个	按需
8	倒流防止器	HJA－1.0	DN150　PN10	套	按需
9	橡胶接头	KST－Ⅱ	DN100	个	按需
10	压力表	Y－100	0～10 MP	块	按需
11	旋翼式机械水表	LXS－20	DN20	块	按需
12	旋翼式机械水表	LXS－25	DN25	块	按需
13	钢塑复合管（供水主管）		DN20～50、PN16	米	按需

图 0.3　主要设备及材料表示意图

4）平面图、轴测图、系统图、剖面图以及大样详图

平面图是假想用一水平剖切平面经门、窗洞将房屋剖开，将剖切平面以下部分从上向下投射所得到的图形。建筑平面图反映房屋的平面形状、大小和房间的布置，墙或柱的位置、大小、厚度和材料，门窗的类型和位置等情况。

轴测图是一种单面投影图，在一个投影面上能同时反映物体 3 个坐标面的形状，并接近于人们的视觉习惯，形象、逼真，富有立体感。

系统图是以 45°正面斜轴测的投影规则绘制出的图样。

剖面图是假想用一剖切面（平面或曲面）剖开构件，将处在观察者和剖切面之间的部分移去，而将其余部分向投影面上投射得到的图形。设备、设施数量多，各类管道重叠、交叉多，且用轴测图难以表示清楚时，应绘制剖面图。剖面图的剖切位置应选在能反映设备、设施及管道全貌的部位。剖切线、投射方向、剖切符号编号、剖切线转折等，应符合现行国家标准《房屋建筑制图统一标准》（GB/T 50001）的规定。

凡平面布置图、系统图中局部构造因受图面比例限制而表达不完善或无法表达的，必须绘出施工详图。如卫生器具安装、排水检查井、雨水检查井、阀门井、水表井、局部污水处理构筑物等。

由于水、暖、电各专业内容相差较大，不便统一描述，相关图纸所展示的内容将在对应章节进行介绍，这里不再赘述。

0.2 基本制图规则

► 0.2.1 画法几何基本知识

1)投影关系的概念

三面投影体系由正投影面、水平投影面和侧投影面三面建立,如图 0.4 所示。正投影是指平行投射线垂直于投影面。由一点放射的投射线所产生的投影称为中心投影,由相互平行的投射线所产生的投影称为平行投影。投影指的是用一组光线将物体的形状投射到一个平面上去,称为"投影"。在该平面上得到的图像,也称为"投影"。投影可分为正投影和斜投影。正投影即是投射线的中心线垂直于投影的平面,其投射中心线不垂直于投射平面的称为斜投影。

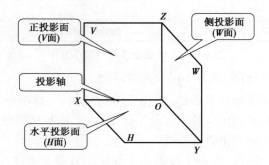

图 0.4　三面投影体系的建立

在三面投影体系的基础上,形成三面正投影图,称为三视图。三视图分别为立面图、平面图(俯视图)和左视图(左侧面图),如图 0.5 所示。

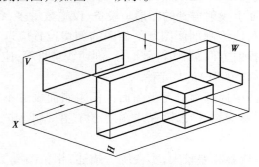

图 0.5　三面正投影图的形成

2)管道三视图识图

管道通常可以用单线图或双线图表示。单线图直接用单实线(管道轴线)表示;双线图将每条管道按照轴侧投影的绘制方法,画成以双线表示的管道空视图。表 0.1—表 0.3 分别为直管、弯管以及正三通管单、双线图的三视图。

表0.1　直管单、双线图几种情况

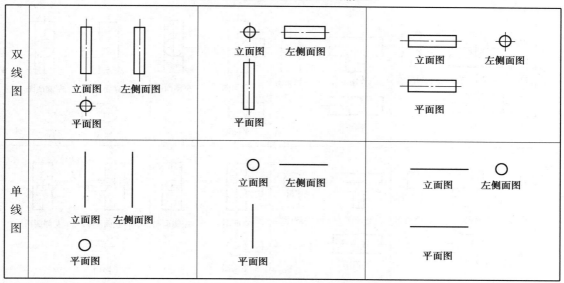

表0.2　弯管单、双线图几种情况

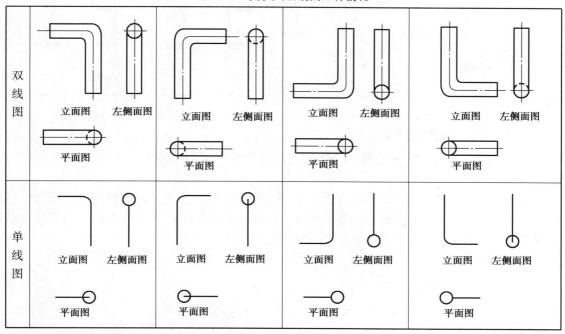

表 0.3　正三通管单、双线图几种情况

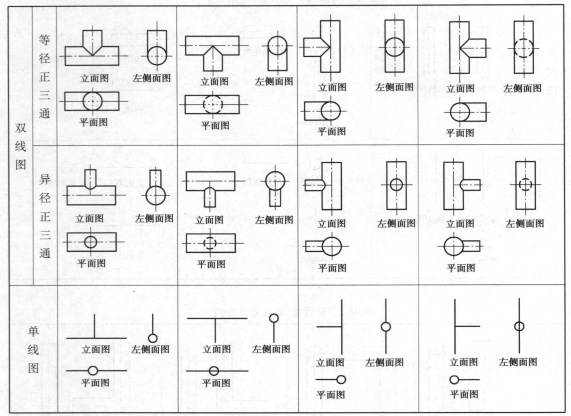

3）立面图与系统图的关系

将立面图转化成系统图遵循 20 字口诀：左右平画平，上下竖画竖，前后东北斜，斜度四十五。

由于建筑设备施工图通常不绘制立面图，在识图时，需要熟练掌握平面图与立面图的转化关系，建立形象思维，将立面图作为平面图与系统图之间的桥梁，快速将平面图与系统图结合起来进行识图。图 0.6 为 3 个视图之间的转化。

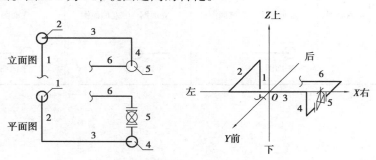

图 0.6　某管道立面图、平面图和系统图

▶ **0.2.2　制图基本规定**

1)图线

图线的基本线宽为 b,应根据图纸的类型、比例和复杂程度,按现行国家标准《房屋建筑制图统一标准》(GB/T 50001)中的规定选用。线宽 b 宜为 0.7 mm 或 1.0 mm。

建筑给排水专业制图常用的各种线型宜符合表0.4 的规定。

表0.4　线型

名称	线型	线宽	用途
粗实线	——————————	b	新设计的各种排水和其他重力流管线
粗虚线	— — — — — —	b	新设计的各种排水和其他重力流管线的不可见轮廓线
中粗实线	——————————	$0.7b$	新设计的各种给水和其他压力流管线;原有的各种排水和其他重力流管线
中粗虚线	— — — — — —	$0.7b$	新设计的各种给水和其他压力流管线及原有的各种排水和其他重力流管线的不可见轮廓线
中实线	——————————	$0.5b$	给水排水设备、零(附)件的可见轮廓线;总图中新建的建筑物和构筑物的可见轮廓线;原有的各种给水和其他压力流管线
中虚线	— — — — — —	$0.5b$	给水排水设备、零(附)件的不可见轮廓线;总图中新建的建筑物和构筑物的不可见轮廓线;原有的各种给水和其他压力流管线的不可见轮廓线
细实线	——————————	$0.25b$	建筑的可见轮廓线;总图中原有的建筑物和构筑物的可见轮廓线;制图中的各种标注线
细虚线	- - - - - - -	$0.25b$	建筑的不可见轮廓线;总图中原有的建筑物和构筑物的不可见轮廓线
单点长画线	—————·——————	$0.25b$	中心线、定位轴线
折断线	——√——	$0.25b$	断开界线
波浪线	～～～～～	$0.25b$	平面图中水面线;局部构造层次范围线;保温范围示意线

2)比例

建筑给排水专业制图常用的比例宜符合表0.5 的规定。在管道纵断面图中,竖向与纵向可采用不同的比例组合。在建筑给排水轴测系统图中,如局部表达有困难,该处可不按比例绘制。水处理工艺流程断面图和建筑给排水管道展开系统图可不按比例绘制。

表 0.5　比例

名称	比例	备注
区域规划图 区域位置图	1：50 000、1：25 000、1：10 000、 1：5 000、1：2 000	宜与总图专业一致
总平面图	1：1 000、1：500、1：300	宜与总图专业一致
管道纵断面图	竖向 1：200、1：100、1：50 纵向 1：1 000、1：500、1：300	—
水处理厂（站）平面图	1：500、1：200、1：100	—
水处理构筑物、设备间、卫生间,泵 房平、剖面图	1：100、1：50、1：40、1：30	—
建筑给水排水平面图	1：200、1：150、1：100	宜与建筑专业一致
建筑给水排水轴测图	1：150、1：100、1：50	宜与相应图纸一致
详图	1：50、1：30、1：20、1：10 1：5、1：2、1：1、2：1	—

3)标高

①标高分为绝对标高和相对标高。绝对标高以青岛某处黄海海平面定为标高零点;相对标高以底层室内主要地坪标高定为相对标高的零点。

零点标高注写成±0.000,负数标高数字前加注"−",正数标高前不写"+"。

通常在总图中标注绝对标高,在其余图中标注相对标高。

②室内工程应标注相对标高,室外工程宜标注绝对标高,无绝对标高资料时,可标注相对标高,但应与总图专业一致。

③压力管道应标注管中心标高,重力流管道和沟渠宜标注管(沟)内底标高。标高单位以 m 计时,可注写到小数点后两位。

④标高的标注方法应符合下列规定:

a.平面图中,管道标高应按图 0.7 所示的方式标注。

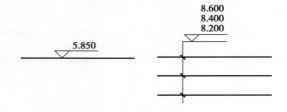

图 0.7　平面图中管道标高标注法

b.平面图中,沟渠标高应按图 0.8 所示的方式标注。

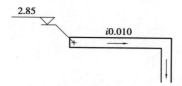

图 0.8　平面图中沟渠标高标注法

c. 剖面图中,管道及水位的标高应按图 0.9 所示的方式标注。

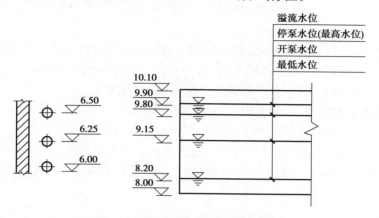

图 0.9　剖面图中管道及水位标高标注法

d. 轴测图中,管道标高应按图 0.10 所示的方式标注。

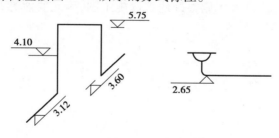

图 0.10　轴测图中标高标注法

⑤建筑物内的管道也可按本层建筑地面的标高加管道安装高度的方式标注管道标高,标注方法应为 $H+\times.\times\times$, H 表示本层建筑地面标高,如图 0.11 所示。

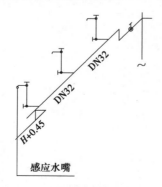

图 0.11　安装高度标高标注法

4）管径

（1）管道规格的表示方法

①外径：用 $\Phi \times$ 壁厚表示。

②公称外径：国家规定的外径，用 dn、de 或 De 表示。

③公称直径：公称直径是国家为了设计及安装方便而规定的标准直径，制定的目的是使管子、管件连接尺寸统一。每一公称直径对应一个外径，其内径数值随厚度不同而不同。公称直径用"DN"表示，如 DN15、DN20、DN25 等，单位是 mm。

（2）管径的表示方法

①水煤气输送钢管（镀锌或非镀锌）、铸铁管等管材，管径宜以公称直径 DN 表示。

②无缝钢管、焊接钢管（直缝或螺旋缝）等管材，管径宜以外径 $D \times$ 壁厚表示。

③铜管薄壁不锈钢管等管材，管径宜以公称外径 Dw 表示。

④建筑给排水塑料管材，管径宜以公称外径 dn 表示。

⑤钢筋混凝土（或混凝土）管，管径宜以内径 d 表示。

⑥复合管、结构壁塑料管等管材，管径应按产品标准的方法表示。

⑦当设计中均采用公称直径 DN 表示管径时，应有公称直径 DN 与相应产品规格对照表（详见第 1 章 1.2.3 小节）。

5）图例

建筑设备施工图中的管道、附件、器具、设备以及构筑物等都是用图例符号表示的。在识读施工图时，只有看懂这些符号才能很好地识读施工图，因此要熟悉常见的图例符号。常见的图例将在相关章节介绍。

1

建筑给排水系统

【知识目标】

1. 理解建筑给排水系统识图基础知识；
2. 熟记建筑给排水系统常见图例；
3. 认识并能准确绘制建筑给排水系统常见设备及材料；
4. 了解建筑给排水系统主要项目施工工艺。

【能力目标】

1. 能够结合案例工程快速、准确地识读建筑给排水系统施工图；
2. 具备独立识读复杂室内给排水系统施工图纸的能力；
3. 具备对室内给排水系统施工图纸中出现数据问题的分析与处理能力。

【素质目标】

1. 树立创新意识与科技报国理想；
2. 培养不畏艰难、勇于担当的精神；
3. 树立科学严谨的工匠精神；
4. 培养共同协作地分析问题、解决问题的习惯和科学严谨态度。

随着我国社会主义现代化建设的不断加快，也为了满足人们的生产和生活需求，国家在加紧对相关建筑工程质量监管的同时，也在不断提升建筑工程施工标准，并对全国范围内的建筑工程进行综合管理。比如我国在 2003 年出台了《建筑给水排水设计规范》（GB 50015—2003），而且每年都会对规范中不符合时代发展要求的款项进行调整，保证我国建筑给水排水工程的顺利进行,大大提升了对工程质量的保障,实现了对水资源使用的综合管理。此举不仅提升了我国建筑给水排水工程的施工质量,而且对于推动我国给排水专业的发展有着积极的促进作用。时至今日,建筑给水排水专业已经发展成为一个相对完整的专业体系。

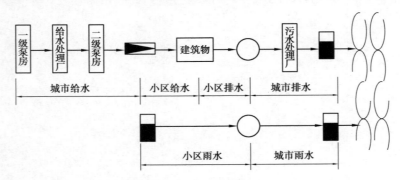

图 1.1　城市给排水体系示意图

城市市政给水管网工程(图 1.1)与小区给水管道以碰头点或以计量表、阀门(井)为界;城市市政排水管网工程与小区排水管道以碰头井为分界线;室内外给水管道以建筑物外墙皮1.5 m 为界,建筑物入口处设阀门者以阀门为界;室内外排水管道以出户第一个排水检查井为界。[摘自《重庆市通用安装工程计价定额》(CQAZDE—2018)]

1.1　建筑给排水系统基础知识

▶　1.1.1　建筑给排水系统的含义

建筑给排水系统是建筑中的基础设施,包括向建筑物提供干净的饮用水、生活用水以及排放污废水的系统。对于任何建筑来说,建筑给排水系统是一个至关重要的部分,它会影响到建筑物的使用和功能。

给水系统(Water Supply System)是通过管道及辅助设备,按照建筑物和用户的生产、生活和消防的需要,有组织地输送到用水地点的网络。

排水系统(Drainage System)是通过管道及辅助设备,把屋面雨水及生活和生产过程所产生的污水、废水及时排放出去的网络。

▶　1.1.2　建筑给排水系统的分类

建筑给排水系统主要分为以下几类:

(1)建筑给水系统

建筑给水系统是将城镇给水管网或自备水源给水管网的水引入室内,经配水管送至生活、生产和消防用水设备,并满足各用水点对水量、水压和水质要求的冷水供应系统。

(2)建筑排水系统

建筑排水系统是指建筑物内部的排水管网系统,用于将建筑物内部产生的废水、雨水以及污水等排出。它包括卫生排水系统和雨水排水系统两部分。

（3）污水处理系统

污水处理系统是共同完成污水处理的各种构筑物,按其功能以一定顺序组合而成的整体的总称。如污水生物处理系统以格栅、一次沉淀池、生物处理构筑物(如曝气池和生物接触氧化池)和二次沉淀池等单元处理过程按序组合,共同完成污水处理。

本章将重点介绍建筑给水系统和建筑排水系统。

▶ 1.1.3　管道的组成

管道工程是建筑设备安装工程中很重要的一部分。建筑工程管道安装是指建筑物内、外部的排水系统、给水系统、空调系统、燃气系统等设施的安装工作。管道安装的质量对建筑工程的安全运行和使用起着至关重要的作用。

1)组成管道的元素

管道由组成件和支承件组成。

管道组成件包括附件(功能件)、紧固件(配件)、管件(零件)、管子(直管);管道支承件包括管道安装件和管道附着件。

2)管道的种类

管道按管内输送的介质来分,分为给水管道、排水管道、燃气管道、通风管道等;按管道的材质来分,分为钢管、塑料管、复合管、铸铁管、铜管等。

▶ 1.1.4　建筑给排水系统布置

建筑给排水系统在布置时考虑多方面因素,如需求、管道整体布局、水源、位置条件等。

1)建筑给水系统布置

给水管道的布置受建筑结构、用水要求、配水点和室外给水管道的位置,以及供暖、通风、空调和供电等其他建筑设备工程管线布置等因素的影响。进行管道布置时,不但要处理和协调好各种相关因素的关系,还要满足以下基本要求:

（1）最佳水力条件

①尽可能与墙、梁、柱平行,呈直线走向,力求管路简短。

②为充分利用室外给水管网中的水压,给水引入管、给水干管应布设在用水量最大处或不允许间断供水处。

（2）维修及美观要求

①管道应尽量与端、梁、柱平行,呈直线走向,力求管路简短,以减少工程量,降低造价。

②对美观要求较高的建筑物,给水管道可在管槽、管井、管沟及吊顶内暗设。

③为便于检修,管井应每层设检修门。暗设在顶棚或管槽内的管道,在网门处应留有检修门。

④布置管道时,其周围要留有一定的空间,以满足安装、维修的要求。

⑤给水水平管道应有2‰~5‰的坡度坡向泄水装置,以便检修时排放存水。

（3）保证使用安全

①给水管道的位置,不得妨碍生产操作、交通运输和建筑物的使用。

②给水管道不得布置在遇水能引起燃烧、爆炸或损坏原料、产品和设备的上面,并应尽量

避免在生产设备上面通过。

③给水管道不得穿过商店的橱窗、民用建筑的壁橱及木装修等。

④对不允许断水的车间及建筑物,给水管道应从室外环状管网不同管段引入,引入管不少于 2 条。若必须同侧引入时,两条引入管的间距不得小于 10 m,并在两条引入管之间的室外给水管上安装阀门。

⑤室内给水管道连成环状或贯通枝状双向供水。若条件不可能达到,可采取设储水池(箱)或增设第二水源等安全供水措施。

2)建筑排水系统的布置

建筑排水系统的布置应考虑排水的顺畅性、防止倒流、防止堵塞等因素,以确保建筑物内部的排水安全和环境卫生。同时,建筑排水系统也应符合当地的建筑规范和环境保护要求。

(1)卫生器具

卫生器具的选择要求是冲洗功能强、节水消声、设备配套、使用方便。

(2)排水管

排水管穿墙或楼板时应预留孔洞,且位置准确,与卫生器具相连时,除坐式大便器和地漏外均应设置存水弯;排水横支管宜短,尽量沿墙、梁、柱明装;排水立管宜靠近外墙,且靠在排水量大、杂质多的点;塑料排水管道应根据环境温度变化设置伸缩节,但埋地或设于墙体、混凝土柱体内管道不应设置伸缩节;排出管一般铺设于地下室或地下,尽量直线布置。

(3)通气管

伸顶通气管高出屋面不小于 0.3 m,但应大于该地区最大积雪厚度,屋顶有人停留时应大于 2 m;专用通气立管和主通气立管的上端可在最高卫生器具上边缘或检查口以上不小于 0.15 m 处与污水立管以斜三通连接,下端在最低污水横支管以下与污水立管以斜三通连接;环形通气管应在横支管起端的两个卫生器具之间接出,在排水横支管中心线以上与排水横支管垂直或 45°连接;通气管不得接纳污水、废水和雨水,不得与通风管或烟道连接;器具通气管应设在存水弯出口端,且在卫生器具上边缘以上不小于 0.15 m 处,以不小于 1% 的上升坡度与通气立管连接。

(4)清通设备

清通设备主要作为疏通排水管道之用,检查口的安装高度一般为 1 m,并高于该卫生器具上边缘 0.15 m,在连接 2 个及以上的大便器或 3 个及以上的卫生器具的污水横支管上宜设清扫口。

▶ **1.1.5 建筑给排水图例**

下面列举常见给排水图例,详见表 1.1—表 1.5。

表 1.1 常见管道图例

名称	图例	名称	图例
生活给水管	—— J ——	蒸汽管	—— Z ——
热水给水管	—— RJ ——	凝结水管	—— N ——

名称	图例	名称	图例
热水回水管	——RH——	废水管	——F——
中水给水管	——ZJ——	压力废水管	——YF——
循环冷却给水管	——XJ——	通气管	——T——
循环冷却回水管	——XH——	污水管	——W——
热媒给水管	——RM——	压力污水管	——YW——
热媒回水管	——RMH——	雨水管	——Y——

表 1.2　管道附件图例

名称	图例	名称	图例
交叉管		弧形伸缩器	
三通连接		方形伸缩器	
四通连接		刚性防水套管	
流向		柔性防水套管	
坡向		防水翼环	
套管伸缩器		可弯曲橡胶接头	
波形伸缩器		管道固定支架	
管道滑动支架		圆形地漏	
防护套管（沟）		方形地漏	

续表

名称	图例	名称	图例
弯折管	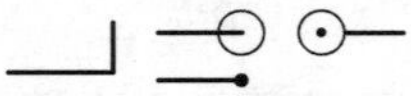	雨水斗	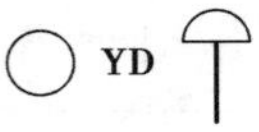 ○ YD
存水弯		排水栓	
检查口		水池通气帽（乙型）	
清扫口	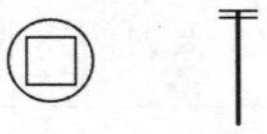	喇叭口	
通气帽		吸水管喇叭口支座	

表1.3 阀门图例

名称	图例	名称	图例
闸阀	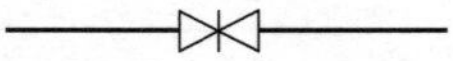	气动阀	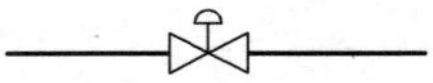
截止阀		电动调节阀	
角阀	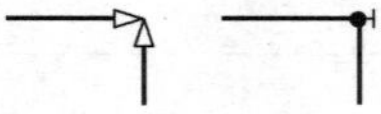	气动调节阀	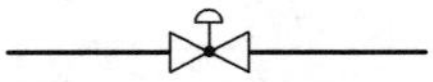
三通阀		手动调节阀	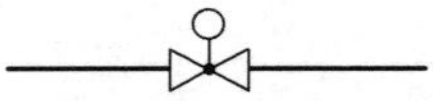
旋塞阀		节流阀	
底阀		快速排污阀	
球阀		弹簧安全阀	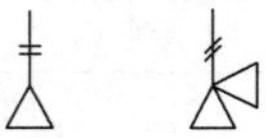
隔膜阀		平衡锤安全阀	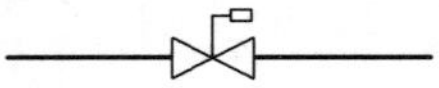

名称	图例	名称	图例
温度调节阀		自动排气阀	
压力调节阀		浮球阀	
减压阀		液压式水位控制阀	
蝶阀		止回阀	
电磁阀		消声止回阀	
电动阀		缓闭止回阀	
延时自闭冲洗阀		室外消火栓	
水龙头		室内 明装 暗装 消火栓（单口）	
皮带龙头		室内 明装 暗装 消火栓（双口）	
洒水龙头		灭火器	
化验龙头		消防喷头（闭式）	
肘式开关		消防报警阀	
脚踏开关		水泵结合器	

表1.4　卫生洁具及水池图例

名称	图例	名称	图例
洗涤盆		盥洗槽	
化验盆		妇女卫生盆	
洗脸盆		立式小便器	
立式洗脸盆		挂式小便器	
污水盆		蹲式大便器	
浴盆		坐式大便器	
带篦洗脸盆		小便槽	
饮水器		雨水口	
淋浴喷头		雨水检查井	Y　Y
软管淋浴器		排水检查井	P　P
矩形化粪池	HC	流量表井	
圆形化粪池	HC	水表井	
除油池	YC	消火栓井	
沉淀池沉沙	CC	阀门井	J1Z1(管道类别代号编号)

表1.5　设备及仪表图例

名称	图例	名称	图例
水泵		风机	
离心水泵		轴流通风机	
真空泵	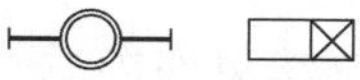	开水器	
定量泵	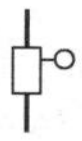	温度计	
管道泵		压力表	
潜水泵		自动记录压力表	
旋涡泵	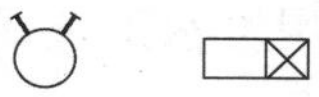	水表	

1.2　初识建筑给水系统

▶ 1.2.1　建筑给水系统的分类与组成

1)建筑给水系统的分类

按用途不同,建筑给水系统可分为生活给水系统、生产给水系统和消防给水系统。

(1)生活给水系统

生活给水系统是指为居住建筑、公共建筑与工业建筑提供饮用、烹饪、盥洗、沐浴和冲洗等生活用水的给水系统。

生活给水系统按供水水质标准的不同,分为生活饮用水给水系统、直接饮用水给水系统和生活杂用水给水系统;按供水水温要求不同,分为生活饮用水给水系统、热水供应系统和开水供应系统。

生活饮用水是指供生鲜食品的洗涤、烹饪以及盥洗、沐浴、家具擦洗、地面冲洗使用的水。生活饮用水给水系统的水质应符合国家标准《生活饮用水卫生标准》(GB 5749—2022)的要求。生活杂用水是指供便器冲洗、绿化浇水、室内车库地面和室外地面冲洗使用的水,应符合标准《城市污水再生利用　城市杂用水水质》(GB/T 18920—2020)的要求。

（2）生产给水系统

生产给水系统是指直接供给工业生产的给水系统，包括各类不同产品生产过程中所需的工艺用水、生产设备的冷却用水、锅炉用水等。

生产用水的水质、水量、水压及安全性随工艺要求的不同而有较大的差异。目前对生产给水的定义范围有所扩大，城市自来水公司将带有经营性质的商业用水也称作生产用水，实际上将水资源作为水工业的原料，相应地提高生产用水的费用，这对于保护和合理利用水资源、限制对水资源的浪费具有重要意义。

（3）消防给水系统

消防给水系统是指以水作为灭火剂供消防扑救建筑内部、居住小区、工矿企业或城镇火灾时用水的设施。

消防给水系统按消防给水系统中的水压高低，分为高压消防给水系统、临时高压消防给水系统和低压消防给水系统；按作用类别不同，分为消火栓给水系统、自动喷水灭火系统和泡沫消防灭火系统；按设施固定与否，分为固定式消防设施、半固定式消防设施和移动式消防设施。消防给水系统的具体介绍参见本书第3章建筑消防系统的3.2—3.3小节。

上述3类基本给水系统在建筑内部一般都独立设置。

在建筑小区，也可以根据各类用水对水质、水量、水压和水温的不同要求，结合给水系统的实际情况，经技术经济比较，或兼顾社会、经济、技术、环境等因素，设置成组合各异的共用系统。例如生活、生产共用给水系统，生活、消防共用给水系统，生产、消防共用给水系统，生活、生产、消防共用给水系统。

2）建筑给水系统的组成

通常情况下，建筑给水系统由水源、引入管、水表节点、给水管道、管道附件、增压和贮水设备以及给水局部处理设施组成，建筑内给水系统的组成如图1.2所示。

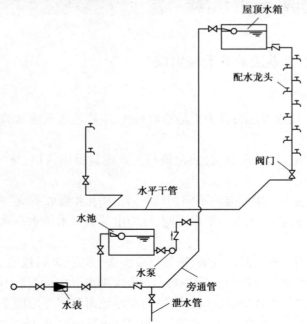

图1.2　室内给水系统组成示意图

（1）引入管

引入管又称进户管，是室外给水接户管与建筑内部给水干管相连接的管段。引入管一般埋地敷设，穿越建筑物外墙或基础。引入管受地面荷载、冰冻线的影响，一般埋设在室外地坪下 0.7 m。给水干管一般在室内地坪下 0.3~0.5 m，引入管进入建筑后立即上返到给水干管埋设深度，以避免多开挖土方。

（2）水表节点

水表节点是安装在引入管上的水表及其前后设置的阀门和泄水装置的总称。水表用于计量建筑物的总用水量；水表前后设置的阀门用于检修拆换水表时关闭管路；泄水口用于检修时排泄掉室内管道系统中的水，也可用来检测水表精度和测定管道进户时的水压值。水表节点一般设在水表井中，如图 1.3 所示。

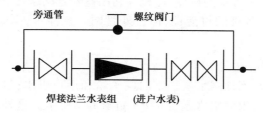

图 1.3 水表节点示意图

在建筑内部的给水系统中，在需计量用水量的某些部位和设备的配水管上也要安装水表。为利于节约用水，居住建筑每户的给水管上均应安装分户水表。为保护住户的私密性和便于抄表，分户水表宜设在户外。

（3）管道系统

给水管道系统是指为建筑物内部提供用水的管道系统，由给水管道、管件及管道附件组成。按所处位置和作用的不同，给水管分为给水干管、给水立管和给水支管。

从给水干管每引出一根给水立管，在出地面后都应设一个阀门，以便在对该立管检修时不影响其他立管的正常供水。

（4）管道附件

管道附件是指用以输配水、控制流量和压力的附属部件与装置，在建筑给水系统中，按用途可以分为配水附件和控制附件。

配水附件即配水龙头，又称水嘴、水栓，是向卫生器具或其他用水设备配水的管道附件。控制附件是管道系统中用于调节水量、水压，控制水流方向，以及关断水流，便于管道、仪表和设备检修的各类阀门。

（5）增压和贮水设备

当室外给水管网的水压、水量不能满足建筑用水的要求，或要求供水压力稳定、确保供水安全可靠时，应根据需要，在给水系统中设置水泵、气压给水设备和水池、水箱等增压和贮水设备。

（6）给水局部处理设施

当有些建筑对给水水质要求很高，超出我国现行生活饮用水卫生标准时，或其他原因造成水质不能满足要求时，需要设给水深处理构筑物和设备来局部进行给水深处理。

▶ 1.2.2 建筑给水系统的给水方式

建筑给水方式是指建筑内部给水系统的供水方案，是根据建筑物的性质、高度、配水点的布置情况以及室内所需水压、室外管网水压和配水量等因素,通过综合评判法决定给水系统的布置形式。

合理的供水方案应综合考虑工程涉及的各种因素。技术因素:供水可靠性、水质对城市给水系统的影响、节水节能效果、操作管理、自动化程度等;经济因素:基建投资、年经常费用、现值等;社会和环境因素:对建筑立面和城市观瞻的影响、对结构和基础的影响、占地对环境的影响、建设难度和建设周期、抗寒防冻性能、分期建设的灵活性、对使用带来的影响等。

1)直接给水方式

利用室外管网压力供水,为最简单、最经济的给水方式之一,一般单层和层数少的多层建筑采用这种供水方式,如图1.4所示。它适用于室外给水管网的水量、水压在一天内均能满足用水要求的建筑。该给水方式的特点:可充分利用室外管网水压,节约能源,且供水系统简单,投资少,可减少水质受污染的可能性;但室外管网一旦停水,则室内立即断水,供水可靠性差。

2)设水箱的给水方式

在建筑物顶部设水箱,当外网水压稳定时向水箱和用户供水;当外网水压不足时或用水高峰时,则可由水箱向建筑内部给水系统供水,如图1.5所示。这种供水方式适用于室外给水管网供水压力周期性不足的情况。其优点是投资省、运行费用低、供水安全性高;缺点是增大建筑物荷载,占用室内面积,易造成水质二次污染。

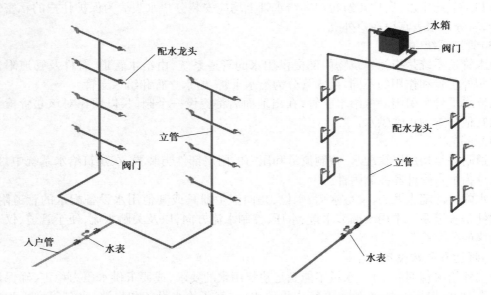

图1.4　直接给水方式　　　　　　图1.5　设水箱的给水方式

3)单设水泵的给水方式

单设水泵的给水方式宜在室外给水官网的水压经常不足时采用,如图1.6所示。因水泵直接从室外管网抽水,会使外网压力降低,影响附近用户用水,严重时还可能造成外网负压,在管道接口不严密时,其周围土壤中的渗漏水会被吸入管网,污染水质。当采用水泵直接从室外管网抽水时,必须征得供水部门的同意,并在管道连接处采取必要的防护措施,以免水质污染。

4)设水泵和水池联合的给水方式

为避免上述问题,可在系统中增设贮水池,采用水泵与室外给水管网间接连接的方式,这种依靠水泵升压给水方式避免了水泵直接从室外管网抽水的缺点,城市管网的水经自动启闭的阀门充入贮水池,然后经水泵加压后再送往室内管网,如图1.7所示。

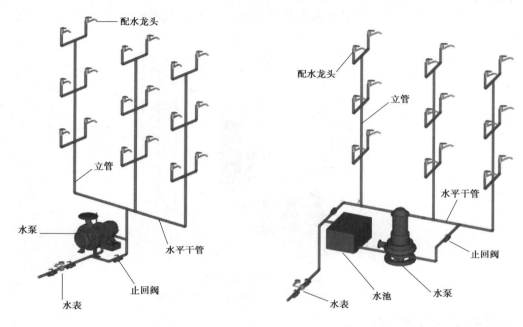

图 1.6　单设水泵的给水方式　　　　图 1.7　设水泵和水池联合的给水方式

5)设水箱、水池和水泵联合的给水方式

这种供水方式宜在室外给水管网压力低于或经常不能满足建筑内给水管网所需水压且室内用水不均匀,又不允许直接接泵抽水时采用,如图1.8所示。其优点是水泵能及时向水箱供水,可缩小水箱容积,水泵出水量稳定,供水可靠;缺点是该系统不能利用外网水压,能耗较大,造价高,安装与维修复杂。

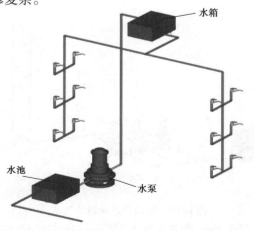

图 1.8　设水箱、水池和水泵联合的给水方式

6)气压给水方式

气压给水方式即在给水系统中设置气压给水设备,利用该设备的气压水罐内气体的可压缩性升压供水,如图1.9所示。气压水罐的作用相当于高位水箱,其位置可根据需要设置在高处或低处。该给水方式宜在室外给水管网压力低于或经常不能满足建筑内给水管网所需水压,室内用水不均匀,且宜设置高位水箱时采用。气压给水装置可分为变压式和定压式两种。

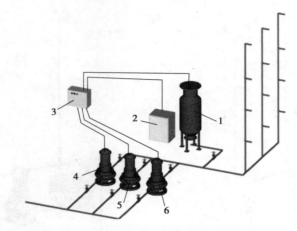

图1.9　气压给水方式

1—气压罐;2—补气装置;3—控制器;4~6—水泵

7)变频调速泵给水方式

当室内用水量不均匀时,经常采用变频调速水泵,这种水泵的构造与恒速水泵一样,也是离心式水泵,不同的是配用变速配电装置,其转速可随时调节,如图1.10所示。由离心式水泵的工作特性可知,水泵的流量、扬程和功率分别和水泵转速的一次方、二次方和三次方成正比。因此,调节水泵的转速可改变水泵的流量、扬程和功率,使水泵的出水量随时与管网的用水量相一致,对于不同的流量都可以处于较高效率范围内运行,以节约电能。

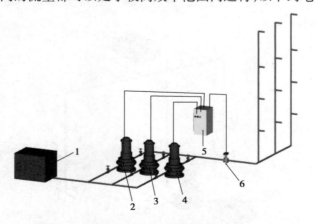

图1.10　变频调速泵给水方式

1—水池;2、3—变频泵;4—恒速水泵;5—调节器和控制器;6—压力变送器控制变频调速水泵的运行需要一套自动控制装置,在高层建筑供水系统中,常采取水泵出水管处压力恒定的方式来控制变频调速水泵。其原理是:在水泵的出水管上装设压力检出传送器,将此压力值信号输入压力控制器,并与压力控制器内原先给定的压力值相比较,根据比较的差值信号来调节水泵的转速。

8)分区给水方式

分区给水方式适用于室外给水压力只能满足建筑物下层供水的建筑,尤其在高层建筑中较为常见,如图 1.11 所示。在高层建筑中为避免底层承受过大的静水压力,常采用竖向分压的供水方式。高区由水泵、水池或水箱供水,低区可由水泵水池供水,也可由外网直接供水,以充分利用外网水压节省能耗。

9)分质给水方式

分质给水方式是根据用水水质的不同,在建筑内或小区内,组成不同的给水系统。如直接利用市政自来水,供给清洁、洗涤、冲洗等用水,为生活给水系统。自来水经过深度净化处理,达到饮用净水标准,供人们直接饮用,为饮用净水(优质水)系统;在建筑中或建筑群中将洗涤等用水收集后加以处理、回用,供冲厕、洗车、浇洒绿地等,为中水供水系统,如图 1.12 所示。

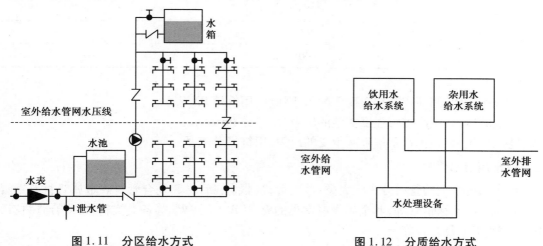

图 1.11　分区给水方式　　　　　　　图 1.12　分质给水方式

▶ 1.2.3　给水管材、附件和设备

1)管材参数

①管道直径:管道的直径通常用公称直径(DN)和外径(De)来表示。表 1.6 为公称直径与公称外径对照表。

表 1.6　公称直径与公称外径对照表

公称外径/mm	公称直径/mm	
	塑料管、复合管	铜管
15	20	18
20	25	22

续表

公称外径/mm	公称直径/mm	
	塑料管、复合管	铜管
25	32	28
32	40	35
40	50	42
50	63	54
65	75	76
80	90	89
100	110	108
125	125	—
150	160	—
200	200	—
250	250	—
300	315	—
400	400	—

②公称压力:制品在基准温度下的内压强度,用符号 PN 表示。

③试验压力:制品进行强度实验的压力,用符号 PS 表示。

④工作压力:在正常条件下所承受的压力,用符号 P 表示。

2)常用给水管材

给水系统常见的管材分为三大类:金属管材、非金属管材和复合管材。金属管材有钢管、铸铁管、铜管、不锈钢管等,非金属管材常见的有 PPR、PE、PVC 等各类塑料管,复合管材有钢塑复合管、铝塑复合管等。

(1)金属管材

①钢管。用于给水工程中的钢管主要有有缝钢管和无缝钢管两种,如图 1.13 所示。

(a)镀锌钢管　　　　　　　　(b)无缝钢管

图 1.13　钢管

有缝钢管又称焊接钢管,通常用普通碳钢制成。根据表面是否镀锌又分为镀锌钢管(俗称白铁管)和不镀锌钢管(俗称黑铁管)。镀锌钢管不能采用焊接连接,一般采用螺纹连接,管径较大时可采用法兰连接。钢管的强度高、耐振动、质量较轻、长度大、接头少、管壁光滑、水力条件好;但防腐性差,易生锈蚀,造价较高。

无缝钢管常用优质低碳钢或合金钢制造而成,性能比焊接钢管优越,但价格比较昂贵。

②铸铁管。铸铁管多用于给水、排水和煤气管道工程中,按性能分为承压铸铁管和排水铸铁管,按材质分为灰口铸铁、球墨铸铁和高硅铁管。其中,给水球墨铸铁管比普通灰口铸铁有较高强度、较好韧性和塑性,能承受较大工作压力(0.45～1.00 MPa);铸铁管耐腐蚀、价格便宜,管内壁除沥青后较光滑,因此在管径大于 70 mm 时常用作埋地管,其缺点是性脆、长度小、质量大等。

铸铁管常用承插连接,承插接口的封口一般用水泥、膨胀水泥、青铅、膨胀性填料接口、胶圈接口,如图 1.14 所示。

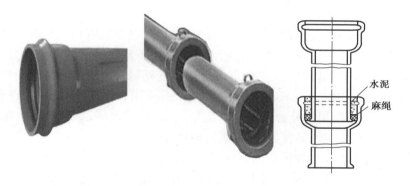

水泥
麻绳

图 1.14　铸铁管

③铜管。铜管具有较强的耐腐性,传热好,表面光滑,水力性能好,水质不易受到污染,造价较高,适用于高档建筑的给水系统、热力系统以及直饮水系统。常见的铜管有黄铜管和紫铜管,如图 1.15 所示。

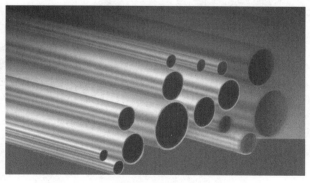

图 1.15　铜管

④不锈钢管。不锈钢管表面光滑,亮洁美观,摩擦阻力小,强度高,且有良好的韧性,容易加工,耐腐蚀性能优异,无毒无害,安全可靠,不影响水质,如图 1.16 所示。其配件、阀门均已配套。由于人们越来越讲究水质的高标准,不锈钢管的使用呈快速上升之势。

图 1.16　不锈钢管

（2）非金属管材

非金属管材种类很多，在建筑给水系统中出现的主要是塑料管材。塑料管材是以合成树脂为主要成分，加入适量的添加剂，在一定的温度和压力下塑制成型的有机高分子材料管道。它们作为传统的镀锌钢管的代替品，发展很快。常用的塑料管材有以下几种：

①硬聚氯乙烯管（PVC-U）：按用途分为给水用、排水用和化工用，如图 1.17 所示。

②聚乙烯管（PE）：按用途分为燃气用埋地聚乙烯管、软聚氯乙烯管、给水用高密度聚氯乙烯管、给水用低密度聚氯乙烯管、胶聚聚氯乙烯管等。

③三丙聚丙烯管（PPR）：与传统的铸铁管、镀锌钢管、水泥管等管道相比，它具有节能节材、环保、轻质高强、耐腐蚀、内壁光滑不结垢、施工和维修简便、使用寿命长等优点，广泛应用于建筑给排水、城乡给排水、城市燃气、电力和光缆护套、工业流体输送、农业灌溉等建筑业、市政、工业和农业领域，如图 1.18 所示。

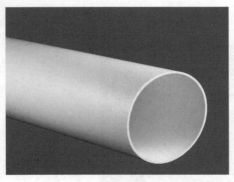

图 1.17　PVC-U 管道

图 1.18　PPR 管道

（3）复合管材

常用的复合管材有铝塑复合管和钢塑复合管。铝塑复合管是一种由中间纵焊铝管、内外层聚乙烯塑料以及层与层之间热熔胶共挤复合而成的新型管道。钢塑复合管是以普通碳素钢管作为基体，内衬化学稳定性优良的热塑性塑料管，如图 1.19 所示。由此可见，复合管材兼有金属管材和非金属管材的优点。

钢丝网骨架聚乙烯复合管是以高强度钢丝左右螺旋缠绕成型的网状骨架为增强体,以高密度聚乙烯(HDPE)为基体,并用高性能的黏结树脂层将钢丝网骨架与内外高密度聚乙烯紧密连接在一起。它具有以下几个方面的特性:耐冲击性、尺寸稳定性、可示踪性、耐腐蚀性、耐磨损性、内壁光滑,输送阻力小,适用于生活和消防给水系统。

图1.19　钢塑复合管

3)常用给水附配件

(1)管件

管件(Pipe Fitting)是管道系统中起连接、控制、变向、分流、密封、支撑等作用的零部件的统称。常见的管件有三通、四通、弯头、异径管(大小头)、管箍等,如图1.20所示。

图1.20　管件示意图

(2)附件

①配水附件。一般情况下,配水附件和卫生器具配套安装,主要有分配、调节给水流量的作用。常见的配水附件有升降式水龙头、旋塞式水龙头、球形水龙头、盥洗龙头、混合水龙头和电子自动水龙头等。

②控制附件。控制附件是管道系统中用于调节水量、水压,控制水流方向,以及关断水流,便于管道、仪表和设备检修的各类阀门。下面列举几种常见阀门。

　　截止阀也称截门,是使用最广泛的阀门之一,如图1.21所示。通常用于管径小于或等于50 mm经常启闭的管道上,用来启闭水流、调节水量,同时也可以用来调节压力。安装时注意方向,应使水流低进高出,不得装反。

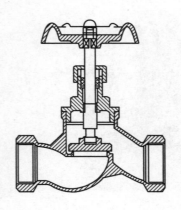

图1.21　截止阀

　　闸阀是一个启闭件闸板,闸板的运动方向与流体方向相垂直,闸阀只能作全开和全关配件,不能作调节和节流配件,如图1.22所示。闸阀多用于管径大于50mm或允许水双向流动的管道上。

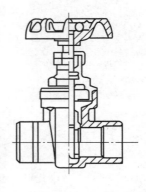

图1.22　闸阀

　　止回阀是指启闭件为圆形阀瓣并靠自身重量及介质压力产生动作来阻断介质倒流的一种阀门,如图1.23所示。止回阀属自动阀类,又称逆止阀、单向阀、回流阀或隔离阀。阀瓣运动方式分为升降式和旋启式。

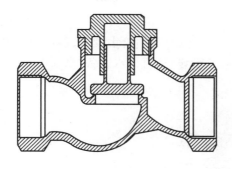

图 1.23　止回阀

　　蝶阀又称翻板阀,是一种结构简单的调节阀。可用于低压管道介质的开关控制的蝶阀是指关闭件(阀瓣或蝶板)为圆盘,围绕阀轴旋转来达到开启与关闭的一种阀,如图 1.24 所示。

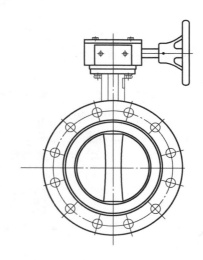

图 1.24　蝶阀

　　球阀是启闭件(球体)由阀杆带动,并绕球阀轴线做旋转运动的阀门。球阀的关闭件是个球体,主要用来做切断、分配和改变介质的流动方向,如图 1.25 所示。

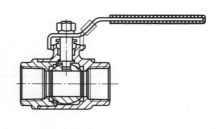

图 1.25　球阀

4)常用给水设备

建筑给水系统的供水设备常见的有水泵、给水设备(变频给水设备、稳压给水设备、无负压给水设备等,如图1.26所示)、水处理器、消毒杀菌设备、直饮水设备、水箱等。

图1.26　给水设备

5)管道支吊架及其他

(1)管道支吊架

管道支吊架是用以承受管道荷载、控制管道位移和振动,并将管道荷载传递到承载建筑结构上的各种组件或装置,一般由管部、功能件、连接件和根部组成。

表1.7和表1.8为常用管道安装支吊架的间距规定。

表1.7　塑料管及复合管管道支架的最大间距

管径/mm		12	14	16	18	20	25	32	40	50	63	75	90	110
最大间距/m	立管	0.5	0.6	0.7	0.8	0.9	1.0	1.1	1.3	1.6	1.8	2.0	2.2	2.4
	水平管 冷水管	0.4	0.4	0.5	0.5	0.6	0.7	0.8	0.9	1.0	1.1	1.2	1.35	1.55
	水平管 热水管	0.2	0.2	0.25	0.3	0.3	0.35	0.4	0.5	0.6	0.7	0.8	—	—

表1.8　钢管管道支架的最大间距

公称直径/mm		15	20	25	32	40	50	70	80	100	125	150	100	250	300
支架的最大间距/m	保温管	2	2.5	2.5	2.5	3	3	4	4	4.5	6	7	7	8	8.5
	不保温管	2.5	3	3.5	4	4.5	5	6	6.5	7	8	9.5	11	12	

(2)套管

套管是指管道穿过墙体或楼板时,用来保护管道、方便管道安装以及防止渗漏等的预埋件。通常分为一般穿墙套管和防水套管,防水套管又分为刚性防水套管和柔性防水套管。不同种类的套管主要是使用的地方不一样:柔性防水套管主要用在人防墙、水池等要求很高的地方,刚性防水套管常用于地下室的管道穿墙和屋面穿屋面板等处。常用套管图例符号见表1.9。

表1.9 套管常用图例

图例	名称	图例	名称
	一般钢套管		刚性防水套管
	一般塑料套管		柔性防水套管

▶ 1.2.4 给水管道安装工艺

建筑管道工程施工工艺是指建筑管道工程施工的全过程。主要包括管材、管件的选用、测绘,支架制作安装,管道(段)预制安装,设备、容器、卫生器具、附件以及构筑物安装,管道及设备的保温、试验、试运转(行)等。

1)管道连接方式

给水管道的"连接方式"是确定管道工程施工工艺的主要因素。常见的连接方式有螺纹连接、法兰连接、沟槽连接、焊接连接和热熔连接等。

(1)螺纹连接

螺纹连接又称丝扣连接(图1.27)。它适用于较小直径(DN100以内)、较低工作压力(1 MPa以内)焊接钢管的连接和带螺纹的阀类及设备接管的连接。

螺纹连接管道施工内容:调直、切管、套丝、组对、连接、管道及管件安装、水压试验、水冲洗。

图1.27 沟槽连接件

(2)法兰连接

法兰连接就是把两个管道、管件或器材先各自固定在一个法兰盘上,两个法兰盘之间加上法兰垫,用螺栓紧固在一起完成连接(图1.28)。有的管件和器材已经自带法兰盘,也是属于法兰连接。法兰按连接方式可分为螺纹法兰、焊接法兰、沟槽法兰(图1.29)。

图 1.28 法兰连接

法兰连接管道施工内容:检查及清扫管材、切管、坡口、调直、对口、焊接法兰、紧螺栓、加垫、管道及管件预安装、拆卸、二次安装、水压试验、水冲洗。

(a)螺纹法兰　　　　　　(b)焊接法兰　　　　　　(c)沟槽法兰

图 1.29 法兰连接种类

(3)沟槽连接

沟槽连接是用压力响应式密封圈套入两连接钢管端部,两片卡件包裹密封圈并卡入钢管沟槽,上紧两圆头椭圆颈螺栓,实现钢管密封连接,如图 1.30 所示。

图 1.30 沟槽连接

沟槽连接管道施工内容:调直、切管、压槽、对口、涂润滑剂、上胶圈、安装卡箍件、管道及管件安装、水压试验、水冲洗。

(4)焊接连接

管道的焊接广泛采用电焊和气焊(图 1.31)。电焊适合于焊接厚度 4 mm 以上的焊件,气焊适合于焊接厚度 4 mm 以下的薄焊件。

焊接连接管道施工内容:调直、切管、坡口、煨弯、挖眼接管、异形管制作、组对、焊接、管道及管件安装、水压试验、水冲洗。

（5）热熔连接

热熔连接将塑料管材和管件在热熔机上进行加热后进行连接（图1.32）。

热熔连接管道施工内容:切管、组对、预热、熔接管道及管件安装、水压试验、水冲洗。

 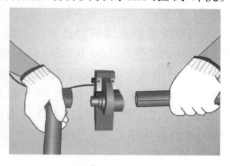

图1.31 焊接　　　　　　　　　　　　　图1.32 热熔连接

2)给水系统安装工艺

给水系统安装工艺流程:安装准备→支架制作、安装→预制加工→干管安装→立管安装→支管安装→管道试压→管道冲洗→管道防腐和保温→管道通水。

（1）安装准备

认真熟悉图纸,根据施工方案的施工方法,配合图纸会审等相关内容做好技术准备工作,现场应安排好适当的工作场地、工作棚和料具,水电源应接通,设置必要的消防设施;准备好相应的机具及材料准备,材料必须达到饮用水卫生标准,并对各种进场材料做好进场检验和试验工作。

（2）支架制作

管道支架、支座的制作应按照图纸要求进行施工,代用材料应取得设计者同意;支吊架的受力部件,如横梁、吊杆及螺栓等的规格应符合设计及有关技术标准的规定;管道支吊架、支座及零件的焊接应遵守结构件焊接工艺,焊缝高度不应小于焊件最小厚度,并不得有漏焊、结渣或焊缝裂纹等缺陷;对制作合格的支吊架,应进行防腐处理和妥善保管。

（3）预制加工

按设计图纸画出管道分路、管径、变径、预留管口、阀门位置等施工草图,在实际位置做上标记。按标记分段量出实际安装的准确尺寸,记录在施工草图上,然后按草图测得的尺寸预制加工,按管段及分组编号。

（4）管道安装

干管安装一般可在支架安装完毕后进行。可先在主干管中心线上定出各分支主管的位置,标出主管的中心线,然后测量记录各主管间的管段长度,并在地面进行预制和预组装。预制时,同一方向的主管头子应保证在同一直线上,且管道的变径应在分出支管之后进行。组装好的管子,应在地面检查有无外斜弯曲,如有则应进行调直。

立管安装时,每层从上至下统一吊线安装卡件,将预制好的立管按编号分层排开,按顺序安装,对好调直时的印记,丝扣外露2～3扣,清除麻头,校核预留甩口的高度、方向是否正确。

支管甩口均加好临时丝堵;立管阀门安装朝向应便于操作和修理;安装完后用线锤吊直找正,配合土建堵好楼板洞。

将预制好的支管从立管甩口依次逐段进行安装,根据管道长度适当加好临时固定卡,核定不同卫生器具的冷热水预留口高度、上好临时丝堵。支管装有水表位置先装上连接管,试压后在交工前拆下连接管,换装水表。

(5)管道试压

室内给水管道的水压试验必须符合设计要求。当设计未注明时,各种材质的给水管道系统试验压力均为工作压力的 1.5 倍,但不得小于 0.6 MPa。

检验方法:金属及复合管给水管道系统在试验压力下观测 10 min,压力降不应大于 0.02 MPa,然后降到工作压力进行检查,应不渗不漏;塑料管给水系统应在试验压力下稳压 1 h,压力降不得超过 0.05 MPa,然后在工作压力的 1.15 倍状态下稳压 2 h,压力降不得超过 0.03 MPa,同时检查各连接处不得渗漏。

(6)管道冲洗

生产给水系统管道在交付使用前必须冲洗和消毒,并经有关部门取样检验,符合《生活饮用水卫生标准》(GB 5749—2022)方可使用。

(7)管道防腐和保温

给水管道铺设与安装的防腐均按设计要求及国家验收规范施工,所有型钢支架及管道镀锌层破损处和外露丝扣要补刷防锈漆。给水管道明装、暗装的保温有防冻保温、防热损失保温、管道防结露保温。其保温材质及厚度均按设计要求,质量应达到国家验收规范标准。

1.3　初识建筑排水系统

► 1.3.1　建筑排水系统分类与组成

1)建筑排水系统的分类

建筑排水系统按水质的不同,可分为生活排水系统、工业排水系统、屋面雨水排水系统。

(1)生活排水系统

生活排水系统中所指的水包括生活污水、生活废水。其中,污水又称为黑水,即粪便污水,其杂质含量高,难以处理;废水又称为灰水,即盥洗、沐浴、洗涤以及空调凝结水等,经过处理后,可作为杂用水,用来冲洗厕所、浇洒绿地和道路、冲洗汽车等。人们常说的中水系统即为将灰水和雨水进行收集、处理再回用的系统。

(2)工业排水系统

工业排水系统,排出生产过程中所产生的污、废水,根据污染程度的不同,又可分为生产污水和生产废水。生产污水是指生产过程中被化学物质(氰、铬、酸、碱、铅、汞等)和有机物污染较重的水,生产污水必须经过相关处理达到排放标准后才能排放;生产废水是指生产过程中受污染较轻或被机械杂质(悬浮物及胶体)污染的水。

(3)屋面雨水排水系统

屋面雨水排水系统收集并排出降落到建筑屋面的雨、雪水的排水系统。雨、雪水一般较清洁,可直接排放。

2)排水系统的组成

完整的排水系统由污废水收集器、水封装置、排水管道、通气管、清通设备、抽升设备、污水局部处理构筑物等组成(图1.33)。

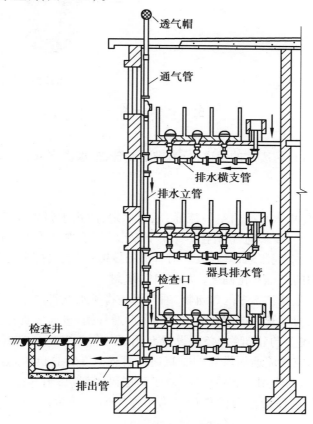

图1.33　室内排水系统组成示意图

(1)污废水收集器

污废水收集器指卫生器具或生产设备受水器,是排水系统的起点,收集和排出污废水,如便溺器具、盥洗器具、洗涤器具和地漏等。

(2)水封装置

水封装置是设置在污废水收集器具的排水口下方处、与排水横支管相连的一种存水装置,俗称存水弯。其作用是阻挡排水管道中的臭气和其他有害气体、虫类等通过排水管进入室内污染室内环境。

存水弯一般有 S 形和 P 形(图1.34)两种,水封高度不能太高,也不能太低,若水封高度太高,污水中固体杂质容易沉积,太低则容易被破坏,因此水封高度一般为 50 ~ 100 mm,水封底部应设清通口,以利于清通。

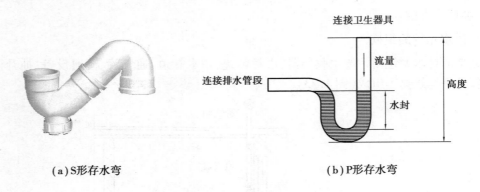

（a）S形存水弯   （b）P形存水弯

图 1.34　存水弯

（3）排水管道

排水管道是用来输送污废水的通道,分为排水支管、排水横支管、排水立管、排水干管、排出管等。

（4）通气管

通气管系统是为使排水系统内空气流通,压力稳定,防止水封破坏而设置的与大气相通的管道,如图 1.35 所示。设置通气管主要有 3 个原因:一是排出排水管道内的有害气体;二是保持排水管内有新鲜空气流通,减轻废气对管道的侵蚀;三是向排水管系统补给空气,使水流畅通,减小排水管内的气压变化幅度,以免破坏"水封"。

对于楼层不高、卫生器具不多的建筑物,通气管是将排水立管的上端伸出屋顶一定高度,为防止异物落入立管,通气管顶端应装设网罩或伞形通气帽,该通气管称为伸顶通气管;对于层数较多或卫生器具较多的建筑物,必须设置专用通气管。专用通气管指仅与排水立管相连,为确保污水立管内空气流通而设置的垂直通气管道。立管总负荷超过允许排水负荷时,可起平衡立管内正负压的作用。实践证明,对于高层民用建筑,当其排水支管承接少量卫生器具时,这种做法能起到保护水封的作用。采用专用通气管后,污水立管排水能力可增加1倍。

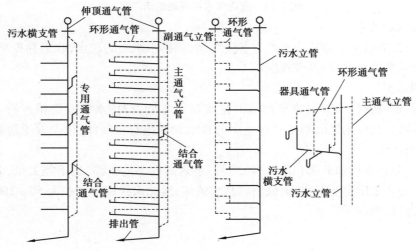

图 1.35　通气管系统

（5）清通设备

排水管道中排出的污物和杂质较多，很容易发生堵塞现象，因此清通件的作用是清通排水管道，一般有检查口、清扫口和检查井3种。

检查口是带有可开启检查盖的配件，装设在排水立管及较长水平管段上，可作检查和双向清通管道之用。当连接的卫生器具较多时，排水横管末端应设清扫口，用于单向清通排水管道；当清扫口安装在地面时，又称地面扫除口。

（6）抽升设备

民用和公共建筑物的地下室、人防建筑与工业建筑内部标高低于室外排水管道的标高，其污废水一般难以自流排出室外，需要抽升排泄。一般采用水泵抽升。

与抽升设备连接的排水管称为压力排水管，区别于其他依靠重力将污废水排出室外的管道，需要考虑管道承压。

（7）污水局部处理构筑物

当建筑物内的污水水质不符合排放标准时，需要在排入市政排水系统前进行局部处理。此时在建筑排水系统内应设置局部处理设备，常用的有化粪池、油池、降温池和酸碱中和池4种。

▶ 1.3.2 建筑排水系统的排水方式

1）生活排水系统的排水方式

生活排水系统的排水方式，分为合流制和分流制两种。

合流制是采用同一套管道系统将污、废水收集起来一同排放的排水方式。合流制管道简单，但处理设备的处理能力较大。

分流制是采用两种或两种以上的管道系统将污、废水分别收集起来，分别排放的排水方式。分流制管道复杂，但污染程度较轻的废水可直接排放，不需要进行处理，降低了处理压力。

2）屋面雨水排水系统

屋面雨水的排除方式，按雨水管的位置分为外排水系统、内排水系统和混合式雨水排水系统。

（1）外排水系统

外排水是指屋面不设雨水斗、建筑物内部没有雨水管道的雨水排放方式。按屋面有无天沟，外排水系统又分为檐沟外排水和天沟外排水两种方式。

檐沟外排水系统适用于普通住宅、一般公共建筑、小型单跨厂房。檐沟外排水系统由檐沟和雨落管组成，如图1.36所示。降落到屋面的雨水沿屋面集流到檐沟，然后流入沿外墙设置的雨落管排至地面或雨水口。

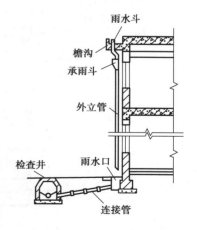

图1.36　檐沟外排水系统

天沟外排水是由屋面构造上形成的天沟汇集屋面雨水，流向天沟末端进入雨水斗，经立管及排出管排向室外管道系统，如图1.37所示。天沟布置应使其不穿越厂房的伸缩缝或沉降缝，遇到伸缩缝时，应以伸缩缝为界向厂房两端排水。

天沟的排水断面形式根据屋面情况确定,一般多为矩形和梯形。天沟坡度不宜太大,以免天沟起始端屋顶垫层过厚而增加结构的荷重;但也不宜太小,以免天沟抹面时局部出现倒坡,雨水在天沟中积水,造成屋顶漏水,所以天沟坡度一般为 3‰~6‰。

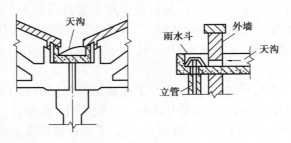

图 1.37 天沟外排水系统

(2)内排水系统

内排水是指屋面设雨水斗,建筑物内部有雨水管道的雨水排水系统。对于跨度大的多跨工业厂房,在屋面设天沟有困难的锯齿形或壳形屋面厂房及屋面有天窗的厂房应考虑采用内排水形式。对于建筑立面要求高的高层建筑,大屋面建筑及寒冷地区的建筑,在墙外设置雨水排水立管有困难时,也可考虑采用内排水形式。内排水系统由雨水斗、连接管、悬吊管、立管、排出管、埋地干管和检查井组成,如图 1.38 所示。降落到屋面上的雨水,沿屋面流入雨水斗,经连接管、悬吊管流入排水立管,再经排出管流入雨水检查井,或经埋地干管排至室外雨水管道。

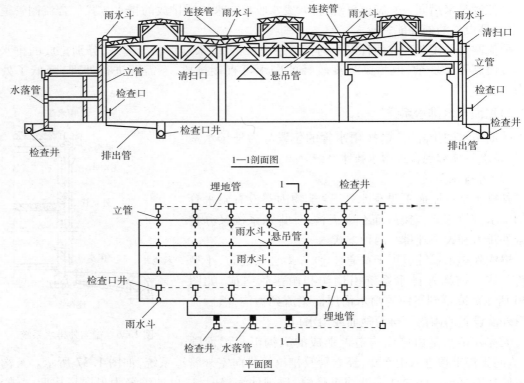

图 1.38 内排水系统

（3）混合式雨水排水系统

大型工业厂房的屋面形式复杂，为了及时有效地排出屋面雨水，往往同一建筑物采用几种不同形式的雨水排出系统，分别设置在屋面的不同部位，由此组合成屋面雨水混合排水系统。

▶ 1.3.3　排水管材及卫生器具

1）排水管材

对敷设在建筑物内部的排水管道，要求具有足够的机械强度，抗污水侵蚀性能好，不漏水等特性。下面重点介绍排水铸铁管、塑料排水管等常用管材的性能及特点。

（1）排水铸铁管

排水铸铁管具有耐腐蚀性能强、有一定的强度、使用寿命长、价格便宜等优点。排水铸铁管每根管长一般为 1.0～2.0 m，与给水铸铁管相比管壁较薄，不能承受较大的压力，主要用于一般的生活污水、雨水和工业废水的排水管道。要求强度较高或排出压力水的地方常用给水铸铁管代替。

排水铸铁管有承插连接、法兰连接，承插连接有刚性接口和柔性接口两种。

（2）塑料排水管

塑料排水管具有质轻、耐腐蚀、水流阻力小、外表美观、施工安装方便、价格低廉等优点。近年来，塑料排水管在国内建筑排水工程中得到了普遍认可和应用。最常用的是硬聚氯乙烯管（UPVC），如图 1.39 所示。

UPVC 管是以聚氯乙烯树脂为主要原料，加入必要的助剂，经注塑成型，具有质轻、不结垢、耐腐蚀、抗老化、强度高、耐火性能好、施工方便、造价低、可制成各种颜色、节能等优点，在正常的使用情况下寿命可达 50 年以上。目前已广泛用于一般民用建筑和工业建筑的内排水系统中。

图 1.39　UPVC 塑料排水管

2）卫生器具

卫生器具是用来满足日常生活的各种卫生要求，收集和排除生活及生产中产生的污废水的设备，它是排水系统的重要组成部分。对卫生器具的一般要求是：耐腐蚀、耐老化、耐摩擦、耐冷热、强度好、表面光滑、易清洗、便于安装和维修、节水低噪、水封效果好。

卫生器具按用途可分为便溺用卫生器具、盥洗用卫生器具、沐浴用卫生器具和洗涤用卫生器具 4 类。

（1）便溺用卫生器具

便溺用卫生器具用来收集和排出粪便污水，如图 1.40 所示。便溺用卫生器具包括便器和冲水设备两部分。便器分为坐式大便器、蹲式大便器、大便槽、小便器、小便槽等;冲水设备有冲洗水箱和冲洗阀两种。

（a）大便器　　　　　　　　　　（b）小便器

图 1.40　便溺用卫生器具

（2）盥洗用卫生器具

盥洗用卫生器具是供人们洗漱、化妆的洗浴用卫生器具,包括洗脸盆、洗手盆、盥洗槽等,如图 1.41 所示。

图 1.41　盥洗用卫生器具

（3）沐浴用卫生器具

沐浴用卫生器具包括浴盆和淋浴器,如图 1.42 所示。

（a）浴盆　　　　　　　　　　（b）淋浴器

图 1.42　沐浴用卫生器具

（4）洗涤用卫生器具

洗涤用卫生器具是用来洗涤食物、衣物、器皿等物品的卫生器具，如图1.43所示。常用的洗涤用卫生器具有洗涤盆、化验盆、污水盆（池）等。

图1.43　洗涤用卫生器具

▶ 1.3.4　排水管道安装工艺

1）管道连接方式

排水管道常见的连接方式是承插连接（图1.44），分为刚性承插连接和柔性承插连接两种。刚性承插连接是用管道的插口插入管道的承口内，对位后先用嵌缝材料嵌缝，然后用密封材料密封，使之成为一个牢固的、封闭的整体。柔性承插连接在管道承插口的止封口上放入富有弹性的橡胶圈，然后施力将管子插端插入，形成一个能适应一定范围内的位移和振动的封闭管。

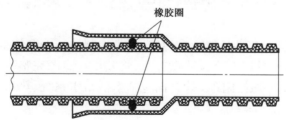

图1.44　承插连接示意图

2）排水系统安装工艺流程

建筑排水系统安装工艺流程：安装准备→预制加工→干管安装→立管安装→支管安装→卡件固定→封口堵洞→试验。

（1）安装准备

熟悉图纸，根据设计图纸及技术交底，检查、核对预留孔洞尺寸是否正确，将管道坐标、标高位置画线定位。

（2）预制加工

根据图纸要求并结合实际情况，确定位置并测量尺寸，切割材料，管口要用砂纸、锉刀清理毛刺，清除残屑。

（3）管道安装

干管安装：根据设计图纸要求的坐标、标高预留槽洞或预埋套管。埋入地下时，按设计坐标、标高、坡向、坡度开挖槽沟后安装；采用托吊管安装时，应按设计坐标、标高、坡向做好托、吊架。条件具备时，将预制加工好的管段，按编号运至安装部位进行安装。干管安装完成后应做闭水试验，出口用充气橡胶堵密闭，以不渗漏、5 min 内水位不下降为合格。

立管安装：按设计要求，将洞口预留或后剔，洞口尺寸不得过大，更不可损伤受力钢筋。安装前清理场地，根据需要支搭操作平台，将已预制好的立管运到安装部位。立管插入端应先画好插入长度标记，然后涂上肥皂液，套上锁母及 U 形橡胶圈。安装时，先将立管上端伸入上一层洞口内，垂直用力插入至标记为止。合适后即用自制 U 形钢制抱卡紧固于伸缩节上沿。然后找正找直，并测量顶板距三通中心是否符合要求，无误后即可堵洞，并将上层预留伸缩节封严。

支管安装：首先剔出吊卡孔洞或复查预埋件是否合适；其次清理场地，按需要支搭操作平台，将预制好的支管按编号运至场地；再次根据管段长度调整好坡度，合适后固定卡架，封闭各预留管口和顶替洞。

（4）试验

隐蔽或埋地的排水管道在隐蔽前必须做灌水试验，其灌水高度应不低于底层卫生器具的上边缘或底层地面高度。检验方法：满水 15 min 水面下降后，再灌满观察 5 min，液面不降、管道及接口无渗漏为合格。

排水主立管及水平干管管道均应做通球试验，通球球径不小于排水管道管径的 2/3，通球率必须达到 100%。

1.4　建筑给水排水系统识图

施工图是工程界的语言，是建筑施工的依据，是编制施工图预算的基础。建筑给排水施工图采用统一的图形符号并以文字说明做补充，将其设计意图完整明了地表达出来，用以指导工程施工。建筑给水排水施工图设计方面包括生活给水系统、热水供应系统、消防给水系统、生活排水系统、雨水排水系统。

▶ 1.4.1　给水排水施工图的基本内容

建筑给水排水施工图是指房屋内部的卫生设备或生产用水装置的施工图，图纸绘制应按《房屋建筑制图统一标准》（GB/T 50001—2017）执行。

建筑给水排水施工图主要反映了用水器具的安装位置及其管道布置情况，同时也是基本建设概预算中施工图预算和组织施工的主要依据。一般由平面布置图、系统轴测图、施工详图、设计说明及主要设备材料表组成。

建筑给水排水施工图设计严格按《建筑给水排水制图标准》（GB/T 50106—2010）、《建筑给水排水设计标准》（GB 50015—2019）和《给水排水设计手册》（第二版）第二册（建筑给水排水）执行。

1）室内给水排水设计说明

施工图上应附有图例及施工说明。凡是图纸中无法表达或表达不清而又必须为施工技术人员所了解的内容，均应用文字说明。施工说明包括所用的尺寸单位、施工时的质量要求，采用材料、设备的型号、规格等，某些施工做法及设计图中采用的标准图集名称等内容。

（1）给水排水系统设计说明

主要说明建筑面积、层高、楼层分布情况、给水排水系统划分、用水量设计、水源进出方式、水箱设置情况等。

（2）管材与附件

主要说明给水、排水及消防系统所采用的管材、附件和连接方式，给水管材出厂压力要求，试验压力和工作压力之间的倍数关系等。

（3）管道防腐、保温

主要说明明敷给水管、排水管的刷漆要求，暗设和埋地管道的防腐要求，热回水管、外露给水管的保温、防冻材料及做法要求。

（4）管道敷设

主要说明管道穿楼板、水池壁、地下室外墙等预埋套管要求，各种管道安装坡度要求，管道防火封堵要求，排水横管之间、横管与主管之间、主管与排水出户管之间管件连接要求以及施工质量和验收标准等。

（5）管道支吊架

主要说明各种管道设备支吊架安装要求、支吊架安装距离、支吊架刷漆防腐。

（6）阀门

主要说明各种给水管道上所采用的阀门类型和连接方式。

（7）其他

主要说明所采用的标准图集号、主要设备材料列表。为了使施工准备的材料和设备符合设计要求，便于备料和进行概预算的编制，设计人员还需编制主要设备材料明细表，施工图中涉及的主要设备、管材、阀门、仪表等均应一一列入表中。

2）室内给水排水平面图

（1）内容

建筑给水排水平面图表示建筑物内各层给水排水管道及卫生设备的平面布置情况，其内容包括：

①各用水设备的类型及平面位置；

②各干管、立管、支管的平面位置，立管编号和管道的敷设方式；

③管道附件，如阀门、消火栓、清扫口的位置；

④给水引入管和污水排出管的平面位置、编号，以及与室外给水排水管网的联系。

（2）特点

①比例。室内给水排水平面图一般采用与建筑平面图相同的比例，常用 1：100，必要时也可采用 1：50 或 1：200 等。

②数量。多层建筑物给水排水平面图，原则上应分层绘制。管道与卫生器具相同的楼层可以只绘制一张给水排水平面图，但底层必须单独绘出。当屋顶设水箱和管道时，应绘制屋

顶给水排水平面图。

（3）给水排水平面图

给水排水平面布置图中的房屋建筑平面图，仅作为建筑内部管道系统及卫生器具平面布置和定位的基准。因此，仅需用细实线描绘建筑的墙身、柱、门窗、洞口等主要构件，建筑细部、门窗代号均可省略。在各层的平面布置图上，均需标注墙、柱的定位轴线编号和轴线尺寸以及各楼层地面标高。

（4）标准图例

给水排水工程图中，各种卫生器具、管件、附件及阀门等，均应按照《给水排水制图标准》（GB/T 50106—2010）中规定的图例绘制。

（5）设备、管道布置平面图

卫生设备在房屋建筑平面图中一般已布置好，如施工安装上需要，可标注其定位尺寸。各种管道不论在楼面、地面或地下，均不考虑其可见性。安装在下层空间或埋设在地面下而为本层使用的管道，应绘制于本层平面图上。当管道为暗装时，管道线应绘制在墙身断面内。注意管道线仅表示其安装位置，并不表示其具体平面尺寸。一般都把室内给水排水管道用不同的线型表示并画在同一张图上，但管道较为复杂时，也可分别画出给水和排水管道的平面图，如图1.45所示。

在底层给水排水平面图中，各种管道进出建筑物要按系统进行编号。一般给水管道的每一个引入管为一个系统，类别代号为大写字母"J"；排水管道以每一个排出管为一个系统，类别代号为"P"。

立管在平面布置图中用小圆圈（直径为12 mm）表示，并注明其类型和编号。

管道的管径、标高、坡度均标注在系统轴测图中，在平面图中不必标注。

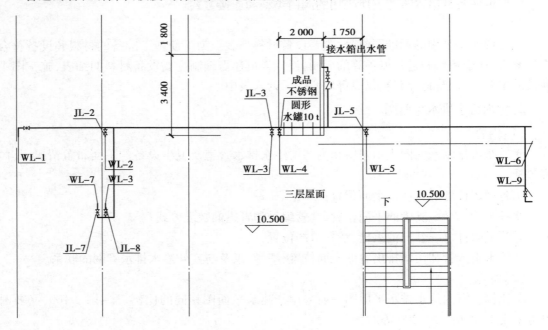

图1.45 给水排水平面大样图

3)建筑给水排水系统图

（1）内容

给水排水系统图是能够反映管道、设备三维空间关系或在建筑中的空间位置关系的图样，注有各管段的管径、坡度、标高和立管编号。给水轴测图表明给水阀门、水龙头等的位置；排水轴测图表明存水弯、地漏、清扫口、检查口等管道附件的位置（图1.46）。

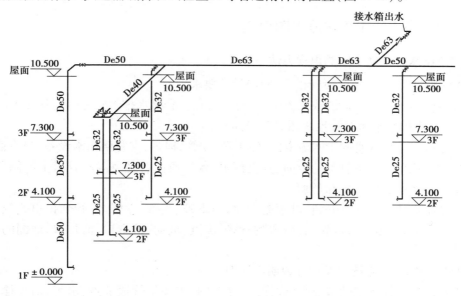

图1.46　给水排水系统图

（2）特点

①轴向选择。采用轴测投影原理绘制（一般采用45°三等正面斜轴测）。

②比例。轴测图通常采用与平面布置图相同的比例，也可不按比例绘制；必要时也可放大或缩小。

③管道系统。轴测图一般应按给水、排水、热水供应、消防等各系统单独绘制，用单线表示管道，用图例表示卫生设备；各管道系统的编号应与平面图保持一致。对于卫生器具和管道完全相同的楼层，可只画一个有代表性楼层的所有管道，其他楼层只需在省略折断处标注"同某层"即可。当轴测图立管、支管在轴测方向重复交叉影响视图时，可标号断开移至空白处绘制。

（3）尺寸标注

轴测图中，各管段均注有管径，排水横管还应注明坡度，当采用标准坡度时，图中可省略标注，施工说明中做统一说明。

轴测图中的标高均为相对标高。在给水管道轴测图中，标注横管中心标高，以及地面、楼面、屋面、阀门和水箱各部位的标高。在排水系统中，一般不标注横管标高，只标出排出管起点管内底标高，以及地面、楼面、屋面、通气帽的标高等。

4)详图

凡是在以上图中无法表达清楚的局部构造或由于比例原因不能表达清楚的内容,必须绘制施工详图。绘制施工详图的比例,以能清楚表达构造为原则选用。施工详图应优先采用标准图、通用施工详图系列,如卫生器具安装、阀门井、水表井、局部污水处理构筑物等均有各种施工标准图供选用。

▶ 1.4.2 室内给水排水施工图识读

1)建筑给水排水施工图的识读方法

(1)熟悉图纸目录,了解设计说明,明确设计要求

设计说明有的写在平面图或系统图上,有的写在整套给水排水施工图的首页上。

(2)将给水排水平面图和系统图对照识读

给水系统可从引入管起沿水流方向,经干管、立管、横管、支管到用水设备,将平面图和系统图一一对应识读。弄清管道的走向、分支位置,各管段的管径、标高,管道上的阀门、水表、升压设备及配水龙头的位置和类型。

排水系统可从卫生器具开始,沿水流方向,经支管、横管、立管、干管到排出管依次识读。弄清管道的走向,管道汇合位置,各管段的管径、坡度、坡向、检查口、清扫口、地漏的位置,通风管形式等。

(3)结合平面图、系统图及设计说明看详图

室内给水排水详图包括节点图、大样图、标准图,主要是管道节点、水表、消火栓、水加热器、卫生器具、套管、开水炉、排水设备、管道支架的安装图及卫生间大样图等,图中须注明详细尺寸,供安装时直接使用。

凡是图纸中无法表达或表达不清的而又必须为施工技术人员所了解的内容,均应用文字说明。文字说明应力求简洁。设计说明应表达如下内容:设计概况、设计内容、引用规范、施工方法等。例如:给水排水管材以及防腐、防冻、防结露的做法;节能方法;管道的连接、固定、竣工验收的要求;施工中特殊情况的技术处理措施;施工方法要求严格遵循的技术规程、规定等。

工程中选用的主要材料及设备,应列表注明。表中应列出材料的类别、规格、数量,设备的品种、规格和主要尺寸。

此外,施工图还应绘制出图中所用的图例,所有的图纸及说明应编排有序,写出图纸目录。

2)施工图识读举例

（1）已知条件

①卫生间图例表（表1.10）

表1.10 卫生间图例

编号	名称	图例
1	洗手盆	
2	蹲便器	
3	清扫口	
4	地漏	

②某4层办公楼的卫生间给水排水管道图如图1.47所示，图1.48只画出其中一层的系统图或平面图，其余楼层均相同。

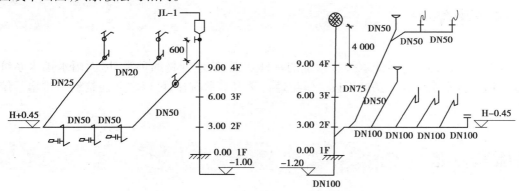

图1.47 给水排水管道图

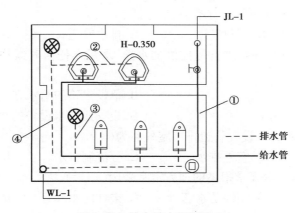

图1.48 给水排水平面图

（2）识读给水排水系统图和平面图

①一楼卫生间的地坪标高为_____ m。

②"①"号管道对应的管径为_____。

③"②"号管道对应的管径为_____。

④"③"号管道对应的管径为_____。

⑤"④"号管道对应的管径为_____。

⑥单层的蹲便器为_____套。

⑦地漏为_____个。

⑧清扫口为_____个。

⑨洗手盆为_____套。

⑩2 楼的层高为_____m。

⑪3 楼的层高为_____m。

⑫4 楼 DN50 的给水管标高为_____ m。

⑬4 楼 DN50 的排水管标高为_____ m。

⑭透气帽距地的高度为_____m。

⑮清扫口连接的排水管管径为_____。

本章小结

本章主要讲述了建筑给水排水系统的基础知识、给水管材的种类、屋面雨水排水系统以及建筑给水排水系统施工图的识读。学生通过学习本章内容，可以掌握建筑给水排水系统的内容。

课后习题

一、单选题

1.管道按材质来分，以下符合标准的是（　　　）。

A.雨水管道　　　　　B.塑料管道　　　　　C.排水管道　　　　　D.给水管道

2.（　　　）适用于当室外给水管网提供的水压、水量在任何时候均满足建筑用水要求的场合。

A.直接给水方式　　　　　　　　　　B.单设水箱的给水方式

C.单设水泵的给水方式　　　　　　　D.设气压给水设备的给水方式

3.污水、废水、雨水分别设置管道排出室外称为（　　　）。

A.室内排水　　　　　B.室外排水　　　　　C.分流制排水　　　　　D.合流制排水

4.穿过人防墙、水池等要求很高的地方常常采用（　　　）。

A.一般钢套管　　　　B.刚性防水套管　　　　C.柔性防水套管　　　　D.塑料套管

5.下列选项属于管道管件的是(　　　)。

A. 地漏　　　　　　B. 喷头　　　　　　C. 阀门　　　　　　D. 弯头

二、填空题

1.建筑给水系统可分为(　　　　　)系统、(　　　　　)系统和(　　　　　)系统。

2.DN 表示(　　　　　),De 表示(　　　　　)。

3.建筑排水系统的排水方式,分为(　　　　　)制和(　　　　　)制两种。

4.卫生器具按用途可分为(　　　　)、(　　　　)、(　　　)和(　　　　)4 类。

5.伸顶通气管高出屋面不小于(　　　　　)m,但应大于该地区最大积雪厚度,屋顶有人停留时应大于(　　　　　)m;

三、简答题

1.简述建筑给水排水系统的含义及分类。

2.建筑给水系统的给水方式有哪些?

3.列举常见的管道附件。

4.列举常见的管道管件。

5.简述给水排水管道安装工艺流程。

建筑电气系统

【知识目标】

1. 理解建筑电气系统识图基础知识;
2. 熟记建筑电气系统常见图例;
3. 认识并能准确绘制建筑电气系统常见设备及材料;
4. 了解建筑电气系统主控项目施工工艺;
5. 理解强电照明的接线原理。

【能力目标】

1. 能够结合案例工程快速、准确地识读建筑电气系统施工图;
2. 培养与人沟通、与人交往的能力,具有团队协作精神;
3. 树立成本意识;
4. 提升危机意识,培养自我学习和持续发展能力;
5. 拓宽学习视野,聚焦专业前沿。

【素质目标】

1. 树立民族自豪感;
2. 培养大局意识和观念;
3. 培养正确的职业观和道德标准;
4. 培养爱岗敬业、吃苦耐劳的良好品质;
5. 培养开拓创新、勇于探索的进取精神。

"建筑电气"是随着现代建筑的发展而拓展出的新学科,是现代建筑的重要组成部分,尤其是现在的高层建筑,在很大程度上要依赖于建筑电气,可以说建筑电气是现代电气技术与现代建筑的巧妙结合。

建筑电气的发展使建筑物的供配电系统、保安监视等系统实现自动化,同时,也能对建筑物内的给排水系统、空调制冷系统、自动消防系统等实行最佳控制和最佳管理。

2.1　建筑电气系统基础知识

▶ 2.1.1　建筑电气系统的含义

建筑电气设备
分类

针对建筑电气的理解较多,有人认为建筑电气是以电气技术为手段,在有限空间内,为创造人性化的生活环境的一门应用学科;也有人认为在建筑物中,利用现代先进的科学理论及电气技术所构建的电气平台,统称建筑电气。

《建筑电气工程施工质量验收规范》(GB 50303—2015)将建筑电气工程定义为实现一个或几个具体目的且特性相配合的,由电气装置、布线系统和用电设备电气部分构成的组合。

▶ 2.1.2　建筑电气系统的组成

各类建筑电气系统虽然作用各不相同,但它们一般都是由用电设备、配电线路、控制和保护设备三大部分组成。

凡是耗能的设备统称为用电设备,如照明灯具、家用电器、电动机、喇叭等,种类繁多,作用各异,分别表达出各类系统的功能特点。

配电线路用于传输电能和信号。各类系统的线路均为各种型号的导线或电缆,其安装和敷设方式也都大致相同。其主要特点是功能上的单一性和布置上的分散性。其作用都是传输电能或信号。

控制和保护设备是对相应系统实现操作保护等作用的设备。这些设备常集中安装在一起,组成如配电盘、柜等。若盘、柜常集中安装在同一房间中,即形成各种建筑电气专用房间,如变配电室、共用电视天线系统前端操作室、消防中心操作室等。

▶ 2.1.3　建筑电气系统的分类

民用建筑电气主要有两个基本任务:一是以传输、分配、转换电能为标志,承担着实现电能的供应、输配、转换和利用;二是以传输信号,进行信息交换为标志,承担着实现各类信息的获取、传输、处理存储、显示和应用。习惯上,前者称为"强电",后者称为"弱电"。从电压等级上划分,强电一般是 110 V 以上,而弱电一般是 60 V 以下。

强电系统主要包括动力工程、照明工程、变配电工程、防雷接地工程及其他用电力工程;弱电系统主要包括电视系统、监控系统、安防系统、电话通信系统、火灾自动报警系统、公共广播系统等。

▶ 2.1.4 建筑电气系统识图基础知识

1)建筑电气工程图的种类和用途

《电气技术用文件的编制 第 1 部分:规则》(GB/T 6988.1—2008)将电气图的种类经过综合和统一,按照用途划分为 16 种,即系统图或框图、功能图、逻辑图、功能表图、电路图、等效电路图、端子功能图、程序图、设备元件表、接线图或接线表、数据单、单元接线图或单元接线表、位置简图或位置图、互连接线图或互连接线表、端子接线图或端子接线表、电缆配置图或电缆配置表。

建筑电气系统中常见的部分只有如下几类:

(1)首页

首页内容包括电气工程图的目录、设计说明、图例、设备明细表等。图例一般是列出本套图纸涉及的一些特殊图例,如图 2.1 所示。设备明细表只列出该项电气工程中主要电气设备的名称、型号、规格和数量等。设计说明主要阐述该电气工程设计的依据、基本指导思想与原则,补充图中未能表明的工程特点、安装方法、工艺要求,特殊设备的使用方法及其他使用与维护注意事项等。

图例	名称	型号规格	安装高度	备注
	单联暗开关	250 V 10 A	距地 1.3 m	
	双联暗开关	250 V 10 A	距地 1.3 m	
	三联暗开关	250 V 10 A	距地 1.3m	
	声光延时开关	250 V 10 A	距地 1.3 m	
	普通插座	250 V 10 A	距地 0.3 m	
	柜机插座	250 V 16 A(带开关)	距地 0.3 m	供空调柜机
	挂机插座	250 V 16 A(带开关)	距地 2.0 m	供空调挂机
	卫生间插座	250 V 10 A	距地 1.5 m	卫生间插座(防溅水型)
	吸顶灯	220 V 22 W 节能灯	吸顶	
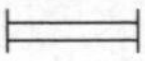	双管荧光灯	2×36 W		T8 型
	镜前灯		距地 2.1 m	
	换气扇	250 V 60 W	距顶 0.2 m	排风扇
	自带蓄电池应急灯		壁挂,距地 2.5 m	应急时间 $t \geq 30$ min
	单向疏散指示灯		距地 0.5 m	自带蓄电池,持续时间≥30 min
	双向疏散指示灯		距地 0.5 m	自带蓄电池,持续时间≥30 min
	安全出口标志灯		距地 2.4 m	自带蓄电池,持续时间≥30 min

图 2.1 某工程电气专业图例表

（2）系统图或框图

系统图或框图是用符号或带注释的框概略表示系统或分系统的基本组成、相互关系及其主要特征的一种简图，又称概略图。其用途是为进一步绘制其他种类的电气图或编制详细的技术文件提供依据，供操作和维修时参考。

图2.2是某工程照明配电箱系统图，从系统图中所表达的内容，可以了解到该配电箱的进线为一根5芯电缆，经过一个负荷开关后进入户内，户内有5个出线回路（不包括备用回路），经由交流微型断路器后由 WDZB-BJY 电线向末端用电设备配电。

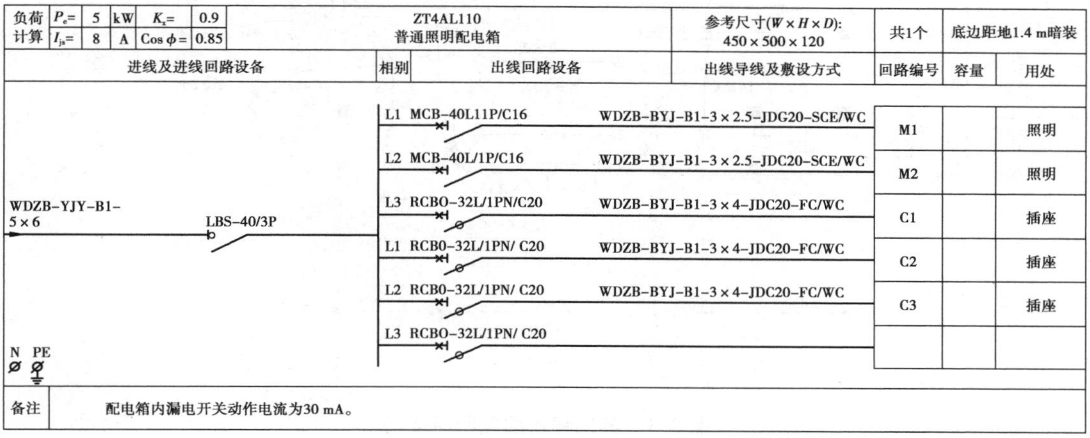

负荷计算	$P_e=$	5	kW	$K_x=$	0.9	ZT4AL110 普通照明配电箱		参考尺寸（$W \times H \times D$）: $450 \times 500 \times 120$	共1个	底边距地1.4 m暗装
	$I_{js}=$	8	A	$\text{Cos} \phi=$	0.85					
进线及进线回路设备				相别		出线回路设备	出线导线及敷设方式	回路编号	容量	用处
WDZB-YJY-B1- 5×6			LBS-40/3P	L1		MCB-40L11P/C16	WDZB-BYJ-B1-3×2.5-JDG20-SCE/WC	M1		照明
				L2		MCB-40L/1P/C16	WDZB-BYJ-B1-3×2.5-JDC20-SCE/WC	M2		照明
				L3		RCBO-32L/1PN/C20	WDZB-BYJ-B1-3×4-JDC20-FC/WC	C1		插座
				L1		RCBO-32L/1PN/ C20	WDZB-BYJ-B1-3×4-JDC20-FC/WC	C2		插座
				L2		RCBO-32L/1PN/ C20	WDZB-BYJ-B1-3×4-JDC20-FC/WC	C3		插座
N PE				L3		RCBO-32L/1PN/ C20				
备注			配电箱内漏电开关动作电流为30 mA。							

图2.2　某工程 ZT4AL110 配电箱系统图

（3）平面图

电气设备平面图是在建筑物的平面图上标出电气设备、元件、管线实际布置的图样，主要表示其安装位置、安装方式、规格型号数量及接地网等。通过平面图可以知道每幢建筑物及其各个不同标高上装设的电气设备、元件及其管线等。建筑电气平面图用得很多，动力、照明、变配电装置、各种机房、通信广播、电缆电视、火灾报警、防盗保安、微机监控、自动化仪表、架空线路、电缆线路及防雷接地等都要用到平面图。

图2.3为某工程首层照明平面图，图中表达了用户的配电情况，配电箱、灯具、开关、插座的安装位置情况，管线的布置情况等信息。但其不能反映设备、器具等安装高度，安装高度一般通过说明或文字标注读取。

（4）控制原理图

控制原理图是单独用来表示电气设备及元件控制方式及其控制线路的图样，主要表示电气设备及元件的启动、保护、信号、联锁、自动控制及测量等。通过控制原理图可以知道各设备元件的工作原理、控制方式，掌握建筑物的功能实现的方法等。动力、变配电装置、火灾报警、防盗保安、微机监控、自动化仪表、电梯等都要用控制原理图表达，较复杂的照明及声光系统也要用到控制原理图。

图2.4所示为某工程应急照明控制原理图。从图2.4可知，3根火线与应急灯相连，1根正常供电线路上的火线，满足日常照明所需；1根消防强启线，发生火灾时，正常供电中断，强启线启动，维持线路连接；1根充电线，主要实现对应急灯蓄电池的充电功能；1根零线，完成回路闭合；1根接地线，实现灯具接地处理。

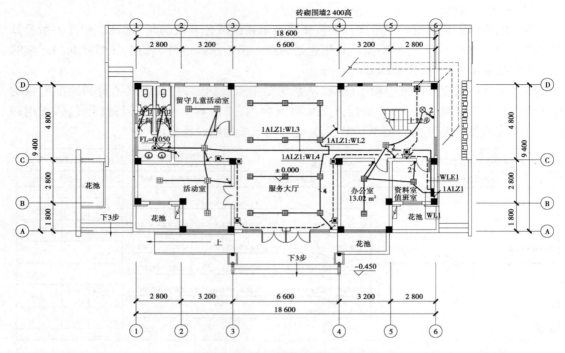

图 2.3　某工程首层照明平面图

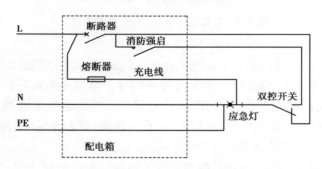

图 2.4　某工程应急照明控制原理图

（5）二次接线图或接线表

二次接线图是与控制原理图配套的图样,用来表示设备元件外部接线以及设备元件之间的接线,如图 2.5 所示。通过接线图可以知道系统控制的接线及控制电缆、控制线的走向及布置等。动力、变配电装置、火灾报警、防盗保安、微机监控、自动化仪表、电梯等都要用到接线图。一些简单的控制系统一般没有接线图。

（6）数据单

数据单是指对特定项目给出详细信息的资料,如电缆清册、设备材料表等。设备材料表一般都要列出系统主要设备及主要材料的规格、型号、数量、具体要求或产地。但是表中的数量一般只作为概算估计数,不作为设备和材料的供货依据,如图 2.6 所示。

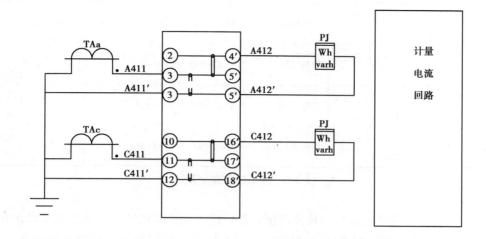

图 2.5 某计量电流回路二次接线原理图

序号	编号	名称	电缆起点	电缆终点	电缆型号规格	长度/m	钢管 规格	钢管 长度/m	备注
					电缆明细表				
1	0B-01	电力电缆	矿35 kV 变6 kV 配电室	厂6^{XV} 高压室 1#柜	ZQ12-6000 3×50				见厂区 动力网
2	1CD-01A	电力电缆	矿35 kV 变7 kV 配电室	厂6^{XV} 高压室 4#柜	2(ZQ12-6000 3×150)				见厂区 动力网
3	0B-02	电力电缆	厂6 kV 高压室1 #柜	0#变压器 S7-630/63	ZQ12-6000 3×50	26			
4	1B-01	电力电缆	厂6 kV 高压室3 #柜	1#变压器 S7-630/63	ZQ12-6000 3×50	23			见厂区 动力网
5	1F-01	电力电缆	厂6 kV 高压室5 #柜	发电机出线 小室	ZQ12-6000 3×185	18			见厂区 动力网
6	HUBP-01	电力电缆	厂380 V 低压室 2#屏	循环泵房	XV22-500 3×150+1 ×50				
7	HUBP-02	电力电缆	厂380 V 低压室 15#屏	循环泵房	XV22-500 3×150+1 ×50				
8	XF-01	电力电缆	厂380 V 低压室 3#屏	引风机	XV22-500 3×120+1 ×35	42	GG70	16	
9	GSB-01	电力电缆	厂380 V 低压室 4#屏	1#给水泵	XV22-500 3×35+1×10	9	GG50	4	
10	GSB-02	电力电缆	厂380 V 低压室 13#屏	2#给水泵	XV22-500 3×35+1×10	21	GG50	4	

11	SF-01	电力电缆	厂380 V 低压室 5#屏	1#鼓风机	XV22-500 3×25+1×10	16	GG40	4	
12	SF-02	电力电缆	厂380 V 低压室 12#屏	2#鼓风机	XV22-500 3×25+1×10	9	GG40	4	
13	SM-01	电力电缆	厂380 V 低压室 6#屏	输煤专用屏	XV22-500 3×50+1×16				见厂区动力网
14	SM-02	电力电缆	厂380 V 低压室 9#屏	输煤专用屏	XV22-500 3×50+1×16				见厂区动力网

图2.6　某工程电缆清册

（7）大样图

大样图一般是指用来表示某一具体部位或某一设备元件的结构或具体安装方法的图纸。通过大样图可以了解该项工程的复杂程度。一般非标准的控制柜、箱,检测元件和架空线路的安装等都要用到大样图。大样图通常采用标准通用图集,剖面图也是大样图的一种,如图2.7所示。

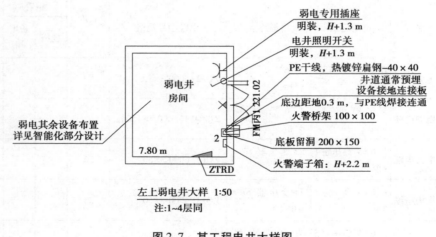

图2.7　某工程电井大样图

2）阅读建筑电气工程图的一般程序

阅读建筑电气工程图的方法没有统一的规定。但当拿到一套建筑电气工程图时,面对一大摞图纸,究竟如何阅读? 根据编者经验,通常可按一定方法,即:了解概况先浏览,重点内容反复看,安装方法找大样,技术要求查规范。

具体阅读一套图纸的一般程序如下:

（1）看标题栏及图纸目录

了解工程名称、项目内容、设计日期及图纸数量和内容等。

（2）看总说明

设计说明主要阐述电气工程设计的依据、基本指导思想和原则,以及图样未能清楚表明的工程特点、安装方法、工艺要求、特殊设备的安装使用说明和有关注意事项的补充说明等。阅读设计说明时,要注意并掌握以下内容:

①工程规模概况,总体要求,采用的标准规范、标准图册及图号,负荷级别,供电要求,电

压等级,供电线路及杆号,电源进户要求和方式,电压质量,弱电信号分贝要求等。

②系统保护方式及接地电阻要求,系统防雷等级、防雷技术措施及要求,系统安全用电技术措施及要求,系统对过电压和跨步电压及漏电采取的技术措施。

③工作电源与备用电源的切换程序及要求,供电系统短路参数、计算电流、有功负荷、无功负荷、功率因数及要求,电容补偿及切换程序要求,继电保护装置的参数及要求,母线联络方式,信号装置,操作电源的参数及要求。

④高低压配电线路形式及敷设方法要求,厂区线路及户外照明装置的形式、控制方式,某些具体部位或特殊环境(爆炸及火灾危险、高温、潮湿、多尘、腐蚀、静电、电磁等)的安装要求及方法,系统对设备、材料、元件的要求及选择原则,动力及照明线路的敷设方法及要求。

⑤供电及配电采用的控制方式,工艺装置采用的控制方法及联锁信号,检测和调节系统的技术方法及调整参数,自动化仪表的配置、调整参数、安装要求及其管线敷设要求,系统联动或自动控制的要求及参数,工艺系统的参数及要求。

⑥弱电系统的机房安装要求,供电电源的要求,管线敷设方式,防雷接地要求及具体安装方法,探测器、终端及控制报警系统安装要求,信号传输分贝要求、调整及试验要求。

⑦铁构件加工制作和控制盘柜制作要求、防腐要求、密封要求、焊接工艺要求,大型部件吊装要求,混凝土基础工程施工要求、标号、设备冷却管路试验要求、蒸馏水及电解液配制要求,化学法降低接地电阻剂配制要求等非电气的有关要求。

⑧所有图中交代不清、不能表达或没有必要用图表示的要求、标准、规范、方法等。

⑨除设计说明外,其他每张图上的文字说明或注明的个别、局部的一些要求等,如相同或同一类别元件的安装标高及要求。

⑩土建、暖通、设备、管道、装饰、空调制冷等专业对电气系统的要求或相互配合的有关说明、图样,如电气竖井、管道交叉、抹灰厚度、基准线等。

(3)看系统图

各分项工程的图纸中都包含有系统图。如变配电工程的供电系统图、电力工程的电力系统图、照明工程的照明系统图以及电缆电视系统图等。看系统图的目的是了解系统的基本组成,主要电气设备、元件等连接关系及它们的规格、型号、参数等,掌握该系统的组成概况。

阅读动力系统图时,要注意并掌握以下内容:

①进线回路编号、电压等级、进线方式、导线电缆及穿管的规格型号。

②进线盘、柜、箱、开关、熔断器及配管配线的规格型号、计量方式及表计。

③出线盘、柜、箱、开关、熔断器及配管配线的规格型号,回路个数、用途、编号及容量,启动柜或箱的规格型号,电动机及设备的规格型号、启动方式,同时核对该系统动力平面图回路标号与系统图是否一致。

④自备发电设备或 UPS 情况。

⑤电容补偿装置情况。

阅读照明系统图时,要注意并掌握以下内容:

①进线回路编号、进线线制(三相五线、三相四线、单相两线制)、进线方式、导线电缆及穿管的规格型号。

②照明箱、盘、柜的规格型号、各回路开关熔断器及总开关熔断器的规格型号、回路编号及相序分配、各回路容量及导线穿管规格、计量方式及表计、电流互感器规格型号,同时核对

该系统照明平面图回路标号与系统图是否一致。

③直控回路编号、容量及导线穿管规格、控制开关型号规格。

④箱、柜、盘有无漏电保护装置,其规格型号、保护级别及范围。

⑤应急照明装置的规格型号及台数。

(4)看平面布置图

平面布置图是建筑电气工程图纸中的重要图纸之一,如变配电所电气设备安装平面图(还应有剖面图)、电力平面图、照明平面图、防雷平面图、接地平面图等,都是用来表示设备安装位置、线路敷设部位、敷设方法及所用导线型号、规格、数量、管径大小的。通过阅读系统图,了解系统组成概况之后,就可依据平面图编制工程预算和施工方案具体组织施工,所以必须熟读平面图。阅读平面图时,一般可按进线—总配电箱—干线—支线—分配电箱—用电设备的顺序进行。阅读电气平面图时,要注意并掌握以下有关内容:

①建筑物名称、编号、用途、层数、标高、等高线、用电设备容量及大型电机容量和台数、弱电装置类别、电源及信号进户位置。

②变配电所位置、变压器台数及容量、电压等级、电源进户位置及方式、系统架空线路及电缆走向、杆型及路灯、拉线布置、电缆沟及电缆井的位置、回路编号、主要负荷导线截面及根数、电缆根数、弱电线路的走向及敷设方式、大型电动机及主要用电负荷位置以及电压等级、特殊或直流用电负荷位置、容量及其电压等级等。

③系统周围环境、河道、公路、铁路、工业设施、电网方位及电压等级、居民区、自然条件、地理位置、海拔等。

④设备材料表中的主要设备材料的规格、型号、数量、进货要求、特殊要求等。

⑤文字标注、符号意义以及其他有关说明、要求等。

(5)看电路图

了解各系统中用电设备的电气自动控制原理,用来指导设备的安装和控制系统的调试工作。因电路图多是采用功能布局法绘制的,看图时应依据功能关系从上至下或从左至右,逐一对回路进行阅读。熟悉电路中各电器的性能和特点,更有利于读懂图纸。

(6)看安装接线图

了解设备或电器的布置与接线。与电路图对照阅读,进行控制系统的配线和调校工作。

(7)看安装大样图

安装大样图是用来详细表示设备安装方法的图纸,是依据施工平面图进行安装施工和编制工程材料计划时的重要参考图纸。安装大样图多采用全国通用电气装置标准图集。

(8)看设备材料表

设备材料表提供了该工程所使用设备、材料的型号、规格和数量,是编制设备、材料购置计划的重要依据之一。

建筑电气工程
设计常用图形
和文字符号

阅读建筑电气
工程图的步骤

2.2　初识变配电系统

▶ 2.2.1　变配电系统组成

变配电系统是指将输电线路通过变电站进行变压、配电和控制,最终将电能送达用户终端的工程。其包括供电和配电两部分,供电系统是由电源系统和输配电系统组成的产生电能并供应和输送给用电设备的系统;而将电力系统中从降压配电变电站(高压配电变电站)出口到用户末端的这一段系统称为配电系统。

1)电力系统的组成

典型电力系统如图 2.8 所示,主要包括发电厂、变电所和电力线路。

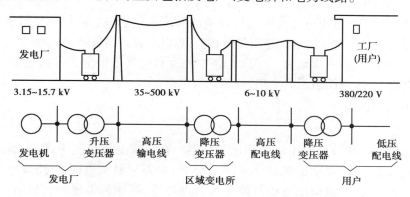

图 2.8　电力系统示意图

(1)发电厂

发电厂是将一次能源(如水力、火力、风力、太阳能、原子能等)转换成二次能源(电能)的场所。我国传统的发电方式主要有火力、水力和核能发电,近年来,我国能源发展正朝着清洁、低碳、高效的方向推进,清洁能源的比重不断提高,风力发电、光伏发电和生物质发电也得到了广泛应用。

(2)变电所

变电所是接受电能、改变电能电压并分配电能的场所,主要由电力变压器与开关设备组成,是电力系统的重要组成部分。装有升压变压器的变电所称为升压变电所;装有降压变压器的变电所称为降压变电所。接受电能,不改变电压,并进行电能分配的场所称为配电所。

(3)电力线路

电力线路是输送电能的通道。其任务是将发电厂生产的电能输送并分配到用户,将发电厂、变配电所和电能用户联系起来。它由不同电压等级和不同类型的线路构成。

建筑供配电线路的额定电压等级多为 10 kV 线路和 380 V 线路,并有架空线路和电缆线路之分。

2）配电系统的组成

（1）配电电源

配电系统的电源可以是电力系统的电力网，也可以是企业、用户的自备发电机。

（2）配电网

配电网的主要作用是接收电能并负责将电源得到的电能经过输电线路，直接输送到用电设备。

（3）用电设备

用电设备是指专门消耗电能的电气设备。在用电设备中，约70%是电动机类设备，20%是照明用电设备，10%是其他类设备。

▶ 2.2.2 初识变配电装置

1）高压电气设备的种类

电气设备按其工作电压分为高压电气设备和低压电气设备。高压电气设备是电压等级在1 kV及以上者，低压电气设备是电压等级在1 kV以下者。担负输送、变换和分配电能任务的电路称为主电路，也称一次电路。一次电路中的所有电气设备称为一次设备。用来控制、指示、监测和保护一次电路运行的电路，称为二次电路。

2）高压电气设备简介

（1）熔断器

各类电气设备型号表达

熔断器是最简单和最早使用的一种保护电器。在正常工作情况下，由于通过熔体的电流较小，熔体温度虽然上升，但不会熔化，电路可靠接通；当电路发生过负荷或发生短路时，过负荷电流或短路电流流过熔体，熔体被迅速加热熔断，切断故障电流，从而保护了电路中的其他电气设备。

熔断器结构外形和图例符号如图2.9所示，文字符号为FU。

FU

图2.9 熔断器及其图例

（2）高压隔离开关

高压隔离开关是一种没有专门灭弧装置的开关设备，灭弧能力非常弱，因此不能用来开断负荷电流或短路电流。隔离开关的触头暴露在空气中，在分闸状态时有暴露在空气中的明显可见的断口，在合闸状态时能可靠地通过负荷电流和短路电流。其作用是将需要检修的电气设备与带电部分相互隔离，以保障检修工作的安全。

高压隔离开关结构外形和图例符号如图2.10所示，文字符号为QS。

图2.10 高压隔离开关

（3）高压负荷开关

高压负荷开关是一种灭弧能力介于隔离开关和断路器之间的简易开关电器。负荷开关与隔离开关的主要不同是负荷开关装有简单的灭弧装置，可以接通和断开电路中的负荷电流。但负荷开关的灭弧能力远不如断路器，不能切断短路电流，其结构特点约等于隔离开关+简单的灭弧装置。

高压负荷开关结构外形和图例符号如图2.11所示，文字符号为QL。

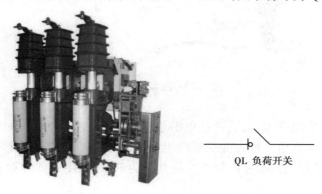

图2.11 高压负荷开关

（4）高压断路器

高压断路器的控制作用是根据电网运行的需要，将部分电气设备及线路投入或退出运行。高压断路器的保护作用是在电气设备或电力线路发生故障时，继电保护或自动装置发出跳闸信号，使断路器断开，将故障设备或线路从电网中迅速切除，确保电网中无故障部分的正常运行。

高压断路器结构外形和图例符号如图2.12所示，文字符号为QF。

（5）避雷器

避雷器是一种能释放雷电或兼能释放电力系统操作过电压能量，保护电工设备免受瞬时过电压危害，能截断续流，不致引起系统接地短路的电气装置。避雷器通常接于带电导线和大地之间，与被保护设备并联。当过电压值达到规定的动作电压时，避雷器立即动作，流过电荷，限制过电压幅值，保护设备绝缘；当电压值正常后，避雷器又迅速恢复原状，保证系统正常供电。

避雷器结构外形和图例符号如图2.13所示，文字符号为F。

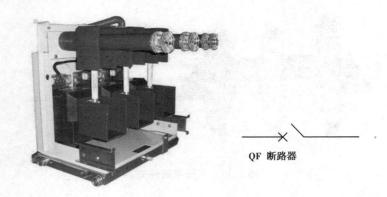

QF 断路器

图 2.12　高压断路器

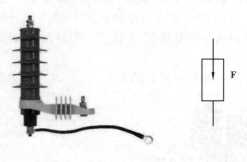

F

图 2.13　避雷器

（6）变压器

变压器是一种静止的电气设备,它通过电磁感应的作用,把一种电压的交流电变换成频率相同的另一种电压的交流电。电力变压器绕组的绝缘和冷却方式是影响变压器使用的主要因素,一般按变压器绕组的绝缘和冷却方式将其分为油浸式、干式两种形式,如图 2.14、图 2.15 所示。

变压器图例符号如图 2.16 所示,文字符号为 TM。

图 2.14　油浸式变压器

图 2.15　干式变压器

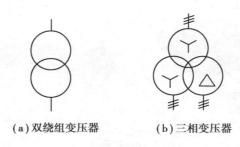

（a）双绕组变压器　　（b）三相变压器

图 2.16　变压器图例符号

（7）互感器

互感器包括电压互感器和电流互感器。采用互感器后可使仪表制造标准化,而不用按被测量电压高低和电流大小来设计仪表。电压互感器可将高电压变为低电压(100 V),如图2.17 所示;电流互感器可将大电流变为小电流(5 A),如图 2.18 所示。同时,可以使测量二次回路与一次回路高电压和大电流实施电气隔离,以保证测量工作人员和仪表设备的安全。

互感器图例符号如图 2.19 所示,电压互感器的文字符号为 TV,电流互感器的文字符号为 TA。

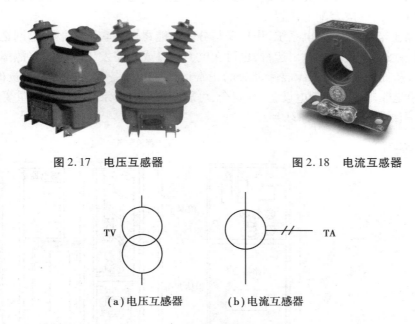

图 2.17　电压互感器　　　　　　　　图 2.18　电流互感器

（a）电压互感器　　　（b）电流互感器

图 2.19　变压器图例符号

（8）母线

母线(也称汇流排)是汇集和分配电流的裸导体,指发电机、变压器和配电装置等大电流回路的导体,也泛指用于各种电气设备连接的导线。母线分软母线和硬母线,其材质有铜、铝和钢 3 种。铜母线结构外形如图 2.20 所示。

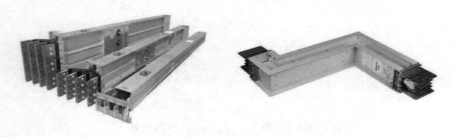

图 2.20　铜母线

母线型号的含义表示如下：

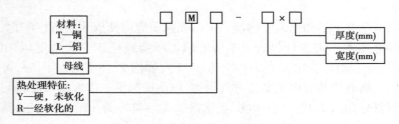

（9）高压开关柜

高压开关柜是金属封闭开关设备的俗称，是按一定的电路方案将有关电气设备组装在一个封闭的金属外壳内的成套配电装置。

高压开关柜广泛应用于配电系统，作接受与分配电能之用。它既可根据电网运行需要将一部分电力设备或线路投入或退出运行，也可在电力设备或线路发生故障时将故障部分从电网中快速切除，从而保证电网中无故障部分的正常运行以及设备和运行维修人员的安全，因此，高压开关柜是非常重要的配电设备，其安全、可靠运行对电力系统具有十分重要的意义。

高压开关柜结构外形如图 2.21 所示。

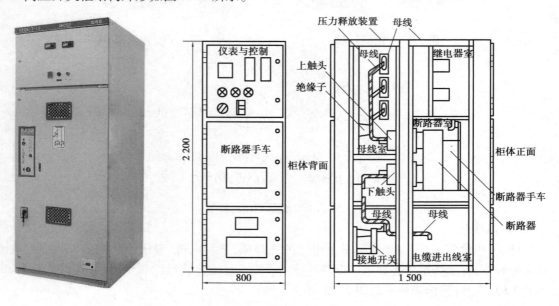

图 2.21　高压开关柜

► **2.2.3　变配电系统施工工艺**

变配电室是建筑工程中必不可少的供电设施。土建部分基本由开发商负责施工,但变配电设备的安装基本由电力公司负责,且需要电力部门负责验收。其施工流程大致可总结为:施工准备→土建主体结构施工→防雷、接地装置安装→室内基础沟施工→隐蔽工程验收及接地沟回填→管沟安装→室内照明安装→门窗安装→土建施工验收检查→开关柜安装→变压器安装→二次屏柜安装→安全、消防、标识设施安装→工程竣工验收。

1)开关柜施工工艺流程

(1)施工准备

①现场布置:室内屏柜应运入户内开箱并放置于安装位置附近。户外端子箱到货后应直接放置于安装基础旁,或尽量就近摆放,以避免二次搬运可能造成的外观损伤。

②技术准备:试验报告、合格证书和产品使用手册等应及时收集存档。

③人员准备:技术负责人,安装负责人,安全、质量负责人,技术人员。

④机具及材料:吊车、电焊机、盘柜运输工具及安装工具等。

⑤屏柜(端子箱)检查:应在正式安装前,对屏柜(端子箱)进行外观和内部附件的检查,确保交付安装的屏柜(端子箱)外观无破损、内部附件无位移和损伤。

(2)屏柜(端子箱)基础找平

①屏柜型钢基础水平误差<1 mm/m,全长水平误差<2 mm。

②屏柜型钢基础不直度误差<1 mm/m,全长不直度误差<5 mm。

③屏柜位置型钢基础误差及不平行度全长<5 mm。

④端子箱基础按施工图要求施工,每列端子箱在同一轴线上。

⑤屏柜型钢及端子箱底座与主接地网连接牢靠。

(3)屏柜就位、固定

①屏柜进入户内应采取适当防护措施对门、窗和地面等成品进行保护。户内运输宜采用液压铲车或专业小车等机械。

②户内屏柜固定采用在基础型钢上钻孔后螺栓固定,不宜使用点焊的方式。户外端子箱基础上如没有预埋型钢,可采用膨胀螺栓固定。

③应根据屏柜(端子箱)地脚孔的规格、数量配置完好、齐全的紧固件。紧固件应经热镀锌防腐处理。

④相邻屏柜间连接螺栓和地脚螺栓紧固力矩应符合规范要求。

⑤成列盘(柜)顶部误差<5 mm,盘(柜)面误差应满足相邻两盘边<1 mm,成列盘面<5 mm,盘(柜)间接缝<2 mm,成列端子箱应在同一轴线上,屏柜垂直度测量如图2.22所示。

⑥所有屏柜(端子箱)安装牢固、外观完好、无损伤、内部元器件固定牢固,如图2.23所示。

图 2.22　屏柜垂直度测量

图 2.23　屏柜安装效果图

（4）屏柜（端子箱）接地

①屏柜（端子箱）框架和底座接地良好。

②有防震垫的屏柜：每列屏有两点以上明显接地。

③屏柜内二次接地铜排应与专用接地铜排可靠连接。

④屏柜（端子箱）可开启门应用软铜导线可靠连接接地。

⑤室内试验接地端子标示清晰。

图 2.24　屏柜接地处理示意图

（5）质量验收

①具备完整的检验、评定记录，制造厂提供的产品说明书，试验记录、合格证件及安装图纸等技术文件，施工图及变更设计的说明文件。

②盘面平整齐全，盘上标志正确齐全，清晰、不易脱色，屏柜（端子箱内）各空开、熔断器位置正确，所有内部接线、电气元件紧固。

③具备完整的备品、备件、专用工具及测试仪器清单。

（6）盘、柜、端子箱内二次接线

2）变压器安装工艺流程

变压器安装工艺流程如图 2.25 所示。

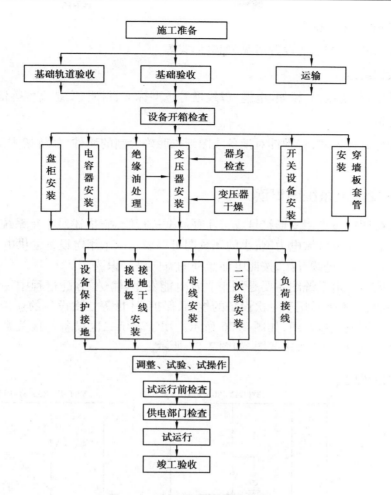

图 2.25 变压器安装工艺流程图

2.3 变配电系统识图

变配电工程图主要包括设计说明、系统图或主接线图、一次接线图、变配电所平面图、变配电所剖面图、二次回路图或二次接线图等。

▶ 2.3.1 设计总说明识读

电气设计总说明需重点关注如下信息：

1)工程概况

了解建设工程名称、建设地点、建筑基本特征、建筑面积等信息。

2)设计范围

识读本工程变配电部分设计范围或招投标范围,了解图纸中有哪些专业。

3）供配电系统相关说明

了解电源来源、变配电房设置情况、配电形式等。

4）设备或线缆选型

了解高低压柜、变压器、桥架、电缆、母线槽等选型标准、材质、安装高度等信息。

5）选用标准图集

了解各构件具体做法，特别针对设备或图纸未明确绘制的构件，如桥架支吊架、低压设备安装等。

▶ 2.3.2 变配电系统图识读

变配电系统图一般是用图形符号或带注释的框进行绘制，描述对象是系统或分系统。大的系统图可以表示大型区域电力网；小的系统图可以表示一个用电设备的供电关系。

识图要领：从电源进线开始，按照电能流动的方向进行识读。

由于变配电所配电系统图主要是用来表示电能发生、输送、分配过程中一次设备相互连接关系的电路图，而不表示用于一次设备的控制、保护、计量等二次设备的连接关系，因此，习惯称为一次接线图或主接线图，如图2.26所示。用于表示二次设备连接关系的控制、保护、计量等的电路，习惯称为二次接线图，如图2.27所示。

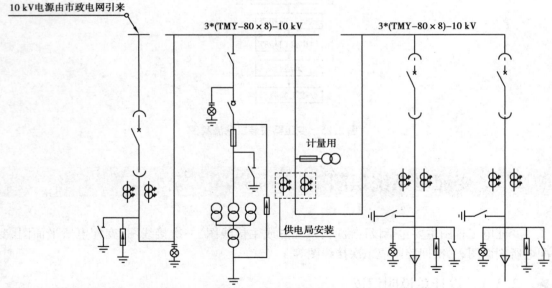

开关柜编号	AH1	AH2	AH3	AH4	AH5
开关柜型号	XGN15-12	XGN15-12	XGN15-12	XGN15-12	XGN15-12
开关型号	630 A/25 kA			100 A/25 kA	100 A/25 kA
操作机构	电动操作机构			电动操作机构	电动操作机构
电流互感器型号	300/5		300/5	100/5	100/5
电压互感器型号		UNE 10/ 0.1 kV-0.2	UNE 10/ 0.1 kV-02		

熔断器型号		0.5 A	0.5 A	100 A	100 A
带电显示器	DXN2-T	DXN2-T		DXN2-T	DXN2-T
接地开关	STI-UG	STI-UG		ST1-UG	ST1-UG
避雷器	MWD-17/50	MWD-17/50		MWD-17/50	MWD-17/50
分布式直流操作电源					
进、出线回路型号	WDUZBN-YJY-10 kN-3×150			WDUZBN-YJY-10 kV-3×95	WDUZBN-YJY-10 kV-3×95
回路用途	10 kV 电源进线	PT 柜	计量柜	1B 变压器保护柜	2B 变压器保护柜
外形尺寸(宽×深×高)	800×1 500×2 200	800×1 500×2 200	800×150×2 200	800×1 500×2 200	800×1 500×2 200
变压器容量/(kV·A)	4 250			1 000	1 000
计算电流/A	246			58	58

图 2.26　某专用配电房 10 kV 一次接线图

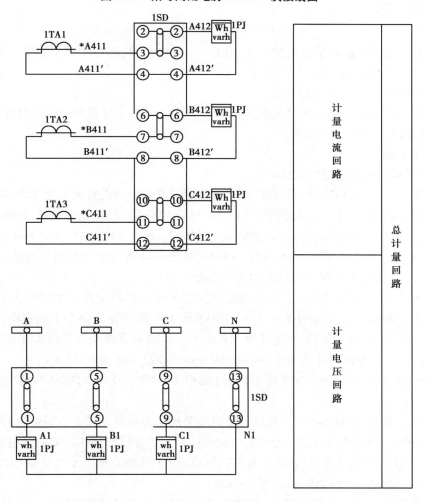

图 2.27　0.4 kV 计量二次回路原理图

变配电所配电系统图一般都习惯采用单线表示法绘制,只有在个别情况下才有可能采用三线制。因电气二次回路原理图主要供从事二次回路施工的工作人员使用,所以本节主要就图 2.26 所示一次接线图的识读进行讲解。

1)识图顺序

(1)识读图名

了解本图主要表达的板块内容。

(2)识读开关柜编号

了解本工程柜体数量及编号。

(3)识读回路用途

了解每个开关柜的具体作用,注意区分进线柜、出线柜和功能柜。

(4)详细识读

按从左往右的顺序,以列为单位进行详细识读。

2)识读系统图

(1)识读图名

图 2.26 主要表达的是某专用配电房 10 kV 一次接线图,图中主要表达市政进线至专用配电房内高压开关柜间的线路布置情况。

(2)识读开关柜编号及回路用途

本工程共计 5 台开关柜,编号分别为 AH1 ~ AH5。其中,1 号柜为 10 kV 电源进线柜,2、3 号柜为功能柜,4、5 号柜为出线柜。

(3)详细识读

结合图例和表格信息进行识读。

①1 号柜。型号为 XGN15-12 的户内箱型固定式开关柜内设置 2 个型号为 300/5 电流互感器,1 个型号为 DXN2-T 的带电显示器,1 个型号为 ST1-UG 的接地开关,1 个型号为 MWD-17/50 的避雷器和 1 个电动操作机构,柜体尺寸为 800 mm×1 500 mm×2 200 mm(宽×深×高)。

10 kV 市政电网通过 WDUZBN-YJY-3×150 规格电缆将电能分配给 1 号柜,1 号柜再通过 3 片规格为 TMY-80×8 的铜母线将电能传送给 2 号柜。

②2 号柜。型号为 XGN15-12 的户内箱型固定式开关柜内设置 4 个型号为 UNE 10/0.1 kV-0.2 的电压互感器,1 个型号为 0.5 A 的熔断器,1 个型号为 DXN2-T 的带电显示器,1 个型号为 ST1-UG 的接地开关,1 个型号为 MWD-17/50 的避雷器及列表内未注明的隔离开关及负荷开关各 1 个,柜体尺寸为 800 mm×1 500 mm×2 200 mm(宽×深×高)。

2 号柜接收来自 1 号柜的电能后,再通过规格为 TMY-80×8 的铜母线将电能传送给 3 号柜。

③4 号柜。型号为 XGN15-12 的户内箱型固定式开关柜内设置 2 个型号为 100/5 电流互感器,1 个型号为 100A 的熔断器(图中未绘制元件),1 个型号为 DXN2-T 的带电显示器,2 个型号为 ST1-UG 的接地开关,1 个型号为 MWD-17/50 的避雷器和 1 个电动操作机构,柜体尺寸为 800 mm×1 500 mm×2 200 mm(宽×深×高)。

4 号柜接收来自 3 号柜的电能后,再通过 WDUZBN-YJY-3×95 规格电缆将电能传送至容量为 1 000 kV·A 的 1B 变压器保护柜。

3)识图注意事项

①注意核对图例符号和表格元件的一致性,发生冲突时,应通过联系函等方式咨询设计单位。

②注意电器元件规格、型号表达是否完整,若出现未清楚表达的元件,应通过设计说明或备注等文字说明获取信息或请设计人员明确。

③注意识读备注文字,获取其他设备信息,如本工程中的直流壁挂式操作电源、数字电能表、微机测控一体化装置等设备。

▶ 2.3.3 变配电平面图识读

变配电平面图是表示配电房内高低压柜、变压器等设备布放位置和高压柜与变压器、变压器与低压柜间线路敷设情况的平面布置图,如图 2.28 所示。

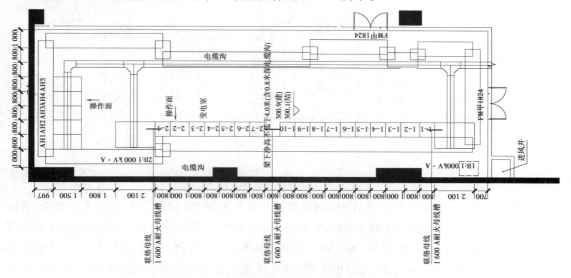

图 2.28 某专用配电房电气平面布置图

图 2.28 所示变电室左侧 5 台高压柜并列摆放,编号为 AH1~AH5,柜体上部设置桥架,主要供高压柜与变压器间的回路敷设。

房间下部左右两端分别设置 1 台变压器,编号为 1B 和 2B,容量均为 1 000 kV·A;1B 变压器左侧设置编号为 1-1~1-10 低压柜一排,变压器与低压柜间采用 1 600 A 耐火母线槽连接;2B 变压器右侧设置编号为 2-1~2-7 低压柜一排,变压器与低压柜间同样采用 1 600 A 耐火母线槽连接;两排低压柜中间采用 1 600 A 耐火母线槽连接,形成通路,实现双电源供电,一用一备,互为备用。2 台变压器上部均设桥架,桥架和母线槽的标高均需满足梁下净高不低于 4.0 m 的设计要求。

变电室沿墙四周均设置电缆沟,主要供低压配电柜出线回路使用。

▶ 2.3.4 变配电剖面图识读

变配电剖面图主要表达配电房沿某剖切面剖切后的竖向空间布置情况,主要表达设备基础、电缆沟等详细做法,如图 2.29 所示。

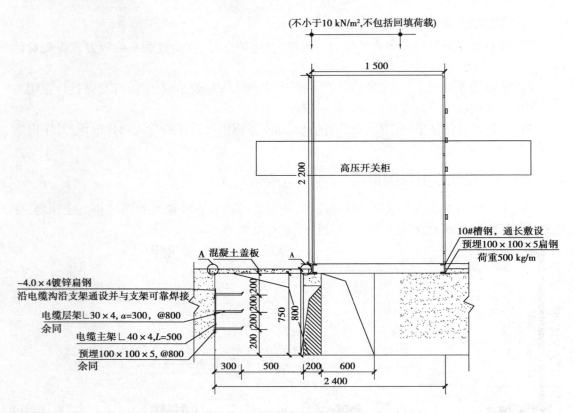

图 2.29　某配电房 A—A 剖面

从图 2.29 可知,该工程采用 10#槽钢做高压开关柜基础,沿柜体宽度方向通长设置,槽钢基础下于混凝土结构中预埋 100 mm×100 mm×5 mm 钢板。设备旁电缆沟内电缆敷设于电缆支架上,电缆支架主架为单根长 500 mm 的 40 mm×4 mm 角钢,层架为单根长 300 mm 的 30 mm×4 mm 角钢,沿主架高度方向间隔 200 mm 设置。通过在电缆沟侧壁间隔 800 mm 预埋 100 mm×100 mm×5 mm 的钢板并将其与主架相连,实现主架的固定。主架顶部采用 40 mm×4 mm 镀锌扁钢沿沟长方向通设并与电缆支架可靠焊接,实现支架的接地处理。

2.4　初识电气干线系统

▶　2.4.1　系统概述

电气干线也称供电干线,主要指配电主干线,即从低压配电房到总配电箱,再到各个楼层的分配电箱,最后到各个控制区的电箱,主要采用电缆供电,详见图 2.30。路径与保护开关容量逻辑关系为(一级)干线>(二级)支线>(三级)回路线。

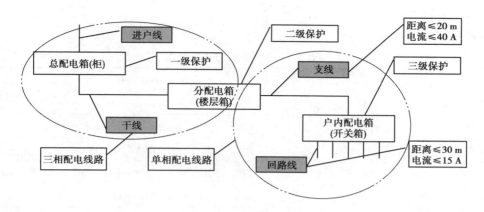

图 2.30　电气线路分级配电方案

1）干线系统的配电方式

干线系统的配电方式有放射式、树干式和链式 3 种。

（1）放射式

放射式的优点是各个负荷独立受电，因此故障范围一般仅限于本回路。线路发生故障需要检修时，也只切断本回路而不影响其他回路；同时，回路中电动机起动引启电压的波动，对其他回路的影响也较小。其缺点是所需开关设备和有色金属消耗量较多。因此，放射式配电一般多用于对供电可靠性要求高的负荷或大容量设备，如图 2.31（a）所示。

（2）树干式

树干式配电的特点与放射式相反。一般情况下，树干式配电采用的开关设备较少，有色金属消耗量也较少，但干线发生故障时影响范围大，因此供电可靠性较低。树干式配电在机加工车间、高层建筑中使用较多，可采用封闭式母线，灵活方便，也比较安全，如图 2.31（b）所示。

（3）链式

链式配电是一种低压配电系统的接线方式，其结构特征是多个用户串联。其适用于距配电屏较远而彼此相距又较近的不重要的小容量用电设备。链接的设备一般不超过 5 台，总容量不超过 10 kW，如图 2.31（c）所示。

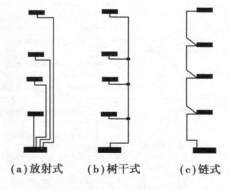

（a）放射式　　（b）树干式　　（c）链式

图 2.31　不同配电方式示意图

2）线缆敷设方式

线缆敷设方式见表 2.1。

表 2.1 线缆敷设方式汇总表

1	穿钢导管敷设	SC	Run in welded steel conduit
2	穿普通碳素钢电线套管敷设（紧定管）	MT	Run in electrical metallic tubing
3	穿可弯曲金属导管敷设	PC	Run in pliable metal conduit
4	穿硬塑料导管敷设	PVC	Run in rigid PVC conduit
5	穿阻燃半硬塑料导管敷设	FPC	Run in flame retardant semiflexible PVC conduit
6	穿柔性导管敷设	FC	Run in flexible conduit
7	电缆托盘敷设	CT	Installed in cable tray
8	电缆桥架敷设	CL	Installed in cable ladder
9	金属槽盒敷设	MR	Installed in metallic trunking
10	塑料槽盒敷设	PR	Installed in PVC trunking
11	钢索敷设	M	Supported by messenger wire
12	直埋敷设	DB	Direct burying
13	电缆沟敷设	TC	Installed incable trough
14	混凝排管敷设	CE	Installed in concrete encasement

注：此表格摘自《建筑电气工程设计常用图形和文字符号》（23DX001）。

3）线缆敷设部位

线缆敷设部位见表 2.2。

表 2.2 线缆敷设部位汇总表

1	沿或跨梁（屋架）敷设	AB	Along or across beam
2	沿或跨柱敷设	AC	Along or across column
3	沿吊顶或顶板面敷设	CE	Along ceiling or slab surface
4	吊顶内敷设	SCE	Recessed in ceiling
5	沿墙面敷设	WS	On wall surface
6	沿屋面敷设	RS	On roof surface
7	暗敷设在顶板内	CC	Concealed in ceiling or slab
8	暗敷在梁内	BC	Concealed in beam
9	暗敷设在柱内	CLC	Concealed in column
10	暗敷设在墙内	WC	Concealed in wall
11	暗敷设在地板或地面下	FC	In floor or ground

注：此表格摘自《建筑电气工程设计常用图形和文字符号》（23DX001）。

▶ **2.4.2 常用设备和材料**

1)低压开关柜

低压开关柜是一个或多个低压开关设备和与之相关的控制测量、信号、保护、调节等设备,由制造厂家负责完成所有内部的电气和机械的连接,用结构部件完整地组装在一起的一种组合体。其主要作用是进行电能的分配转换、马达控制、无功功率补偿,保护人身,防止静电和保护设备,防止外界环境影响。

低压开关柜主要由柜体、母线和功能单元组成,如图2.32所示。为保护人身和设备安全,将开关柜内部独立划分成几个不同的隔室,如图2.33所示。

其图例符号为 □★,代号为 AN。

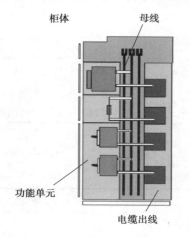

图 2.32 低压开关柜主要组成部分示意图

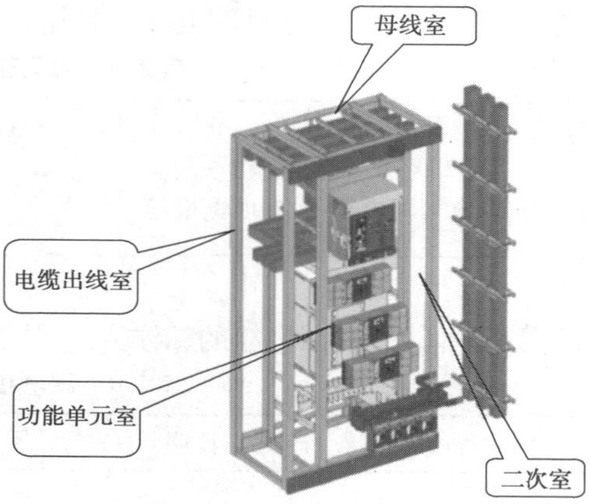

图 2.33 低压开关柜内部构造图

2)配电箱

按电气接线要求将开关设备、测量仪表、保护电器和辅助设备组装在封闭或半封闭金属柜中或屏幅上,构成低压配电箱。施工用电配电系统一般设置总配电箱、分配电箱、开关箱,并按照"总—分—开"顺序作分级设置,形成"三级配电"模式,如图2.30所示。在实际应用中,配电箱的安装方式常见的有3种,分别是落地式、壁挂式和嵌入式。

(1)落地式

落地式安装是将配电箱安装在底座上,通常用于中型配电箱的安装,如图2.34(a)所示。底座式安装的特点是承重能力强、安装稳定、维护方便。但是,底座安装需要占用一定的地面空间,不适用于空间有限的场所。

(2)壁挂式

壁挂式安装是最常见的一种安装方式,也称为明装,如图2.34(b)所示。常用于小型配电箱的安装。壁挂式安装的特点是安装简单、占用空间小、维护方便。但是,壁挂式安装的承重能力有限,只适用于小型配电箱的安装。

(3)嵌入式

配电箱嵌入墙内安装,也称暗装,如图2.34(c)所示。在砌墙时预留孔洞应比配电箱的长和宽各大 20 mm 左右,预留的深度为配电箱厚度加上洞内壁抹灰的厚度。在预埋配电箱时,箱体与墙之间填以混凝土即可把箱体固定住。

(a)落地式　　　　　　　(b)壁挂式　　　　　　(c)嵌入式

图 2.34　配电箱不同安装方式示意图

其图例符号为 ▢★,常见配电箱代号见表 2.3。

表 2.3　常见配电箱代号表

代号	AP	AL	ALE	AW	AT	AC
配电箱类型	电力配电箱	照明配电箱	应急照明配电箱	电度表箱	电源自动切换箱	控制箱、操作箱

系统图及平面图中,配电箱的标注方式见表 2.4。

表 2.4　配电箱的标注方式

序号	标注方式	说明	示例	备注
1	$-a+\dfrac{b}{c}$	系统图电气箱(柜、屏)标注: a—参照代号; b—位置代号; c—型号	−AP01+B1/XL21−15 −AP01 表示动力配电箱种类代号,位于地下一层 −AL11+F1/LB101 −AL11 表示照明配电箱的种类代号,位于地上一层	前缀"−"在不会引起混淆时可取消
2	−a	平面图电气箱(柜、屏)标注: a—参照代号	−AP1 表示动力配电箱种类代号,在不会引起混淆时,可取消前缀,即用 AP1 表示	

3)电缆桥架

由槽式、托盘式或梯级式的直线段、弯通、三通、四通组件以及托臂(臂式支架)、吊架等构成具有密接支撑电缆的刚性结构系统称为电缆桥架(简称桥架)。

(1)电缆桥架的类型

①梯级式电缆桥架[图 2.35(a)]。梯级式电缆桥架具有质量轻、成本低、造型别具、安装方便、散热、透气好等优点。它适用于直径较大或高、低压动力电缆的敷设。

②托盘式电缆桥架[图 2.35(b)]。托盘式电缆桥架广泛应用于石油、化工、轻工、电信等行业。它具有质量轻、载荷大、造型美观、结构简单、安装方便等优点。它既适用于动力电缆

的安装,也适合于控制电缆的敷设。

③槽式电缆桥架[图2.35(c)]。槽式电缆桥架是一种全封闭型电缆桥架。它特别适用于敷设计算机电缆、通信电缆、热电偶电缆及其他高灵敏系统的控制电缆等。它对控制电缆的屏蔽干扰和重腐蚀中环境电缆的防护都有较好的效果。

(a)梯级式电缆桥架　　　　(b)托盘式电缆桥架　　　　(c)槽式电缆桥架

图2.35　不同种类的桥架

(2)电缆桥架的代号及图例

电缆桥架的代号和图例分别见表2.5和表2.6。

表2.5　电缆桥架代号表

电缆托盘敷设	CT	Installed in cable tray
电缆桥架敷设	CL	Installed in cable ladder

表2.6　电缆桥架图例表

符号	说明	应用类别	符号来源	
			国家标准文件号	符号标识号
	电缆梯架、托盘、槽盒线路 Line of cable tray 注:本符号用电缆桥架轮廓和连线组组合而成		GB/T 4728.3—2018	S00001 A00109
	电缆沟线路 Line of cable trench 注:本符号用电缆沟轮廓和连线组组合而成			

(3)电缆桥架的标注方式。

电缆桥架的标注方式见表2.7。

表2.7　电缆桥架的标注方式

标注方式	说明	示例
$\dfrac{a \times b}{c}$	电缆桥架(梯架、托盘和槽盒) 标注: a—宽度(mm); b—高度(mm); c—安装高度(m)	$\dfrac{600 \times 150}{3.5}$ 电缆桥架宽度600 mm 电缆桥架高度150 mm 电缆桥架安装高度距地3.5 m

4)电缆

在电力系统中,电缆主要分为电力电缆和控制电缆两种类型。电力电缆用以输送和分配大功率的电能,而控制电缆用以传输控制信号和监测信号,即连接继电保护、电气仪表、信号装置和检测控制回路。本节将着重介绍电力电缆的安装知识。

(1)电力电缆的敷设方式

电力电缆可以敷设在室外,也可以敷设在室内。室内电缆主要的敷设方式有电缆桥架敷设、电气竖井配线。室外电缆的敷设方式有直埋敷设、电缆沟敷设、排管敷设等,应根据电缆数量及环境条件等进行选择。

①直埋敷设。直埋敷设是将电缆直接埋在地下,具有投资小、施工方便和散热条件好等优点,是最经济且广泛采用的一种敷设方法。但直埋敷设易受地中腐蚀性物质的侵蚀,且查找故障和检修电缆不便,特别是在冬季土壤冻结时事故抢修难度很大。

直埋敷设适用于地下无障碍,土壤不含严重酸、碱、盐腐蚀性介质,电缆根数较少的场合,如郊区或车辆通行不太频繁的地方。并排敷设的电缆之间需有一定的砂层间隔,可以提高供电的可靠性,如图2.36所示。

图2.36　直埋敷设　　　　　　　　　　图2.37　电缆沟敷设

②电缆沟敷设。电缆沟敷设适用于发电厂、变配电站及一般工矿企业的生产装置内,如图2.37所示。但地下水位太高的地区不宜采用电缆沟敷设。

电缆沟的形式有两种:一般场所可采用普通电缆沟;在有比空气重的爆炸介质和存在火灾危险的场所可采用充砂电缆沟。充砂电缆沟内不用安装电缆支架。

③排管敷设。在市区敷设多条电缆,在不宜建造电缆沟和电缆隧道的情况下,可采用排管,如图2.38所示。排管敷设具有以下优点:

a. 减少了对电缆的外力破坏和机械损伤;

b. 消除了土壤中有害物质对电缆的化学腐蚀;

c. 检修或更换电缆迅速方便;

d. 随时可以敷设新的电缆而不必挖开路面。

图2.38　电缆排管敷设

图2.39　电缆桥架敷设

图2.40　电缆电井内敷设

④桥架敷设。桥架敷设是指将电缆置于预设的桥架中,通过悬挂或支撑的方式进行布线,以保护电缆并方便维护,如图2.39所示。桥架敷设的原理基于以下几个方面:

a.电缆保护:桥架作为一种具有一定强度和刚度的结构,能够有效保护电缆免受外部力和环境因素的损害。比如,桥架可以避免电缆被车辆碾压或者被冲刷导致断裂。

b.通风散热:桥架布线可以使电缆暴露在空气中,有利于散热和防火。相比之下,埋地敷设则容易导致电缆因为热量无法散发而产生故障。

c.维护方便:桥架敷设使电缆更容易检修和更换。由于电缆免受限制和包裹,使用者可以更容易地发现故障点并进行修复。

⑤电井内敷设。在电井内敷设电缆常见方式:桥架内敷设、配管内敷设和利用电缆卡子直接固定等方式。

桥架内敷设同上述④,配管内敷设见后续2.6.2节,电缆卡子直接固定如图2.40所示。

（2）电缆的标注方式

电缆的标注方式为:a b-c(d×e+f×g)i-j

其中,a——参照代号;b——型号;c——电缆根数;d——相导体根数;e——相导体截面,mm^2;f——N或PE导体根数;g——N或PE导体截面,mm^2;i——敷设方式和管径,mm;j——敷设部位。

常见电缆缆芯为铜,铜芯电缆型号格式如下:

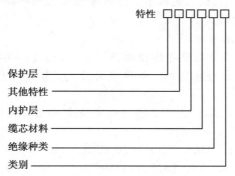

常见电缆型号见表2.8。

表2.8　电缆型号汇总表

项目	型号	含义	旧符号	项目	型号	含义	旧符号
类别	Z	油浸纸绝缘	Z	外护套	02	聚氯乙烯套	—
	V	聚氯乙烯绝缘	V		03	聚乙烯套	1,11
	YJ	交联聚乙烯绝缘	YJ		20	裸钢带铠装	20,120
	X	橡皮绝缘	X		(21)	钢带铠装纤维外被	2,12
导体	L	铝芯	L		22	钢带铠装聚氯乙烯套	22,29
	T	铜芯	T		23	钢带铠装聚乙烯套	
内护套	Q	铅包	Q		30	裸细钢丝铠装	30,130
	L	铝包	L		(31)	细圆钢丝铠装纤维外被	3,13
	V	聚氯乙烯护套	V		32	细圆钢丝铠装聚氯乙烯套	23,39
					33	细圆钢丝铠装聚乙烯套	
特征	P	滴干式	P		(40)	裸粗圆钢丝铠装	50,150
	D	不滴流式	D		41	粗圆钢丝铠装纤维外被	
	F	分相铅包式	F		(42)	粗圆钢丝铠装聚氯乙烯套	59,25
					(43)	粗圆钢丝铠装聚乙烯套	
					441	双粗圆钢丝铠装纤维外被	

【例题2.1】试解读 WP1 YJV-0.6/1KV-2(3×150+2×70) 2SC80-WS。

参考答案：WP1：电缆代号，表示1#动力回路；

　　　　　YJV：电缆型号，铜芯交联聚乙烯绝缘聚氯乙烯护套电力电缆；

　　　　　0.6/1 kV：电缆工作的额定电压；

　　　　　2：线缆根数，2 根电缆；

　　　　　3×150：相导体根数及导体截面，3 芯(3 根相线)，单芯截面面积为 150 mm²；

　　　　　2×70：N 和 PE 导体根数及导体截面，2 芯(零线和接地线各一根)，单芯截面面积为 70 mm²；

　　　　　2SC80：敷设方式和管径，2 根公称直径为 80 mm 的焊接钢管；

　　　　　WS：敷设部位，沿墙面明敷。

【例题2.2】试解读 WP1 WDZA-YJE-5×16 CT。

参考答案：WP1：电缆代号，表示1#动力回路；

　　　　　WDZA：电缆特性，无卤、低烟、A 级阻燃；

　　　　　YJE：电缆型号，铜芯交联聚乙烯绝缘聚烯烃护套电力电缆；

　　　　　5×16：导体根数及导体截面，5 芯电缆，单芯截面面积为 16 mm²；

　　　　　CT：敷设方式，沿桥架敷设。

注：电缆根数为 1 时，忽略不写。

5）母线槽

母线槽是由铜、铝母线柱构成的一种封闭的金属装置，用来为分散系统的各个元件分配较大功率。在户内低压的电力输送干线工程项目中已越来越多的代替了电线电缆。

母线槽是具有系列配套、商品性生产、体积小、容量大、设计施工周期短、装拆方便、不会燃烧、安全可靠、使用寿命长等特点。其适用于交流 50 Hz、额定电压 380 V、额定电流 250 ~ 6 300 A 的三相四线、三相五线制供配电系统工程。

（1）母线槽的种类

常见母线槽的种类如下：

①空气型母线槽（BMC）。空气型母线槽主要由外壳、绝缘插头、金属母线组成，外壳起防尘和保护作用，如图 2.41 所示。外壳上开有通风孔完成散热功能，内置母线根据电流的大小每极可做成单根或双根。

②密集型母线槽（CMC）。密集型母线槽和空气型母线槽基本构造大致相同。只是母线间不留空隙，紧紧压在一起，如图 2.42 所示。也是主要由外壳、绝缘插头、金属母线组成，外壳起防尘和保护作用。外壳上开有通风孔完成散热功能，内置母线根据电流的大小每级可做成单根或双根，如外壳为金属，还有接地保护的功能。

图 2.41　空气型母线槽

图 2.42　密集型母线槽

（2）母线槽的代号及图例

母线槽的代号及图例见表 2.9。

表 2.9　母线槽代号及图例表

图例代号	名称	图例代号	名称
——WA——	高压母线槽	——WC——	低压母线槽

▶ 2.4.3　电气干线系统施工工艺

建筑对电能的消耗相对较大，其不仅需要大量的电力供应，还需要供电系统具有较强的稳定性和可靠性。电气干线系统施工流程大致可总结为：施工准备→预留预埋→基础型钢及支架制作安装→配电箱（柜）、电控箱、插座箱等安装→线缆保护管路敷设→电缆桥架敷设→电缆敷设→电机检查接线。

1）施工准备

在施工前不仅要熟悉电气施工图,还要和结构、建筑及其他安装专业进行图纸会审,及时发现问题并提前加以解决;详细了解建筑物结构情况,电气专业与其他专业间的配合情况;核实图中选用的设备、材料,并根据工程总工期安排及进度要求合理配备劳动力,准备工具、机具,提出备料及分批采购计划。

2）预留预埋

电气专业施工人员根据施工图设计要求和施工图集、施工规范的规定和现场实际情况,经过综合考虑,确定盒(箱)的正确位置、管路的敷设部位和走向,配合土建按图进行管路、铁构件及配电设备基础、接地扁钢、孔洞的预留预埋。施工时须与土建专业密切配合,做到预留预埋位置准确、一次到位,杜绝漏埋少留。在施工过程中不得随意损伤建筑结构,预留预埋按要求验收合格后,方可继续进行下道工序施工。

3）基础型钢及支架制作安装

（1）基础型钢制作安装

施工时按图纸要求预制加工型钢架,型钢下料采用专用切割机,切割要精确。下好料后要先点焊找平,将型钢按设计及设备尺寸调整好长度,同时用台钻钻好固定孔,除锈、刷防锈漆后放在预留铁件上,用水平尺找平、找正。找平过程中,需用垫片的地方最多不能超过 3 片,然后与预埋件焊接牢固。

基础槽型安装允许偏差:顶部平直度每米 1 mm;侧面平直度每米 1 mm。安装完毕后,将两端与预埋的接地干线镀锌扁钢逆行焊接,其焊接长度为扁钢长度的 2 倍,焊接面要保证 3 面,然后将基础型钢刷两遍灰漆。

（2）支吊架制作、安装

合理计算材料用量,成批制作,综合考虑各种支架长度,以尽量利用定尺型材,做到物尽其用。下料尺寸由班组长按技术要求严格把关,最大限度降低损耗率。用砂轮切割机下料,不得用气焊吹割,除去毛刺,做好搭角组对,点焊调直、调整端面、三面满焊,焊后立即清除焊渣。所有支吊架均要除锈且刷防锈漆两道、面漆一道,面漆颜色要根据业主要求做到统一。

支吊架安装采用适配的膨胀螺栓固定,打膨胀螺栓要严格按照规程操作,保证打孔正确,安装时调直调正,水平度保证在 1 mm 以内,高度偏差不超过 1 cm,固定要牢靠。

4）配电箱(柜)、电控箱、插座箱等安装

（1）施工准备

设备运到施工现场后,根据设计图纸核对规格型号是否符合要求和规定;外观有无机械损伤、变形和油漆脱落;器具内配线严禁外露,配件要求齐全,有产品合格证。

（2）箱、柜安装

①落地安装的箱、柜安装在 10 号槽钢底座上,底部抬高 100 mm。

②暗装在墙内的配电箱,底边距地 1.4 m;明装配电箱安装高度距地 1.4 m;插座箱安装高度底边距地 0.5 m。在同一建筑物内,同类箱的安装高度应一致,允许偏差为 10 mm。

③墙内配电箱安装所需的木砖及铁件等均应预埋。挂式配电箱应采用金属膨胀螺栓固定。落地安装箱、柜的基础型钢按图纸要求预制,并刷好防锈漆,用膨胀螺栓固定在所安装位置的混凝土楼面上,用水平尺找平、找正。在基础型钢内预留出接地扁钢端子。

④墙内配电箱安装,先将箱体放在预留洞内,找好标高及水平尺寸,并将箱体固定好,然后用水泥砂浆填实周边并抹平齐。待室内电气照明器具安装完毕后,再安装配电箱面板。不得在箱底板上抹灰,盘面安装要求平整,周边间隙均匀对称,螺栓垂直受力均匀。

⑤落地箱、柜安装:室内装修条件满足后可按顺序将柜、箱放在基础型钢上,找平、找正,柜体与基础型钢固定,预埋的接地扁钢端子与箱、柜内接地排连接好。

⑥配电箱带有器具的铁制盘面和装有器具的门及电器的金属外壳均应有明显可靠的 PE 线接地。PE 线不允许利用盒、箱体串接。

⑦配电箱上配线需排列整齐,并绑扎成束,活动部位应两端固定。盘面引出的导线应留有适当余量,以便于检修。

⑧导线剥削处不应伤及线芯,导线压头应牢固可靠,多股导线不应盘圈压接,应使用压线端子(有压线孔者除外)。如必须穿孔用顶丝压接时,多股线应烫锡后再压接,不得减少导线股数。

⑨配电箱上的电源指示灯,其电源应接至总开关的外侧,并应装单独熔断器(电源侧)。

⑩接零系统中的零线应在箱体引入线处或末端做好重复接地。零母线在配电箱上应用端子板分路,零线端子板分支路排列位置应与熔断器相对应。

⑪配电箱上的母线应套上黄(A 相)、绿(B 相)、红(C 相)、淡蓝色(N 相)等不同色带,双色线为保护地线(黄绿,也称 PE 线)。

⑫配电箱上器具、仪表应牢固、平正、整洁,间距均匀,铜端子无松动,启闭灵活,零部件齐全。箱内漏电保护断路器应动作灵敏。

⑬安装完毕后进行质量检查,器具的接地(接零)保护措施和其他安全要求必须符合施工规范规定。其规定如下:位置正确,部件齐全,箱体开孔合适,切口整齐,暗式配电箱箱盖紧贴墙面;零线经汇流排(零线端子)连接,无绞接现象;油漆完整,盘内外清洁,箱盖、开关操作灵活,回路编号齐全,接线整齐,PE 线安装明显、牢固,连接牢固紧密,不伤线芯;压板连接时压紧无松动;螺栓连接时,在同一端子上导线不超过两根,防松垫圈等配件齐全。

⑭电气设备、器具和非金属部件的接地(接零)导线敷设应符合以下规定:连接紧密、牢固,接地(接零)线截面选择正确,需防腐的部分涂漆均匀无遗漏、不污染设备和建筑物,线路走向合理、色标准确。

⑮配电箱内各支路应按图纸接线齐整,回路编号齐全,标识正确。

⑯绝缘摇测:配电箱内全部电器安装完毕后,用 500 V 兆欧表摇测各条支路的绝缘电阻不小于 0.5 MΩ,包括相线与相线、相线与地线、相线与零线之间,同时做好摇测记录。

满足通电条件后,将配电箱卡片框内的卡片按图纸填写好部位,并编号。

5)线缆保护管路敷设

对与设备相连的线缆保护管:在干燥场所,钢管端部用金属保护软管过渡,并采用专用接头;对室外或室内潮湿场所,钢管端部应用防水软管或装设防水弯头,并用金属保护软管过渡至设备接线盒。

线缆保护管与设备连接处、设备外露金属部分均要利用专门接地螺栓做接地,不得利用金属软管作为接地导体。线缆保护管的弯曲处不应超过 3 个,直角弯不应超过 2 个。弯曲处的弯扁度不应大于管外径的 10%。

6)电缆桥架敷设

①桥架安装前应制作桥架吊杆,吊杆用 $\phi 12$ 圆钢制作,并用 $\phi 10$ 膨胀螺栓固定在建筑物的楼板上,如图2.43所示。

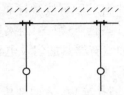

图2.43　桥架吊杆安装示意图

②电缆桥架水平敷设时支撑跨距为 1.5~3 m,电缆桥架垂直敷设时固定点间距为 2 m。

③当桥架的弯通或三通、四通半径不大于 30 cm 时,应在距离非直线段与直线段结合处 300~600 mm 的直线段侧设置一个吊环;当桥架弯通或三通、四通半径大于 30 cm 时,还应在弯通或三通、四通中部增设一个吊杆。

④吊架的同层横挡应在同一水平面上,防止纵向偏差,使安装后桥架吊点悬空,且其高低偏差不应大于 5 mm,吊架的左右走向不应大于 10 mm。

⑤托盘、梯架允许最小板材厚度应满足设计或验收规范要求。

⑥电缆桥架外侧使用配套的连接板连接,螺丝应加平弹垫且紧牢,直线段应在同一直线上偏差不应大于 10 mm,终端应加封堵。

⑦桥架应做可靠的接地连接,接地连接应用 10 mm² 的裸铜线,铜线在桥架上应牢固可靠,大于 400 mm 的桥架应双面加装裸铜线。

7)电缆敷设或管内穿线

（1）回路的导线

应严格按照设计图纸及规范要求选择导线的型号规格,相线、零线及保护地线应加以区分,用黄、绿、红导线分别作 A、B、C 相线,黄绿双色线作保护地线,淡蓝色线作中性线(开关控制线选用白色)。

（2）带线

穿带线的目的是检查管路是否畅通,管路的走向及盒、箱质量是否符合设计及施工图要求。带线采用直径 2 mm 的钢丝,先将钢丝的一端弯成不封口的圆圈,再利用穿线器将带线穿入管路内,在管路的两端应留有 10~15 cm 的余量(在管路较长或转弯多时,可以在敷设管路的同时将带线一并穿好)。当穿带线受阻时,可用两根钢丝分别穿入管路的两端,同时搅动,使两根钢丝的端头互相钩绞在一起,然后将带线拉出。

（3）管路

配管完毕后,在穿线之前,必须对所有的管路进行清扫。清扫管路的目的是清除管路中的灰尘、泥水等杂物。具体方法为:将布条的两端牢固地绑扎在带线上,两人来回拉动带线,将管内杂物清净。

（4）放线

应根据设计图纸对导线的规格、型号进行核对。放线前(普通照明和应急照明回路单独放线),电线保护管口先装上护口。线路较长、弯曲较多时,可先往管内吹入适量滑石粉润滑。

放线时,导线应置于放线架或放线车上,不能在地上随意拖拉,更不能过分使力,以防损坏绝缘层或拉断线芯。

(5)导线的预留长度

接线盒、开关盒、插销盒及灯头盒内导线的预留长度为 15 cm;配电箱内导线的预留长度为配电箱箱体周长的 1/2;出户导线的预留长度为 1.5 m,干线在分支处,可不剪断导线而直接作分支接头。

(6)与带线的绑扎

当导线根数较多或导线截面较大时,可将导线前端的绝缘层削去,然后将线芯斜错排列在带线上,用绑线缠绕绑扎牢固。

(7)穿线

在穿线前,应检查钢管(电线管)各个管口的护口是否齐全,如有遗漏或破损,均应补齐或更换。

(8)连接

导线接头不能增加电阻值;受力导线不能降低原机械强度;不能降低绝缘强度。为了满足上述要求,在导线做电气连接时,必须先削掉绝缘再进行连接,而后加焊,包缠绝缘。使用电烙铁焊导线,适用于线径较小的导线连接及用其他工具焊接较困难的场所(如吊顶内)。导线连接处加焊剂,用电烙铁进行锡焊。使用喷灯加热法(或用电炉子)焊导线:将焊锡放在锡勺内,然后用喷灯加热,焊锡熔化后即可进行焊接。加热时必须要掌握好温度,以防出现温度过高涮锡不饱满或温度过低涮锡不均匀的现象。焊接完毕后,必须用布将焊接处的焊剂及其他污物擦净。

(9)包扎

首先用橡胶绝缘带从导线接头处始端的完好绝缘层开始,缠绕 1~2 个绝缘带宽度,再以半幅宽度重叠进行缠绕。在包扎过程中应尽可能地收紧绝缘带(一般将橡胶绝缘带拉长 2 倍后再进行缠绕)。而后在绝缘层上缠绕 1~2 圈后进行回缠,最后用黑胶布包扎,包扎时要衔接好,以半幅宽度边压边缠绕。

(10)检查及绝缘遥测

线路检查:接、焊、包全部完成后,应进行自检和互检;检查导线接、焊、包是否符合设计要求及有关施工验收规范及质量验收标准的规定,不符合规定的应立即纠正,检查无误后方可进行绝缘遥测。

绝缘遥测:导线线路的绝缘遥测一般选用 500 V,量程为 0~500 MΩ 的兆欧表。绝缘电阻值必须大于 0.5 MΩ。测试时,一人摇表,一人应及时读数并如实填写"绝缘电阻测试记录表"。摇动速度应保持在 120 r/min 左右,读数应采用 1 min 后的读数。

8)电机检查接线

①接线前,应对电机进行绝缘测试,拆除电机接线盒内连接片。用兆欧表测量各相绕组间以及对外壳的绝缘电阻。常温下绝缘电阻不应低于 0.5 MΩ,如不符合应进行干燥处理。

②引入电机接线盒的线缆应用金属软管作过渡保护管,并配以同规格的专用接头。跨接地线采用专用接地夹与钢管接地螺栓用铜芯导线可靠连接。

③引入导线色标应符合：A 相—黄色，B 相—绿色，C 相—红色，PE 线—黄/绿，N 相淡蓝色的要求。

④电机接线前，先进行相线间、相线对地线间的绝缘测试，符合要求后才可压接入接线盒。

⑤导线与电动机接线柱连接应符合下列要求：

a. 截面大于 2.5 mm² 的多股铜芯线应采用与导线规格一致的压接型或锡焊型线型端子过渡连接。

b. 接线端子非接触面部分应作绝缘处理。接触面应涂以电力复合脂。

c. 仔细核对设计图纸与电机铭牌的接法是否一致。依次将 A、B、C 三相电源线和 PE 保护线接入电机的 U、V、W 接线柱和 PE 线专用接线柱。

⑥电机试运转应具备的条件：

a. 建筑工程结束，现场清扫整理完毕。

b. 现场照明、消防设施齐全，异地控制的电机试运转应配备通信工具。

c. 电机和设备安装完毕，质检合格，灌浆养护期已到。

d. 与电机有关的动力柜、控制柜、线路安装完毕，质检合格，且具备受电条件。

e. 电机的保护、控制、测量回路调试完毕，且模拟动作正确无误。

f. 电机的绝缘电阻测试符合规范要求。

⑦电机试运转步骤与要求：

a. 拆除联轴器的螺栓，使电机与机械分离（不可拆除的或不需拆除的例外），盘车应灵活、无阻卡现象。

b. 动力柜受电，合上电机回路电源，启动电机，测量电源电压不应低于额定电压的 90%；启动和空负荷运转时的三相电流应基本平衡。电极旋转方向符合设计要求。

c. 试运转过程中应监视电机的温升不得超过电机绝缘等级所规定的限值。

d. 电机空负荷试运转时间为 2 h，记录电机的空负荷电流值。

2.5　电气干线系统识图

▶ 2.5.1　设计总说明识读

电气设计总说明中需重点关注如下信息：

①建筑概况。了解建设工程名称、建设地点、建筑基本特征、建筑面积等信息。

②设计范围。识读本工程设计范围或招投标范围，了解图纸中存在哪些专业。

③设备或线缆选型。了解配电箱、桥架、线缆等选型标准、材质、安装高度等信息。

④选用标准图集。了解各构件具体做法，特别针对设备或图纸未明确绘制等构件，如桥架支吊架、低压设备安装等。

⑤主要敷设方式说明或材料表。

2.5.2 配电干线系统图识读

干线系统图主要包括两大类:竖向干线系统图和配电箱系统图。竖向干线图结合楼层信息呈现建筑物内总配电箱、层配电箱或功能箱等之间的竖向关系,如图2.44和图2.45所示。

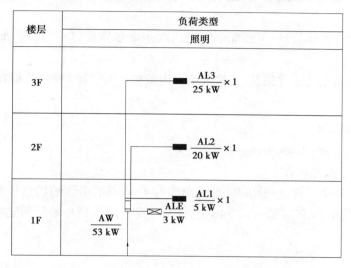

图2.44 竖向干线系统图

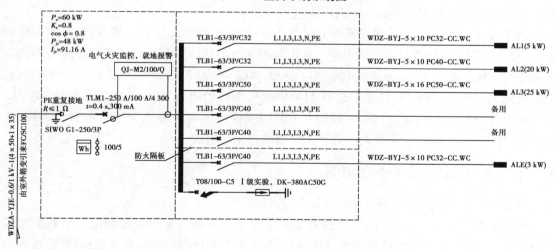

图2.45 AW配电箱系统图

1)识图顺序

(1)识读竖向干线系统图

①识读图名:了解本图主要表达的内容。

②识读配电箱编号:了解本工程干线部分配电箱的数量及所在楼层。

③识读干线:以配电箱为单位,从总配电箱开始,顺着其出线回路识读配电箱间的层次关系,熟知每个配电箱的前端或后端配电箱。

（2）识读配电箱系统图

①识读配电箱编号：了解本图主要表达哪个配电箱的信息。

②识读配电箱基本信息：了解配电箱的安装方式、安装部位及尺寸等信息。需注意的是，配电箱尺寸往往因电气元件数量、种类或品牌等问题导致箱体尺寸差异，图纸中一般未标明配电箱具体尺寸。

③识读配电箱进出线信息：了解配电箱进出线回路导体的材质、规格，配线方式、敷设方式和部位等信息。

④识读配电箱内电气元件信息：了解配电箱内各电气元件的种类、数量和型号，为配电箱设备费计取做铺垫。

2）识读干线系统图

本节以图 2.44 和图 2.45 为例进行讲解。

（1）识读竖向干线系统图

本工程入户总箱为 AW，处于吊脚层，其出线有 4 个回路，分别引给处于吊脚层的 ALE 配电箱，1 层的 AL1 配电箱，2 层的 AL2 和 3 层的 AL3 配电箱。每种编号的配电箱均为 1 台，共计 4 台。

（2）识图配电箱系统图

虚线框表示配电箱外壳边线，以虚线框为准，左边表示其进线回路信息，右边表示出线回路信息。虚线框中各图例表达配电箱内各电气元件。

由图可知，AW 配电箱进线回路为 1 根 WDZA-YJE-4×50+1x35 的电缆，电缆穿 SC100 的配管，自室外箱变通过埋地的方式引进。配电箱有 4 个出线回路和 2 个备用回路，4 个回路与竖向干线系统图表述一致，分别供电给 ALE、AL1、AL2、和 AL3；回路均采用 WDZ-BYJ 电线，配线线制为三相五线制，给 AL1、AL2 和 ALE 供电采用截面积为 10 mm^2 的铜芯导线，给 AL3 供电采用截面积为 16 mm^2 的铜芯导线；4 个回路配线方式均为管内穿线且配管均采用 PC 管，但规格不一致；最后，4 个回路的管道均沿墙或沿顶板暗敷。

▶ 2.5.3 配电干线平面图识图

本节结合上述系统图和图 2.46、图 2.47 进行讲解。

从图 2.45 和图 2.46 可知，本工程电能从室外手孔井通过穿管电缆埋地引至总配电箱 AW。AW 与 ALE 在吊脚层并列设置，导线和配管从配电箱顶部沿墙暗敷至顶板，在顶板内沿平面图所绘线路引至 ALE 配电箱所对应顶板处，再由此处沿墙暗敷引下至 ALE 配电箱顶。AL1 配电箱处于首层娱乐文化室入口处墙上。从吊脚层平面图可知，AW 引至 AL1 配电箱的配管和配线从 AW 配电箱顶部沿墙暗敷至本层顶板，在顶板内沿平面图所绘线路引至ⓒ轴与④轴相交柱子处并继续往上引至首层顶板内，再从图 2.47 中ⓒ轴与④轴相交柱子处沿图所示路径引至 AL1 配电对应顶板处，最后沿墙暗敷引下至 AL1 配电箱顶。

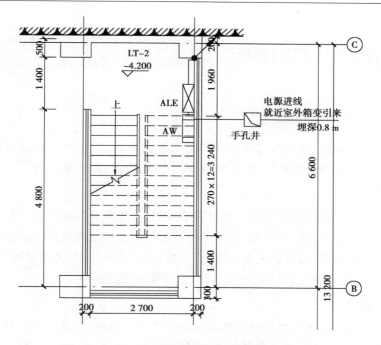

图 2.46　吊脚层平面图(局部)

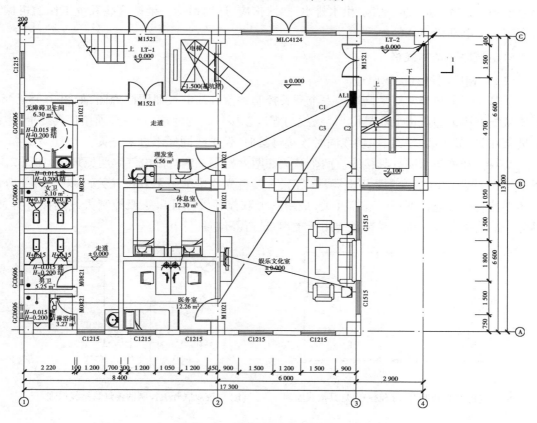

图 2.47　首层配电平面图

2.6 初识电气照明系统

▶ 2.6.1 电气照明系统概述

以区域配电箱为起点,电能通过导体传递至末端用电器具,各类用电器具最终将电能转化为光能、机械能、冷热能等多种形式,以保障人们在建筑内外的生产生活。

1)电气照明系统

电气照明系统是指利用电能来提供照明的系统。它包括照明设备、开关、插座和配管配线等组成部分。这些组件的协调工作,能够为不同的场所和环境提供所需的照明效果。

①根据功能不同,照明可以分为正常照明、应急照明、值班照明、警卫照明及障碍照明等。

②根据范围不同,照明可以分为一般照明、局部照明、混合照明。

2)电气电力系统

电气电力系统是指利用电能来驱动机械装置的系统。例如,电梯、水泵、风机等大电流机械设备运转提供动力,为整个建筑提供舒适、方便的生产与生活条件而设置的各种系统,统称为建筑动力系统,如供暖、通风、供水排水、热水供应、运输系统。维持这些系统工作的机械设备全部是靠电动机拖动的。

3)电气照明基本线路

(1)单相照明灯具接线原理

①单控开关与照明灯具接线。一个开关控制一盏灯的电气照明原理图,如图2.48所示。电流从配电箱传递至用电器具(灯),火线与零线连接灯具的两端,开关必须接在火线上,零线不进入开关(如火线、零线、保护线同时连接灯具时,保护线同样不进入开关)。

②双控开关与照明灯具接线。两个开关在两处控制一盏灯的电气照明原理图,如图2.49所示。电流从配电箱传递至用电器具(灯),火线首先连接第一个双控开关,从双控开关分配出两根控制火线连接下一个双控开关,最后一个双控开关分配出一根控制火线连接灯具,灯具另一端连接零线。该类线路通常用于楼梯、过道等位置。

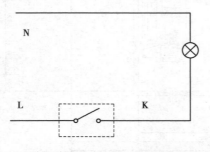

(a)单控单联开关控制一盏灯具接线原理

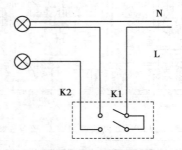

(b)单控双联开关控制两盏灯具接线原理

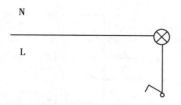

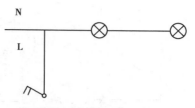

（c）单控单联开关控制一盏灯具平面关系　　（d）单控双联开关控制两盏灯具平面关系

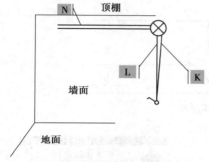

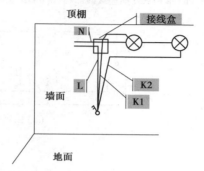

（e）单控单联开关控制一盏灯具立面关系　　（f）单控双联开关控制两盏灯具平面关系

图 2.48　单控开关照明灯具

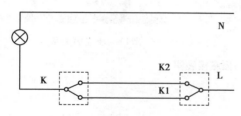

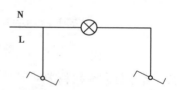

（a）双控开关控制一盏灯具接线原理　　（b）双控开关控制一盏灯具平面关系

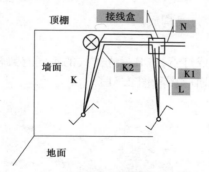

（c）双控开关控制一盏灯具立面关系

图 2.49　双控开关控制两盏灯

（2）单相插座接线原理

电能从配电箱接出后通常单独分出线路连接室内不同功能区域的插座系统，形成各类插座回路。面对插座，左孔连接零线，右孔连接火线，上孔连接保护线，连线情况如图 2.50 所示。保护线或零线在插座间不串联连接。

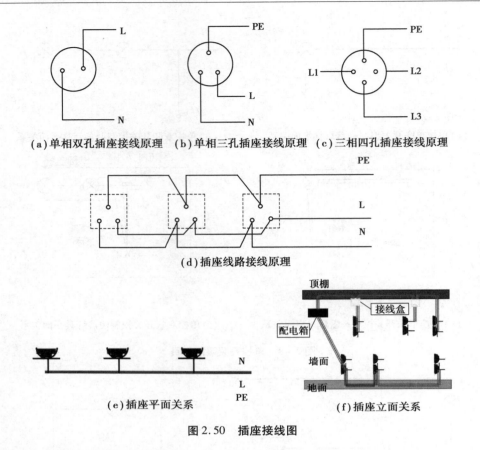

(a)单相双孔插座接线原理 (b)单相三孔插座接线原理 (c)三相四孔插座接线原理

(d)插座线路接线原理

(e)插座平面关系　　　　　　　(f)插座立面关系

图 2.50　插座接线图

▶ 2.6.2　常用设备和材料

1)照明设备

常见照明设备主要由光源、灯具构成。

(1)光源

光源一般是产生光的灯泡或灯管,按其发光方式的不同有热辐射光源,如白炽灯、碘钨灯等;气体放电光源,如荧光灯、LED 灯等(图 2.51)。

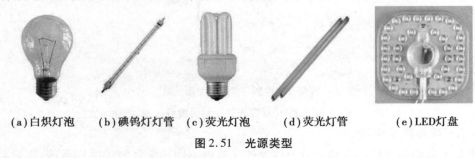

(a)白炽灯泡　(b)碘钨灯灯管　(c)荧光灯泡　(d)荧光灯管　　(e)LED灯盘

图 2.51　光源类型

(2)灯具

①灯具分类。灯具的作用是固定和保护电源,分配、过滤光源发出的光。它包括用来安装、支撑和保护灯泡必需的部件,以及连接到电源的必要电气组件。按使用特性分为普通灯

具(吊灯、吸顶灯、壁灯)、装饰灯具(标志诱导灯、水下艺术装饰灯具、草坪灯具等)、荧光灯(单管、双管、成套独立荧光灯)、工厂灯具(工厂罩灯、烟囱水塔灯、安全防爆灯等)、医院灯具(病房指示灯、紫外线灯、无影灯)、路灯(马路弯灯、庭院路灯),如图 2.52 所示。

图例符号 实物图

灯

"★"为光源类型

单管荧光灯

双管荧光灯

三管荧光灯

"★"为灯具类型

安全出口指示灯/疏散出口标志灯

自带电源的应急照明灯

应急疏散指示标志灯(双向)

花灯

防水防尘灯

广照灯

投光灯

圆形吸顶灯　方形吸顶灯　吊灯　壁灯　座灯头

吸顶式双(单)管荧光灯　吊管式双管荧光灯　吊链式双管荧光灯　嵌入式三管荧光灯

安全出口指示灯　双向疏散标志灯　带电源应急照明灯　装饰吊灯

防水防尘灯　吊链式工厂灯　投光灯

医用灯属于专
用灯具图例略

⊶◯─ 弯灯

无影灯　　　　　　　　　路灯　　　　　　　单壁挑灯

图 2.52　灯具类型

②灯具安装方式。灯具常用的安装方式有吸顶式、嵌入式、悬吊式(线吊式、链吊式、管吊式)、壁装式等,如图 2.53 所示。

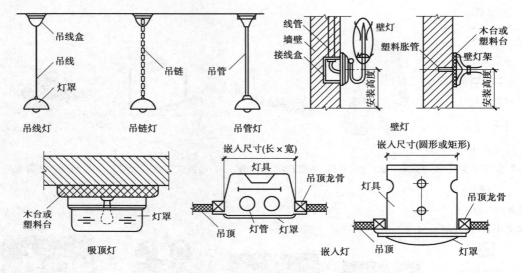

图 2.53　灯具的安装方式

③灯具标注。

表 2.10　灯具的标注方式

序号	标注方式	说明	示例	备注
1	$a\text{-}b\dfrac{c\times d\times L}{e}f$	照明灯具标注: a—数量; b—型号; c—每盏灯具的光源数量; d—光源安装容量; e—安装高度(m),"-"表示吸顶安装; L—光源类型; f—安装方式(见表 2.11)	管型荧光灯的标注方式: $5\text{-}FAC41286P\dfrac{2\times36}{3.5}CS$ 5 盏 FAC41286P 型灯具,灯管为双管 36W 荧光灯,灯具吊链安装,安装高度距地 3.5 m。(管型荧光灯标注中光源 L 可以省略) 紧凑型荧光灯的标注方式: $6\text{-}YAC70542\dfrac{14\times FL}{-}$ 6 盏 YAC70542 型灯具,灯具为单管 14W 紧凑型荧光灯,灯具吸顶安装(灯具吸顶安装时,安装方式 f 可以省略)	

注:此表格摘自《建筑电气工程设计常用图形和文字符号》(23DX001)。

表2.11　灯具的安装方式

1	线吊式	SW	7	吊顶内安装	CR
2	链吊式	CS	8	墙壁内安装	WR
3	管吊式	DS	9	支架上安装	S
4	壁装式	W	10	柱上安装	CL
5	吸顶式	C	11	座装	HM
6	嵌入式	R			

注:此表格摘自《建筑电气工程设计常用图形和文字符号》(23DX001)。

2)开关、插座

(1)开关

①开关分类。开关用于控制灯具电流的通断,可以手动或自动控制。开关有拉线开关、单控开关、双控开关等,延时开关等多种形式如图2.54所示。

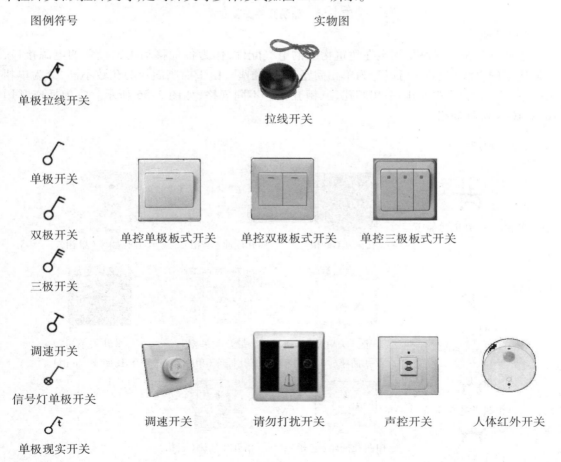

图2.54　开关类型

②开关安装方式。开关通常敷设于建筑物墙面,可以采用明装和暗装两种安装方式。开关明装导线直接连接开关,开关紧贴固定在墙面圆木台上,如图2.55(a)所示。开关暗装时,首先将开关盒预埋在墙内,穿线后接开关面板,最后将开关面板固定,如图2.55(b)所示。

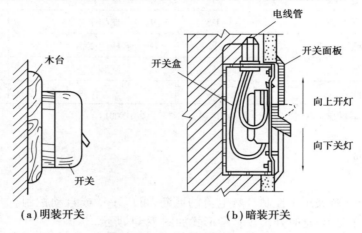

（a）明装开关   （b）暗装开关

图2.55　照明开关安装方式

（3）插座

①插座分类。插座是固定在建筑物上的电气配件,作为各种移动用电设备的电源接口,根据连接的火线数不同,可以分为单相插座、三相插座。由于插座面板的孔数不同,分为单相两孔、单相三孔、单相五孔、三相四孔、三相五孔等不同规格,如图2.56所示。室内插座常用10 A、16 A两种规格。

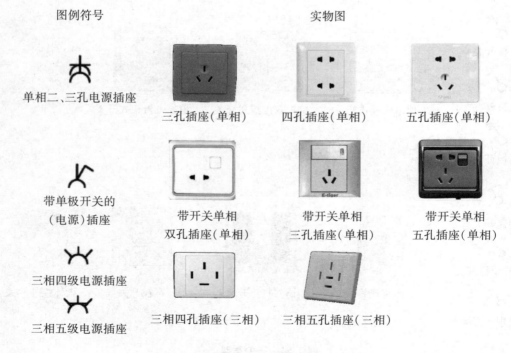

图2.56　开关类型

②插座安装方式。插座安装与布线时,宜采用单独回路。同一房间内的插座采用同回路配电,插座通常附设于建筑物的墙面或地面,安装方式可以采用明装和暗装两种。插座明装导线直接连接,开关紧贴于墙面圆木台上,如图 2.57 所示。插座暗装时,首先将插座盒预埋在墙内,穿线后接插座面板,然后将插座面板固定,如图 2.58 所示。

图 2.57 明装插座

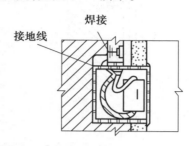

图 2.58 暗装插座

3)风扇

风扇作为散热或通风设备,可分为吊扇、壁扇、轴流排气扇,如图 2.59 所示。风扇是住宅、公共场所、工业建筑中常见的设备。

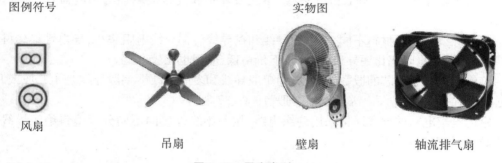

图 2.59 风扇类型

4)电铃

(1)电铃的分类

电铃(图 2.60)常见于家庭、学校、企业和公共建筑中,通常用于门铃、警报系统或作为通知设备。电铃规格按直径可分为 100 mm、200 mm、300 mm,也可按电铃号牌箱分为 10 号、20 号、30 号。

(2)电铃的安装方式

电铃在室内安装有明装和暗装两种方式。明装时,电铃既可以安装在绝缘台上,或直接固定在墙上,如图 2.61(a)所示。室内暗装电铃可装设在专用的盒(箱)内,如图 2.61(b)所示。电铃安装高度,距顶棚不应小于 200 mm,距地面不应低于 1.8 m。室外电铃应装设在防雨箱内,下边缘距地面不应低于 3 m。

图 2.60 电铃

电铃按钮(开关)应暗装在相线上,安装高度不应低于 1.3 m,并有明显标志。电铃安装好时,应调整到最响状态。用延时开关控制电铃,应整定延时值。电铃图例符号常用 ⌂ 表示。

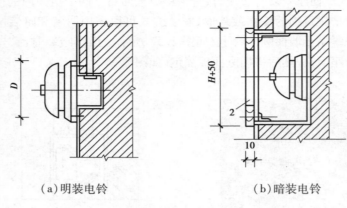

（a）明装电铃   （b）暗装电铃

图 2.61　电铃安装方式

5）照明线路

（1）配线

建筑物内部的电气配线,是电能从区域配电箱向末端用电器具传递时,使用绝缘导线连接到电气设备的过程。与电缆相比,导线对电流、电压的承受能力更小,导线截面直径更小。

导线根据带电量的不同,分为火线、零线及保护线连接配电箱与用电器具,维持设备的运转。

绝缘导线按线芯材料不同,分为铝导线和铜导线。铜导线电阻率小,导电性能较好,应用最广泛;铝导线电阻率比铜导线稍大些,但价格低,应用也比较广泛。

绝缘导线按照线芯的股数不同,分为单股导线和多股导线。多股导线是由几股或几十股线芯绞合在一起形成一根,常用的有 7 股、19 股、37 股等。

室内电气电路的导线通常采用绝缘电线,按照绝缘外皮的不同分为塑料绝缘导线、橡胶绝缘导线,如图 2.62 所示。

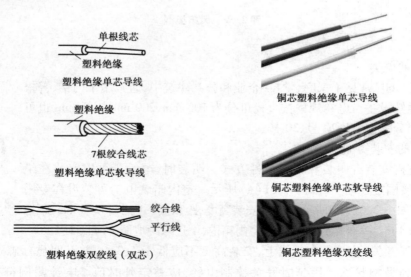

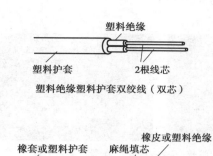

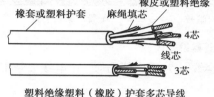

图 2.62　绝缘导线分类

（2）配管（线槽）

配管（线槽）是在室内电气安装过程中，为保护电线而设置的管道系统。室内布线分为明布、暗布。明布是敷设于墙、柱、板的表面敷设；暗布是敷设于墙、柱、板的内部，一般是先预埋管子，再向管内穿线。室内照明常用配管与线槽进行导线敷设，配管（线槽）可用于暗敷或明敷线路。

配电箱出线分出多个回路，各回路通常包含火线、零线、保护线。强电、弱电线路不应同敷设于一根配管（线槽）内，导线在配管（线槽）内不得有接头，分支接头应在接线盒、灯头盒或开关盒内设置，接线盒的安装方式一般与配管（线槽）相同（明敷、暗敷）。

①配管。配管常用金属或塑料制成，如图 2.63 所示。

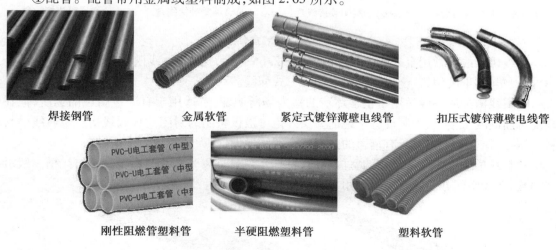

图 2.63　配管分类

金属管配线一般适用于室内外场所，金属管一般采用管件连接。金属管有钢管 SC、金属软管 CP、扣压式镀锌薄壁电线管 KBG、紧定式镀锌薄壁电线管 JDG。

塑料管配线一般适用于室内场所和有酸碱性介质的场所，塑料管一般也采用管件粘接。

塑料管有硬塑料管 PC、刚性阻燃管 PVC、半硬塑料管 FPC。

金属配管或塑料配管明设或暗设,如图 2.64 所示。

配管在梁板内暗敷(预埋)　　　配管在墙内暗敷　　　　　配管沿梁板明敷

图 2.64　配管敷设方式

所有材质的导管配线均先配管,然后管内穿线。为了穿线方便,在电线管路长度和弯曲超过下列数值时,中间应增设接线盒(图 2.65)。

a. 管子长度每超过 30 m,无弯曲时;

b. 管子长度每超过 20 m,有一个弯时;

c. 管子长度每超过 15 m,有两个弯时;

d. 管子长度每超过 8 m,有 3 个弯时;

e. 暗配管两个接线盒之间不允许出现 4 个弯。

(a)塑料暗装接线盒　　(b)塑料明装接线盒　　(c)金属暗装接线盒　　(d)金属明装接线盒

图 2.65　接线盒分类

②线槽。线槽常用金属或塑料制成,如图 2.66 所示。末端由线槽引出的线路可采用金属管、硬塑管、半硬塑管、金属软管或电缆等方式配线。

金属线槽配线一般适用于正常环境的室内场所明配,不适用于有严重腐蚀的场所,但在现浇钢筋混凝土楼板、预制混凝土地面垫层内也可敷设特制的封闭式金属线槽。金属线槽材料有钢板、铝合金。普通具有槽盖的封闭式金属线槽,其耐火性能与钢管相似。

塑料线槽适用于正常环境的室内场所,特别是潮湿及酸碱腐蚀的场所。塑料线槽一般沿墙明敷,在大空间办公场所内每个用电点的配电也可用地面线槽。

(a)金属线槽　　　　　　　　　　(b)塑料线槽

图 2.66　线槽分类

线槽敷设可采用墙面上直接固定或托架、吊架等方式进行架设,如图 2.67、图 2.68 所示。

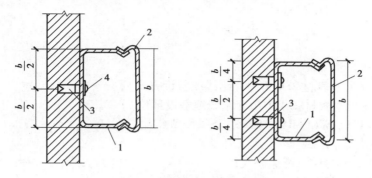

图 2.67　线槽在墙面明装示意图

1—线槽;2—槽盖;3—膨胀管;4—半圆头木螺钉

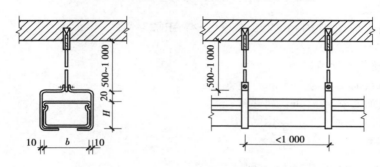

图 2.68　线槽在吊架、托架上明装示意图

③图纸中配管(线槽)配线的标注见表 2.12 和表 2.13。

表 2.12　线路用途符号

符号	名称	符号	名称
WP	电力线路	WE	应急照明线路
WL	照明线路	WD	直流线路
WX	插座线路	WC	控制线路

表 2.13　线管、线槽标注

符号	名称	符号	名称
SC	焊接钢管	PR	塑料线槽
MT	电线管	CT	桥架
FPC	半硬塑料硬管	PC-PVC	塑料硬管
KBG	扣压式镀锌薄壁电线管	MR	金属线槽
JDG	紧定式镀锌薄壁电线管	CP	金属软管
M	钢索	RC	镀锌钢管

导线的标注方式为:a-b(c×d)e-f

a:线路编号或线路用途符号;

b:导线型号;

c:导线根数;

d:导线截面,单位为 mm^2;

e:敷设方式(详见本教材 2.4.1 中介绍线缆敷设方式);

f:敷设部位(详见本教材 2.4.1 中介绍线缆敷设部位)。

【例题 2.3】试解读:WL1-BV(3×2.5)-SC25-WC。

WL1:一号照明线路;

BV:铜芯聚氯乙烯(塑料)绝缘导线;

3×2.5:3 根截面面积为 2.5 mm^2 的导线;

SC25:直径为 25 mm 的焊接钢管;

WC:沿墙暗敷。

【例题 2.4】试解读:WP1-BLV(3×2.5+1×4)-PC25-WE。

WP1:一号动力线路;

BLV:铝芯聚氯乙烯绝缘导线;

3×2.5:3 根截面面积为 2.5 mm^2 的导线;

1×4:1 根截面面积为 4 mm^2 的导线;

PC25:DN25 的塑料管;

WE:沿墙明敷。

► 2.6.3 电气照明系统施工工艺

电气照明系统的施工工艺是指电气管线设备安装全过程、安装工艺及要求。

电气照明系统安装工艺流程:施工前准备→预埋管、盒、箱等→线槽、明管安装→配电箱安装→线缆敷设→用电设备安装→调试。

1)配管、盒安装

现浇混凝土结构的电气配管主要采用预埋方式。现浇混凝土楼板内配管通常在底层钢筋绑完上层钢筋未绑扎前,敷设管、盒,然后把管路与钢筋固定好,将盒与模板固定牢。墙体钢筋绑扎时就配合配管,先把墙(或梁)上预埋管进行连接,然后再连接与盒相连的管子,最后连接剩余的中间管段部分。金属管随时做好接地跨接线。管路之间的间隙在 20 mm 以上,配管交叉层数一般不多于 3 层,同时管要和钢筋用扎丝连接固定,防止浇筑混凝土时移位。土建拆模后,应及时找出预埋在混凝土内的盒、箱,并用铁丝试通管路,及时做好管口及盒、箱的临时封堵保护工作。

砌筑墙的电气配管也采用预埋方式。先在墙身定位画线,按弹出的线,对照设计图找出盒、箱的准确位置,然后剔洞,所剔孔洞应比盒、箱稍大一些,保证线管的连接有足够的空间。按配管的敷设路径剔槽。墙体上剔槽宽度不宜大于管外径加 15 mm,槽深不应小于管外径加 15 mm,剔槽完成后先稳埋盒,再接管,然后抹灰并抹平齐。除设计要求外,对于暗配的导管,导管表面埋设深度与建筑物构筑物表面的距离不应小于 15 mm。

明装配管是用固定卡子将管子固定在墙、柱、梁、顶板等结构上。明配硬塑料管在穿楼板时易受机械损伤的地方应用钢管保护,其保护高度距楼板面不应低于 500 mm。明配的金属、非金属柔性导管固定点间距应均匀,不应大于 1m,管卡与设备、器具、弯头中点、管端等边缘的距离应小于 0.3 m,金属支架应进行防腐处理。

明配钢管经过建筑物伸缩缝时,可采用软管进行补偿。硬塑料管沿建筑物表面敷设时,在直线段上每隔 30 m 要装设一套温度补偿装置,以适应其膨胀性。

2)线槽安装

按照定位标记线进行线槽的安装,确保线槽与墙面或天花板对齐,且水平或垂直安装。使用合适的固定件(如螺丝、钉子或胶水)将线槽固定在墙面或天花板上。对于线槽的直角弯曲或 T 形分支,使用专用接头件进行连接。金属线槽全长不大于 30 m 时,不应少于 2 处与保护导体可靠连接;全长大于 30 m 时,每隔 20 ~ 30 m 应增加一个连接点,起始端和终点端均应可靠接地。

在线槽安装完成后,线槽盒与水管同侧上下敷设时,宜安装在水管的上方;与热水管、蒸汽管平行上下敷设时,应敷设在热水管、蒸汽管的下方。

3)内配线

同一槽盒或管内不宜同时敷设绝缘导线和电缆。同一交流回路的绝缘导线不应敷设于不同的金属槽盒内或穿于不同金属导管内。在干燥场所,当 3 根及以上绝缘导线穿于同一根配管时,其总截面面积(包括外护层)不应超过管内截面面积的 40%;有 2 根绝缘导线时,其总截面面积不应小于 2 根导线截面面积之和的 1.35 倍,立管可取 1.25 倍;穿配管的交流线路,应将同一回路的所有相线和中性线(如果有中性线)穿在同一根管内;不同回路的线路不应穿于同一根管内,但下列情况可以除外:电压在 50 V 及以下的回路,同一设备或同一联动系统设备的电力回路或无防干扰要求的控制回路,同一照明花灯的几个回路,同类照明的几个回路,但管线内绝缘导线的根数不应多于 8 根。

由接线盒引至嵌入式灯具或槽灯的绝缘导线应采用柔性导管保护,不得裸露,且不应在灯槽内明敷;柔性导管与灯具壳体应采用专用接头连接。

4)灯具安装

使用适当的固定件(如螺丝、夹子或吊装器具)将灯具固定在天花板、墙壁或支架上,确保灯具安装平稳、不摇晃,且与周围构件对齐;确保灯具的电气接线正确连接,避免接错相线、短路或接触不良等问题;使用绝缘套管或绝缘胶带保护接线点,避免短路或漏电;通电前,检查灯具。

带升降器的软线吊灯在吊线展开后,灯具下沿应高于工作台面 0.3 m;质量大于 0.5 kg 的软线吊灯,灯具的电源线不应受力;质量大于 3 kg 的悬吊灯具,固定在螺栓或预埋吊钩上,螺栓或预埋吊钩的直径不应小于灯具挂销直径,且不应小于 6 mm;当采用钢管作灯具吊杆时,其内径不应小于 10 mm,壁厚不应小于 1.5 mm。吸顶或墙面上灯具固定用的螺栓或螺钉不应少于 2 个,灯具应紧贴饰面。普通灯具的 I 类灯具外露可导电部分必须采用铜芯软导线与保护导体进行可靠连接,连接处应设置接地标识,铜芯软导线的截面积应与进入灯具的电源线截面积相同。除采用安全电压以外,敞开式灯具的灯头距地高度应大于 2.5 m。

5)开关、插座、风扇的安装

开关安装位置应便于操作,开关边缘距门框边缘的距离宜为 0.15 ~ 0.20 m;相同型号并列安装高度宜一致,并列安装的拉线开关的相邻间距不宜小于 20 mm。

同一室内相同规格并列安装的插座高度宜一致;地面插座应紧贴饰面,盖板应固定牢固、密封良好。

对于单相两孔插座,面对插座的右孔或上孔应与相线连接,左孔或下孔应与中性导体

（N）连接；对于单相三孔插座，面对插座的右孔应与相线连接，左孔应与中性导体（N）连接。单相三孔、三相四孔及三相五孔插座的保护接地导体（PE）应接在上孔；插座的保护接地导体端子不得与中性导体端子连接；同一场所的三相插座，其接线的相序应一致。保护接地导体（PE）在插座之间不得串联连接。

吊扇挂钩安装应牢固，吊扇挂钩的直径不应小于吊扇挂钩直径，且不应小于 8 mm。吊扇扇叶距地高度不应小于 2.5 m。

2.7　电气照明系统识图

▶ 2.7.1　电气设计说明

电气设计说明通常是一份技术文档，它详细说明了一个建筑项目的电气系统设计方案。在图纸中未能通过图形标注表示清楚之处，可在设计说明中予以补充，说明应包括下列内容：

①项目概述、设计准则、设计范围、导线设计等；

②电源提供形式、电源电压等级、配电系统、电气负载、进户线敷设方法、保护措施等；

③通用照明设备安装高度、安装方式及线路敷设方法；

④施工时的注意事项，施工验收执行的规范。

▶ 2.7.2　主要设备材料表

将电气照明工程中所使用的主要材料进行列表，便于材料采购，同时有利于检查验收。主要设备材料表中的内容应包含序号、在施工图中的图形符号、对应的型号规格、安装方式等。对于非标准电气设备，也可在材料表中说明其规格及制作要求。

▶ 2.7.3　电气照明系统图

电气照明系统图用来表明照明工程的供电系统、配电线路的规格，采用管径、敷设方式及部位，线路的分布情况，配电箱的型号及其主要设备的规格等。

1）系统图要素

（1）配电箱

配电箱在系统图中用虚线、点画线、细实线围成的长方形框表示，图中应标明配电箱的编号、型号及控制计量保护设备的型号、规格。

（2）干线、支线

从图上可以直接表示出干线的接线方式及线路连接逻辑，表示出干线、支线的导线型号、截面、穿管管径、管材、敷设部位及敷设方式，用导线标注格式来表示。

（3）相别划分

三相电源向单相用电回路分配电能时，应在单相用电各回路导线旁标明相别 L_1、L_2、L_3 等，避免施工时错接。

（4）照明供电系统的计算数据

照明供电系统的计算功率、计算电流、需要系数、功率因数等计算值，应标注在系统图中明显位置。

2)识图顺序

(1)识读图名

了解本图表达的主要内容。

(2)识读配电箱编号

了解户(区域)配电箱与干线连接的关系及所在位置。

(3)识读出线回路

以各户(区域)配电箱为起点,顺着其出线回路,逐一识别各线路末端连接的用电设备,了解各出线回路的用途。

3)识读电气系统图

以图 2.69 为例进行讲解。

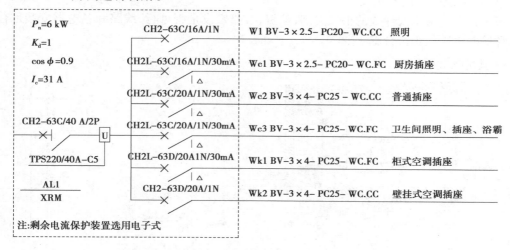

图 2.69 某建筑户配电箱系统图

本图虚线为配电箱外壳边线,内部为配电箱内各类配电元件,左边为总配电箱接入到户(区域)配电箱(AL1)的进线,虚线框右侧为 AL1 的 6 条出线回路分别连接不同功能及不同区域的用电设备。分别是 W1 照明回路,包含 3 根 BV-2.5 mm²(截面积为 2.5 mm² 的铜芯聚氯乙烯绝缘导线)导线穿直径为 20 mm 的 PC(硬质塑料管),连接房间照明灯具(不含卫生间);Wc1 回路,包含 3 根 BV-2.5 mm²(截面积为 2.5 mm² 的铜芯聚氯乙烯绝缘导线)导线穿直径为 20 mm 的 PC(硬质塑料管),连接厨房插座;Wc2 回路,包含 3 根 BV-4 mm²(截面积为 4 mm² 的铜芯聚氯乙烯绝缘导线)导线穿直径为 25 mm 的 PC(硬质塑料管),连接房间内普通插座;Wc3 回路,包含 3 根 BV-4 mm²(截面积为 4 mm² 的铜芯聚氯乙烯绝缘导线)导线穿直径为 25 mm 的 PC(硬质塑料管),连接卫生间插座、照明灯具及浴霸;Wk1 回路,包含 3 根 BV-4 mm²(截面积为 4 mm² 的铜芯聚氯乙烯绝缘导线)导线穿直径为 25 mm 的 PC(硬质塑料管),连接房间内柜式空调插座;Wk2 回路,包含 3 根 BV-4 mm²(截面积为 4 mm² 的铜芯聚氯乙烯绝缘导线)导线穿直径为 25 mm 的 PC(硬质塑料管),连接房间壁挂式空调插座。

▶ 2.7.4 电气照明平面图

电气照明平面图在平面上绘制出线路进户点、配电线路、室内灯具、开关、插座等电气设备的平面位置及安装要求。

1) 平面图的识读要素

① 进户线的位置、户配电箱的平面位置。

② 出线回路的走向、导线的根数、回路的划分。

③ 用电设备的平面位置及灯具的标注。

2) 识读顺序

（1）识读图名

了解本图表达的主要内容。

（2）识读配电箱出线回路编号

了解各回路编号、对应管线参数及敷设要求。

（3）识读照明平面图布设

核实各干线与支线导线的根数、配管位置，线路敷设是否可行，线路和各电器安装部位与其他管道的距离是否符合施工要求。

3) 识读电气平面图

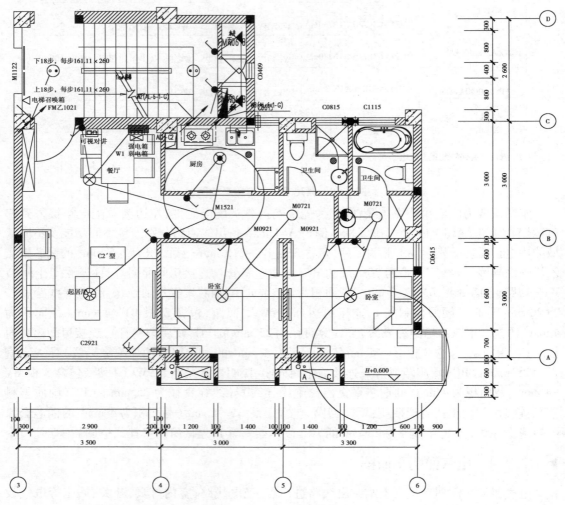

图 2.70 房间照明平面图

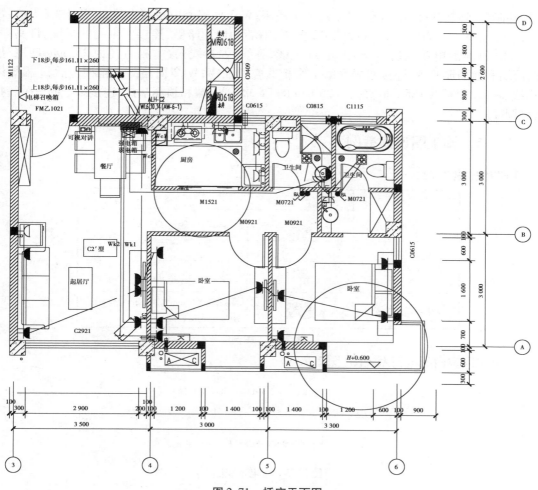

图 2.71 插座平面图

图 2.70 和图 2.71 为某项目房间照明平面图和插座平面图,以该项目为例进行识读讲解。

该项目共有户配电箱(强电)一个,分出 6 个回路,情况如下:

W1 照明回路配电箱接出后,导线穿 1 根直径为 20 mm 的 PC 配管,沿墙和顶棚暗敷,先后到达餐厅、起居室、走廊、厨房、卧室、卫生间的照明灯具和开关处。照明回路出线为 3 根 BV-2.5 mm^2 绝缘导线,按带电情况应分别为火线、零线、保护线。火线出配电箱后,首先到达餐厅灯头盒并分支,一支连接门口单联单控开关,后开关处返回 1 根灯具控制火线连接餐厅灯;一支到达起居室灯头盒后直奔灯具单联单控开关,后开关处返回 1 根灯具控制火线连接起居室灯;一支连接走廊 2 个灯头盒并二次分支,一支直奔走廊灯的单联单控开关,后返回一根灯具控制开关控制 2 盏走廊灯,一支到达厨房灯后直奔控制开关,由控制开关返回控制火线再连接灯具,另一支到达卧室灯以相同方式连接灯具及对应开关。零线、保护线不进入开关,直接连接灯具。

插座回路分别有 Wc1、Wc2、Wc3、Wk1、Wk2 回路。Wc1 回路配电箱接出,3 根导线(火线、零线、保护线)穿 1 根直径为 20 mm 的 PC 配管,沿墙和地面暗敷,连接厨房的两个插座;Wc2 回路配电箱接出后,3 根导线(火线、零线、保护线)穿 1 根直径为 25 mm 的 PC 配管,沿墙和顶棚暗敷,连接餐厅、起居室、卧室的多个插座;Wc3 回路配电箱接出后,3 根导线(火线、零线、保护线)穿 1 根直径为 25 mm 的 PC 配管,沿墙和地面暗敷,连接卫生间的插座、灯具、开关。Wk1 回路配电箱接出后,3 根导线(火线、零线、保护线)穿 1 根直径为 25 mm 的 PC 配管,沿墙和地面棚暗敷,连接起居室的 1 个柜式空调插座;Wk2 回路配电箱接出后,3 根导线(火线、零线、保护线)穿 1 根直径为 25 mm 的 PC,配管沿墙和顶棚暗敷,连接卧室的 2 个壁挂式空调插座。

▶ 2.7.5　施工图识读举例

1)图例(图2.72)

名称	图例	备注
单控三联开关		距地 1.3 m
双管荧光灯		吸顶
普通插座		距地 0.3 m
ZM 照明配电箱		宽高厚365 mm×240 mm×90 mm,距地 1.5 m 嵌墙安装

图 2.72　图例

2)某房间室内配电箱系统图(图2.73)

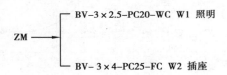

图 2.73　配电系统图

3)某室内照明平面图(图2.74)

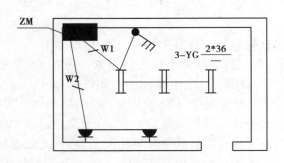

图 2.74　照明平面图

识读电气图例表、系统图、照明平面图,完成以下填空题:

1.ZM 配电箱的安装方式为_____,配电箱的安装高度_____。

2.灯具名称为_____,数量为_____盏,安装方式为_____,每盏灯光源数量为_____、功率为_____。

3.开关名称为_____,安装高度为_____,数量为_____。

4. 插座名称为＿＿＿＿＿＿＿，安装高度为＿＿＿＿＿＿。

5. W1 回路标注 BV-3×2.5-PC20-WC 的含义：＿＿＿＿＿＿＿＿＿

＿＿＿＿＿＿＿＿＿＿＿＿＿＿。

6. W2 回路标注 BV-3×4-PC25-FC 的含义：＿＿＿＿＿＿＿＿＿

＿＿＿＿＿＿＿＿＿＿＿。

2.8 初识防雷接地系统

▶ 2.8.1 建筑防雷等级划分

建筑物防雷系统的作用是保护建筑物及其内部人员和设备免受雷击和雷电感应电压的影响。建筑防雷等级在我国划分为 3 类：

1）第一类防雷建筑物

凡在建筑物中制造、使用或贮存大量爆炸物，或在正常情况下能形成爆炸性混合物，因电火花而发生爆炸造成巨大破坏和人身伤亡者；具有特殊用途的建筑物，如国家级会堂办公建筑、大型博展建筑、大型火车站、国际性航空港、通信枢纽、国宾馆及大型旅游建筑等；国家级重点文物保护的建筑物和构筑物；超高层建筑物。

2）第二类防雷建筑物

重要的或人员密集的大型建筑，不会造成巨大破坏和人身伤亡者；重要或人员密集的大型建筑物，如省部级办公楼，省级大型的集会博展、体育、交通、通信、广播、商业设施等；省级重点文物保护的建筑物和构筑物；19 层及以上的住宅建筑和高度超过 50 m 的其他民用和一般工业建筑。

3）第三类防雷建筑物

凡不属于第一、二类防雷建筑物，但需要做防雷保护的一般建筑物；建筑群中高于其他建筑或处于边缘地带高度在 20 m 及以上的民用和一般工业建筑物，在雷电活动强烈地区，其高度可为 15 m 以上，在少雷区，其高度可为 20 m 以上；高度超过 15 m 的烟囱、水塔等孤立的建筑物或构筑物，在雷电活动较弱地区，其高度可允许在 20 m 以上；历史上雷击事故严重地区的建筑物或雷击事故较多地区的较重要建筑物。

▶ 2.8.2 建筑防雷体系

1）雷电对建筑危害

雷电的破坏作用主要是当雷电流通过建（构）筑物或电气设备对大地放电时，会对建（构）筑物或电气设备产生破坏作用，或威胁到相关人员的人身安全。

雷电危害分类：直击雷、雷电感应、雷电波侵入。

（1）直击雷

雷击建筑后，引起很大雷电流，对建筑物及电气设备产生极大的破坏。

（2）雷电感应

雷云在建筑物周围放电，建筑金属结构上引起的感应电荷不能快速汇入大地，形成的高电位将造成屋内电线、金属管道和大型金属设备放电,击穿电气绝缘层或引起火灾、爆炸。

(3)雷电波侵入

架空金属管道或线路遭雷击,或与受雷击的物体相碰,或在导线上感应出很高的电动势,高电位沿管线引进建筑物内部,也称高电位引入。

2)建筑防雷系统

建筑物防雷接地的措施有外部防雷、内部防雷、过电压保护,如图2.75和图2.76所示。

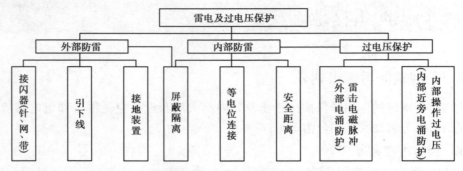

图 2.75　建筑防雷措施分类

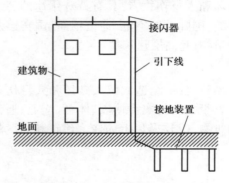

图 2.76　建筑防雷系统示意图

(1)接闪器

①避雷针。避雷针是安装在建筑物上的针形导体,其作用是将雷云的放电通路吸引到避雷针本身,由它及与它相连的引下线和接地体将雷电流安全导入地下,确保建筑物免受雷击,如图2.77所示。

图 2.77　不同形状的避雷针

②避雷带和避雷网。避雷带是用圆钢或扁钢制成的,装于建筑物顶部或突出的部位,如屋脊、屋檐、屋角、女儿墙和山墙等的条形长带,如图2.78所示。避雷网是纵横交错的避雷带叠加在一起,形成多个网孔,是接近全部保护的方法,用于重要建筑物,如图2.79所示。

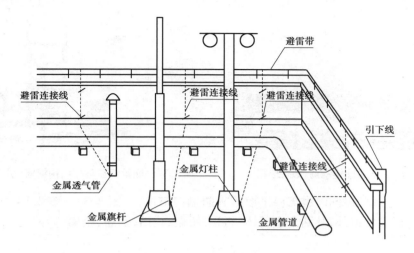

图 2.78 避雷带

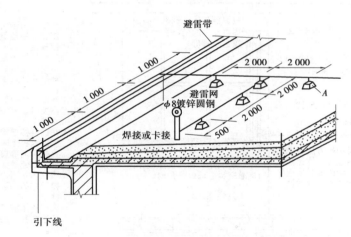

图 2.79 避雷网

③均压环。均压环的作用包括防侧向雷击，将高压均匀分布在物体周围，保证在环形各部位之间没有电位差。第一类和第二类防雷建筑物应设置均压环,且均压环应与引下线连接。第一类防雷建筑物 30 m 起每隔不大于 6 m 沿建筑物四周设水平均压环;第二类和第三类防雷建筑物作出要求,分别是超过 45 m、60 m 的建筑结构圈梁中的钢筋应每三层连成闭合回路,并应同防雷装置引下线连接。在设计上,可利用圈梁内两条主筋焊接成闭合圈作为均压环,此闭合圈必须与所有的引下线连接,如图 2.80—图 2.82 所示。

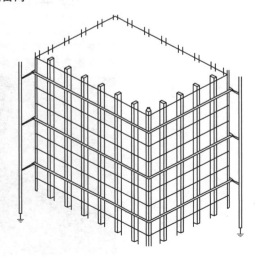

图 2.80 均压环

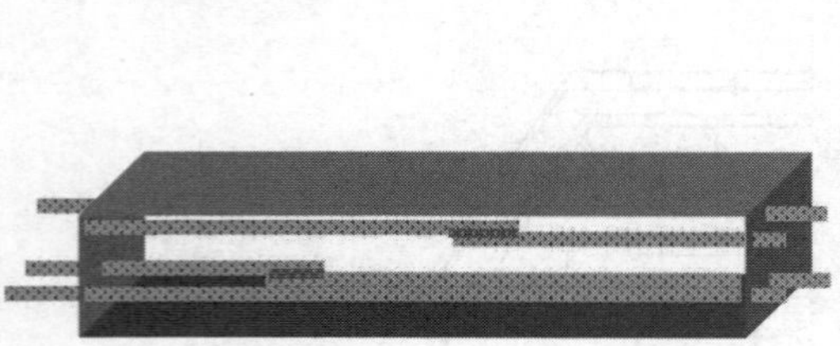

图 2.81　结构圈梁钢筋作均压环

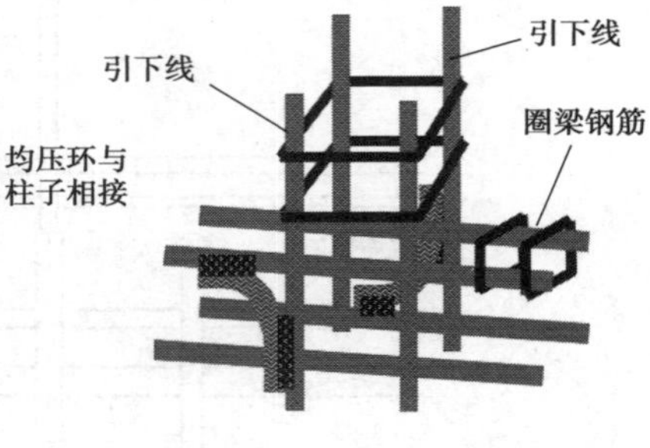
引下线
引下线
圈梁钢筋
均压环与
柱子相接

图 2.82　圈梁钢筋与柱结构钢筋(引下线)焊接

建筑外立面金属门窗同时也需要采取措施防侧向雷击,如图 2.83—图 2.84 所示。此措施称为接地跨接,除门窗外,凡两个金属体(机柜、桥架、线槽、钢筋、金属管等)之间用金属连

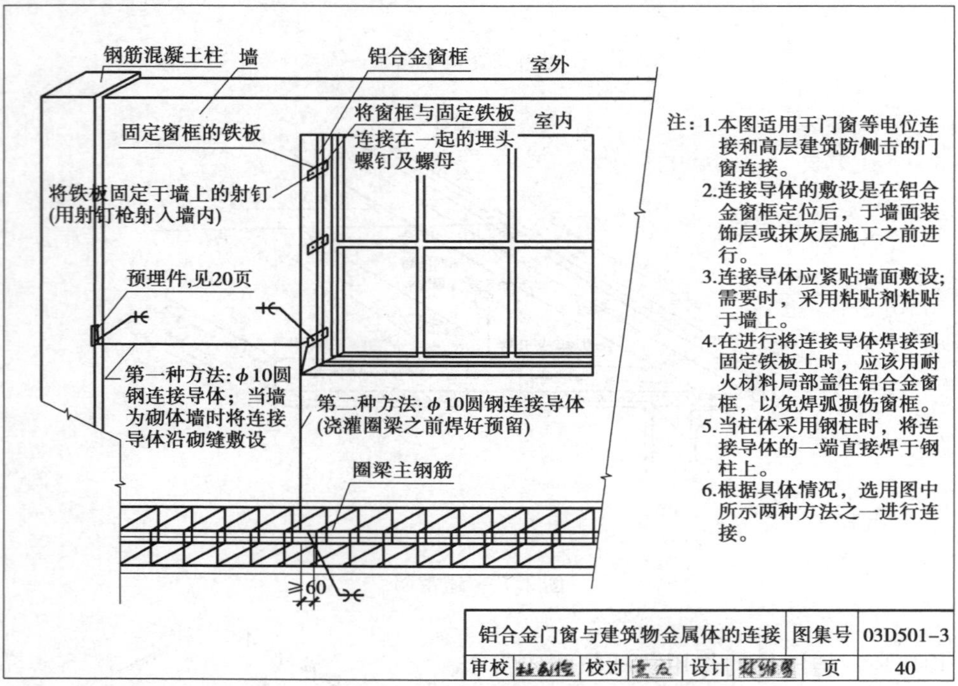
钢筋混凝土柱
墙
铝合金窗框
室外
室内
固定窗框的铁板
将窗框与固定铁板
连接在一起的埋头
螺钉及螺母
将铁板固定于墙上的射钉
(用射钉枪射入墙内)
预埋件,见20页
第一种方法: φ10圆
钢连接导体; 当墙
为砌体墙时将连接
导体沿砌缝敷设
第二种方法: φ10圆钢连接导体
(浇灌圈梁之前焊好预留)
圈梁主钢筋
≥60
注: 1.本图适用于门窗等电位连
接和高层建筑防侧击的门
窗连接。
2.连接导体的敷设是在铝合
金窗框定位后, 于墙面装
饰层或抹灰层施工之前进
行。
3.连接导体应紧贴墙面敷设;
需要时, 采用粘贴剂粘贴
于墙上。
4.在进行将连接导体焊接到
固定铁板上时, 应该用耐
火材料局部盖住铝合金窗
框, 以免焊弧损伤窗框。
5.当柱体采用钢柱时, 将连
接导体的一端直接焊于钢
柱上。
6.根据具体情况, 选用图中
所示两种方法之一进行连
接。
铝合金门窗与建筑物金属体的连接
图集号
03D501-3
审校
校对
设计
页
40

图 2.83　建筑外墙金属门窗接线原理图

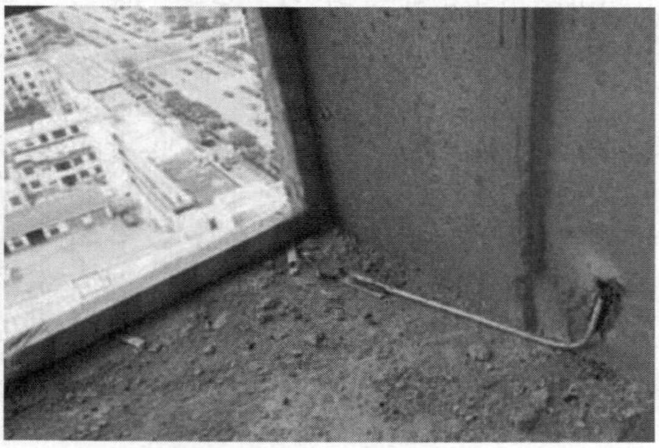

图 2.84　建筑外墙金属窗接线实物图

接体(导线、圆钢、扁钢、扁铜等)连接起来,形成良好的接地体,都成为接地跨接,如图 2.85 所示。

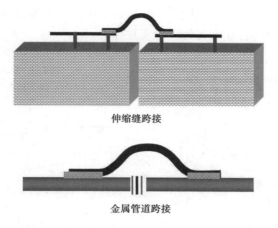

伸缩缝跨接

金属管道跨接

图 2.85　接地跨接

(2)引下线

引下线是防雷系统中的关键组成部分,它的主要作用是将雷电从建筑物上方的捕雷装置(通常是避雷针或避雷带)安全地引导至地面。引下线确保雷电流能有效传输,减少建筑物和内部设施的损害风险。

①引下线设置。

人工引下线,宜采用圆钢或扁钢。引下线的敷设方式分为明敷和暗敷两种。明敷引下线应平直、无急弯;与支架焊接处需刷油漆防腐,如图 2.86 所示。暗敷在建筑物抹灰层内的引下线应有卡钉分段固定。引下线的安装路径应短直,其紧固件及金属支持件均应采用镀锌材料。

自然引下线,利用钢筋混凝土柱或剪力墙内两根直径 16 mm 及以上的钢筋通长焊接作为引下线,引下线间距不大于 18 m,如图 2.87 所示。

图 2.86　人工引下线明敷

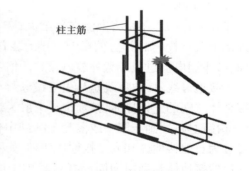

柱主筋

图 2.87　柱结构主筋焊通作引下线

②断接卡子。断接卡子主要用来检测接地电阻。用专设引下线时,在各引下线上距地面 0.3 m ~ 1.8 m 处设置断接卡子,以便测量接地电阻以及检查引下线、接地线的连接状况,如图 2.88 所示。引下线明敷安装时,应在引下线距地面上 1.8 m 至地面下 0.3 m 的一段加装塑料管或钢管保护,如图 2.89 所示。当利用混凝土内钢筋、钢柱等自然引下线并同时采用基础接

地体时可不设置断接卡子,但利用钢筋作引下线时应在室内外的适当地点设若干连接板,该连接板可供测量、接人工接地体和作等电位联结用。当仅利用钢筋作引下线并采用埋于土壤中的人工接地体时,应在每根引下线上距地面不低于 0.3 m 处设接地体连接板,并应设断接卡子,其上端应与连接板焊接,连接板处应有明显标志。

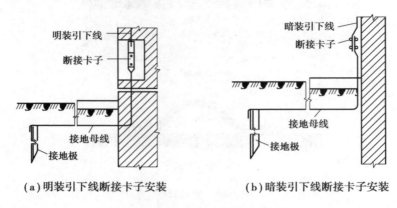

(a)明装引下线断接卡子安装　　　(b)暗装引下线断接卡子安装

图 2.88　避雷装置引下线的安装

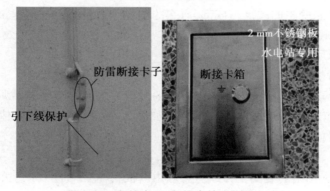

图 2.89　断接卡子、断接卡箱实物图

（3）接地装置

接地装置的作用是将电流引导至大地,从而保护建筑物、人员和电子设备不受电气故障或外部电气干扰(如雷电)的影响。接地装置可以提供一个安全的路径,将过剩的电流引导到地面,减少因电流过载或意外放电导致的损害。

①接地母线:接地母线是从引下线断接卡子或换线处至接地体的连接导体,也是接地体与接地体之间的连接导体,接地母线一般为镀锌扁钢或镀锌圆钢,如图 2.90 所示。

②接地体:埋到土壤中或混凝土基础中作散流用的金属导体称为接地体,按其接地的形式可分为自然接地体和人工接地体两种,如图 2.91 所示。

自然接地体是利用钢筋混凝土基础中的钢筋或混凝土基础中的金属结构作为接地体。人工接地体是人为地将接地体敷设在没有钢筋的混凝土基础内。有时候,在混凝土基础内虽有钢筋,但由于不能满足利用钢筋作为自然基础接地体的要求(如由于钢筋直径太小或钢筋总截面面积太小),也需在这种钢筋混凝土基础内加设人工接地体。

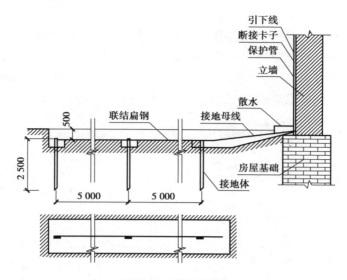

图 2.90　接地详图

　　人工接地体按照敷设方式的不同分为垂直接地体和水平接地体。垂直接地体可采用角钢或钢管,长度宜为 2.5 m,每间隔 5 m 埋一根,顶端埋深为 0.7 m,用水平接地线将其连成一体。水平接地体可采用扁钢制作,埋深一般为 0.5 ~ 0.8 m。埋接地体时,应将周围填土夯实,不得回填砖石灰渣之类杂土。通常接地体采用镀锌钢材,土壤有腐蚀性时,应适当加大接地体和连接线截面,并加厚镀锌层。

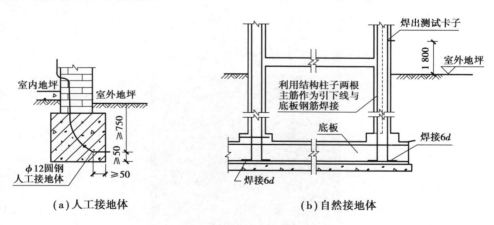

图 2.91　接地体

2)等电位联结系统

　　当建筑物中的不同金属部件间或金属部件与地相连时,由于接地电阻的存在,可能会存在电压差。如果人体同时接触到这些不同电位的金属部件,可能会形成一个通过人体的电流回路,导致触电。建筑物中所有可以导电的部分(如金属管道、金属结构、电气设备外壳等)通过导电连接材料相互连接起来可以使所有金属部件保持相同的电位,从而减少或消除电压差,降低触电的危险。

（1）总等电位联结（简称MEB）

通过进线配电箱近旁的总等电位联结端子板（接地母排）将进线配电箱的PE（PEN）母排、公共设施的金属通道、建筑物的金属结构及人工接地的接地引线等互相连通，以降低建筑物内间接接触电击的接触电压和不同金属部件间的电位差，并消除自建筑物外的经电气线路和各种金属管道引入的危险故障电压的危害，如图2.92、图2.93所示。

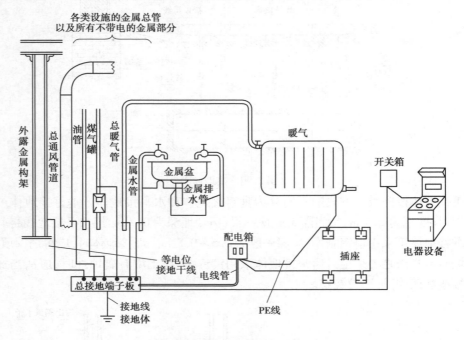

图2.92　总等电位（MEB）联结示意图

图2.93　总等电位联结端子箱实物图

（2）局部等电位联结（简称LEB）

局部等电位联结是在远离总等电位联结处、非常潮湿、触电危险性大的局部地域进行的等电位联结，作为总等电位联结的一种补充。如浴室使用有电源的洗浴设备，用PE线将洗浴部位及附件的金属管道、部件相互联结起来；靠近防雷引下线的卫生间，洗浴设备虽未接电源,也应将洗浴部位及附近的金属管道、金属部件互相作电气通路的联结,如图2.94、图2.95所示。

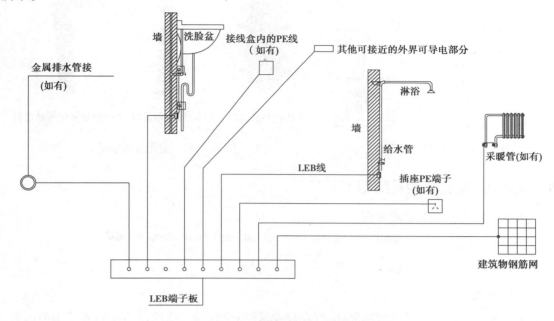

图2.94 浴室等电位联结示意图

图2.95 局部等电位联结端子板

3)过电压保护系统

过电压保护系统保护电气设备免受过电压损害。过电压可以由许多原因造成,包括雷电、电源切换操作、电网故障以及设备本身的故障等。保护系统通常采用一种或多种过电压保护装置来实现。

避雷器也称防雷器、浪涌保护器、电涌保护器、过电压保护器,用来防止线路的感应雷及沿线路侵入的过电压波对变电所内的电气设备造成损害。它一般接于各段母线与架空线的进出口处,装在被保护设备的电源侧,与被保护设备并联,如图2.96和图2.97所示。

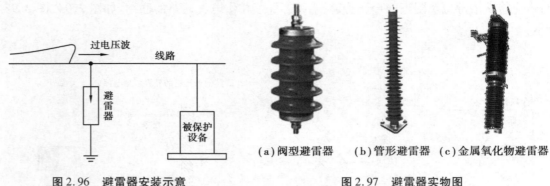

图 2.96　避雷器安装示意　　　　　　　　　图 2.97　避雷器实物图

(a)阀型避雷器　　(b)管形避雷器　　(c)金属氧化物避雷器

▶ 2.8.3　防雷接地系统施工工艺

防雷接地系统施工工艺流程：

施工准备→接地体安装→支架和引下线→避雷针，避雷带(均压环)避雷网→测试
↓
接地测试

1)接地装置

①接地装置在地面以上的部分,应按设计要求设置测试点,测试点不应被外墙饰面遮蔽,且应有明显标识。

②顶面埋设深度不应小于 0.6 m,埋设长度不小于 2.5 m,垂直接地极间距不应小于 5 m。

③如使用人工接地体,角钢尺寸不小于 40 mm×40 mm×4 mm,长度不小于 2.5 m。

④接地干线在跨越伸缩缝、沉降缝等位置应设补偿装置,并设断接卡子。

⑤接地干线末端露出地面应不超过 0.5 m。

2)桩基接地极

水平接地极由地梁的主筋构成,垂直接地极由每桩内 2 根钢筋构成。接地极施工时,桩内的钢筋与地梁的钢筋采用直径不小于 12 mm 的圆钢搭接,应采用双面焊,焊缝长度≥6d,单面焊接的焊接长度≥12d。柱与梁、梁与梁、柱与挡土墙地梁之间,焊接必须采用双面焊,以保证总等电位联结的可靠性和安全性。

3)引下线

①按图纸标注位置定位引下线位置。引下线采用 2 根不小于 16 mm 的钢筋(如柱内主筋无 16 mm 钢筋,则焊接 4 根 14 mm 钢筋作为引下线,引下线与地梁钢筋、柱筋连接采用不小于 12 mm 的圆钢搭接,双面焊接焊缝长度大于圆钢直径 6d,圆钢弯曲半径大于圆钢直径 6d,并用油漆标记方便查找。

主筋冷搭接处必须焊接,丝接必须跨接焊接,当主筋连接采用压力焊时其接头处可不焊跨接线及进行其他焊接处理。

②随钢筋逐层串联焊接至顶层,并焊接出屋面一定长度的引下线镀锌扁钢 40 mm×4 mm 或直径 12 mm 的镀锌圆钢(弯曲处不应小于 90°,并不得弯成死角,建议弯曲角度为 120°)。

③引下线应躲开人较易接触到的地方;引下线除设计有特殊要求外,镀锌扁钢截面积不得小于 48 mm²,镀锌圆钢直径不得小于 10 mm;明装引下线在地面以上 2 m 段套上保护管,并卡固及刷红白油漆。

4)均压环、门窗接地

为防侧击雷,在建筑设计及防雷办要求当高度超过滚球半径时一类 30 m,每隔 6 m 设一均压环(每隔一层)。均压环可利用圈梁内两条主筋焊接成闭合圈,此闭合圈必须与所有的引下线连接。外墙门、窗框、栏杆、金属百叶的每侧至少应预留一根直径≥10 mm 的钢筋,用于外墙门、窗框、栏杆的接地。

5)等电位

住宅供电系统采用 TT、TN-C-S 或 TN-S 接地制式,并进行总等电位联结;卫生间应做局部等电位联结。该等电位盒内预留-4 mm×25 mm 扁钢。等电位联结范围内的金属管道等金属体与等电位联结箱内的端子排之间的电阻不应大于 1 Ω。总等电位应与接地网可靠连接。

6)接闪器

①接闪器与防雷引下线必须采用焊接或卡接器连接,防雷引下线与接地装置必须采用焊接或螺栓连接。

②接闪带安装应平整顺直、无急弯,其固定支架应间距均匀、固定牢固。

③避雷带安装高度为女儿墙+150 mm,固定支持卡直线间距 1 m 一个,转弯中心处 0.5 m 一个,并涂刷红丹防锈漆两遍,最后统一补刷银粉漆。

④阳角位置焊接避雷短针立起高度为 300 mm,并与压顶垂直。

⑤暗装避雷带在土建屋面压顶浇筑施工完成后进行,敷设于压顶外边缘不大于 20 mm 位置,敷设厚度不大于 20 mm。

⑥突出屋面及外墙的金属构件应全部与避雷带焊接连通,屋面避雷网搭接焊接长度不小于 6D,双面施焊,焊接方式为重叠焊接,严禁水平焊接。

7)竣工测试

接地装置整体施工完毕后,应测量其接地电阻。常用接地电阻测量仪直接测量。当实测接地电阻值不能满足设计要求时,可考虑采取以下措施降低接地电阻:

①采用降阻剂时,降阻剂应为同一品牌的产品,调制降阻剂的水应无污染和杂物;降阻剂应均匀灌注于垂直接地体周围。

②采取换土或将人工接地体外延至土壤电阻率较低处时,应掌握有关地质结构资料和地下土壤电阻率的分布,并应做好记录。

③采用接地模块时,接地模块的顶面埋深不应小于 0.6 m,接地模块间距不应小于模块长度的 3~5 倍。接地模块埋设基坑尺寸宜为模块外形尺寸的 1.2~1.4 倍,且应详细记录开挖深度内的地层情况;接地模块应垂直或水平就位,并应保持与原土层接触良好。

2.9 防雷接地系统识图

▶ 2.9.1 防雷接地设计说明

防雷接地设计说明明确了防雷接地系统的设计原则、组件、规格和安装要求,用于指导施工人员正确安装防雷接地系统,并确保系统符合所有适用的安全标准和规范。包含:

①项目概况、设计标准和规范、防雷接地等级、防雷措施;

②防雷接地系统布局、构件规格型号、安装要求等电位联结情况;

③接地电阻和测试要求。

▶ 2.9.2 屋顶防雷平面图

屋顶防雷平面图展示了项目屋顶特征、接闪器的种类及各类接闪器和引下线的布局情况。屋顶防雷系统的标高等参数通常在参照屋顶防雷平面图的同时结合建筑立面图来理解。

识图要领:先确定避雷针的种类、数量、位置;然后了解屋面避雷带(网)的安装方式与材料种类,掌握建筑屋面走势,确定避雷网带(网)的线路标高;最后确定引下线位置。

本节就图2.98所示的屋面防雷平面图进行讲解。

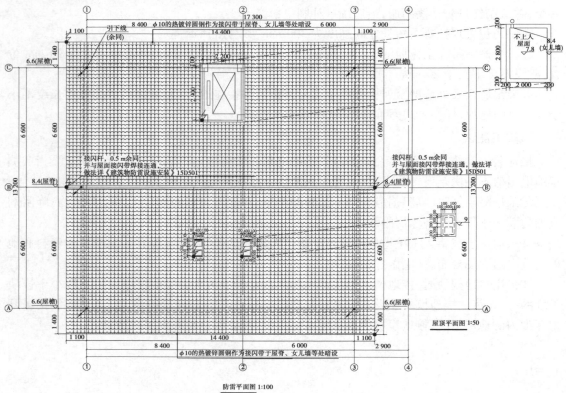

防雷平面图 1:100

图2.98 某建筑屋面防雷平面图

1)识图顺序

①识读图名:了解本图主要表述的内容。

②识读平面图基本情况:了解图纸比例尺、项目防雷要求、防护措施、接闪器的类型及布设、引下线的类型及布设。

③识读防雷装置:首先识读屋面特征,然后识别避雷针类型安装数量,避雷带(网)类型及沿屋面敷设的要求。根据屋面、屋檐、屋脊及女儿墙等的构件标高确定屋面避雷带(网)的布设高度,确定屋面防雷网络布设结构;根据标注了解建筑侧面接闪器的布设情况;通过引下线位置标注及说明了解引下线的布设。

2)识读屋面防雷平面图

图2.98所示为一不上人坡屋面,外设0.5 m接闪杆(避雷针)7根,屋面檐口四周暗设直径10 mm的镀锌圆钢作为避雷带;屋脊、屋面四角、电梯间上方、屋面通风口上方暗设-25 mm×4 mm热镀锌扁钢作为避雷带;屋面四角及屋脊一端将柱子中两根不小于直径16 mm主筋焊通作为引下线,与基础接地网相连;室外地坪上0.5 m处预埋-100 mm×100 mm×5 mm钢板与引下线钢筋焊连,并在柱旁墙上装设暗接地检测点。

▶ 2.9.3 基础接地布置平面图

基础接地布置平面图说明了接地系统的设计,接地网络的布设情况,指导如何将建筑物的电气系统安全接地。通常,接地网标高等参数在参照基础接地布置平面图的同时结合结施图中的基础平面图来理解。

识图要领:首先识别接地装置的种类、数量、位置,最后确定引下线的位置。建筑内等电位联结装置同时也会在图纸中注明。

1)识图顺序

①识读图名:了解本图主要表述的内容。

②识读平面图中的基本情况:了解图纸比例尺、项目防雷要求、防护措施、接地装置的类型及布设、引下线的位置及接地网测试点的布置。

③识读接地装置:确定接地装置的种类及标高参数,确定引下线的位置及接地网测试点的布设。

2)识读基础接地布置平面图

本项目(图2.99)接地装置为接地网,建筑内部基础层首先将地圈梁中2根不小于$\phi12$ mm的结构主筋焊通作为自然接地网,图示最外圈为-60 mm×6 mm热镀锌扁钢环形人工接地网,埋深不小于1 m,连接外圈-60 mm×6 mm人工接地网的接地网为-40 mm×4 mm热镀锌扁钢,埋深不小于1 m。6处引下线由屋面引下至基础接地网,并在3处引下上距室外地坪0.5 m处在柱旁墙上装设暗接地检测点。建筑内总等电位联结端子板一套。

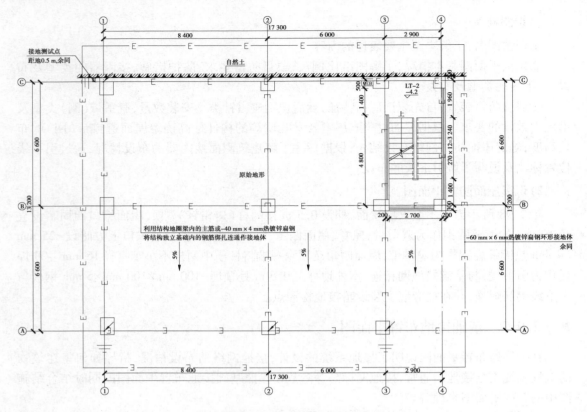

图 2.99　某建筑接地平面图

本章小结

　　本章主要介绍了建筑电气系统内不同子系统的基础知识及识读方法,内容包括建筑电气系统的含义、组成、分类等基础知识,变配电系统、电气干线系统、电气照明系统和防雷接地系统的常见图例、施工工艺和识图实践。通过本章的学习,我们可以熟知建筑电气系统的组成、分类及常见图例符号;熟知建筑常用电缆、电线的种类、特性、敷设工艺,熟知常见高低压电气设备、低压电器的规格、型号、安装流程并准确识读包括变配电系统在内的建筑电气专业相关施工图;熟知防雷接地系统组成、各组成部分作用及施工工艺,准确、快速识读防雷和接地平面图。此外,本章还提供了某实际工程电气施工图及相关识图案例,为读者在识读完整工程图时提供识读顺序和方法的参考。总之,本章的学习对于我们准确、高效地识读建筑电气施工图具有重要意义,也为今后电气类计量计价课程的学习和实践提供了重要的基础知识支撑和实践指导。

课后习题

一、单选题

1.( )是接收电能、改变电能电压并分配电能的场所。

A. 发电厂 　　　　　　　　　　　B. 变电所

C. 电力线路 　　　　　　　　　　D. 变压器

2. ─⊙⊙─ 所示电气元件为( )。

A. 避雷器 　　　　　　　　　　　B. 双绕组变压器

C. 三相变压器 　　　　　　　　　D. 互感器

3. 电气图纸中线路敷设方式及敷设部位标识为 CE,文字含义是( )。

A. 沿墙明敷 　　　　　　　　　　B. 沿天棚明敷

C. 沿天棚暗敷 　　　　　　　　　D. 地面暗敷

4. 连接单控三联开关的线管中,穿线根数正确的是( )。

A. 线管中穿有 3 根线,分别是零线、相线、开关线

B. 线管中穿有 4 根线,分别是地线、相线、开关线

C. 线管中穿有 3 根线,分别是相线、2 根开关线

D. 线管中穿有 4 根线,分别是 3 根开关线、1 根相线

5. 识读 NH-BV-5×6,其中 V 表示( )。

A. 聚乙烯 　　　　　　　　　　　B. 聚氯乙烯

C. 氯丁橡皮 　　　　　　　　　　D. 橡皮

6. 局部等电位联结端子板的表示符号是( )。

A. MEB 　　　　　　　　　　　　B. LEB

C. PEN 　　　　　　　　　　　　D. REB

二、判断题

1. 控制原理图是单独用来表示电气设备及元件控制方式及其控制线路的图样,主要表示电气设备及元件的启动、保护、信号、联锁、自动控制及测量等。 （　　）

2. 供电系统就是由电源系统和输配电系统组成的产生电能并供应和输送给用电设备的系统。 （　　）

3. 零线一般不进入开关,火线和保护线进入开关连接。 （　　）

4. 照明灯具标注中 a-b $\dfrac{c×d×L}{e}$f,"f"表示灯具安装方式。 （　　）

5. 等电位联结即当建筑物中的不同金属部件间或金属部件与地相连。 （　　）

三、简答题

1. 强电系统主要包括哪些?

2. 请简要解读 4×(TMY-100×10)的含义。

3.简述线路符号 WE1-WDNZ-BYJ(3×4)-JDG20-WE 的含义。

4.根据已学知识简述灯具安装的方式。

5.简述建筑物防雷接地的措施。

3

建筑消防系统

【知识目标】

1. 理解建筑消防系统识图基础知识；
2. 熟记建筑消防系统常见图例；
3. 认识并能准确绘制建筑消防系统常见设备及材料；
4. 了解建筑消防系统主要项目施工工艺。

【能力目标】

1. 能够结合案例工程快速、准确识读建筑消防系统施工图；
2. 具备独立识读复杂室内消防系统施工图纸的能力；
3. 具备对室内消防系统施工图纸中出现数据问题的分析与处理能力。

【素质目标】

1. 提高火灾防范意识，学习火灾应对技巧；
2. 树立创新意识与科技报国理想；
3. 树立良好职业道德观，培养务实精神。

  "消防"一词最早于西晋传入日本，于近代传回中国。在江户时代开始出现这个词。最早见于亨保九年(清雍正二年,1724年)，武州新仓郡的《王人帐前书》有"发生火灾时,村中的'消防'就赶到"的记载。到明治初期(清同治十二年,1873年)"消防"一词开始普及。

  随着国民经济的飞速发展，一些工业建筑、高层民用建筑以及大型综合建筑不断涌现，其内部结构和设置不断现代化，功能也日益齐全,电、火、气以及化学品的应用更加广泛。如果没有合理、安全的消防设施，一旦发生火灾，损失将难以估计。因此，建筑消防系统显得极为重要，它是现代建筑不可或缺的一部分，可以迅速、有效地将火扑灭，保护人们的生命财产安全。

3.1 建筑消防系统基础知识

▶ 3.1.1 建筑消防系统概述

1)建筑消防的含义

建筑消防是指在建筑物内进行的一系列防火、灭火和疏散逃生等措施，旨在保护建筑物及其内部人员和财产的安全。

建筑消防是保护建筑物和人员安全的重要措施。通过合理设计和配置消防设施和设备，能够在火灾发生时及时控制火势，保障人员的生命和财产安全。因此，在建筑工程中，要高度重视建筑消防的设计和施工，确保建筑物的消防系统符合相关标准和要求，为人们的生命财产安全提供有力保障。

2)灭火理论简介

(1)物质燃烧的类型及燃烧的条件

①物质燃烧的类型包括闪燃(可燃气体)、着火(可燃物质)和自燃(易燃物质)3类。

②物质燃烧的条件包括可燃物、助燃物和着火源。

a.可燃物:不论固体、液体和气体，凡能与空气中氧或其他氧化剂起剧烈反应的物质，一般都是可燃物质，如木材、纸张、汽油、酒精、煤气等。

b.助燃物:凡能帮助和支持燃烧的物质叫作助燃物。一般指氧和氧化剂，主要是指空气中的氧。这种氧称为空气氧，在空气中约占21%。可燃物质没有氧参加化合是不会燃烧的。如燃烧1 kg石油就需要10～12 m^3 空气。燃烧1 kg木材就需要4～5 m^3 空气。当空气供应不足时，燃烧会逐渐减弱，直至熄灭。当空气的含氧量低于14%～18%时，就不会发生燃烧。

c.着火源:凡能引起可燃物质燃烧的能源都叫着火源，如明火、摩擦、冲击、电火花等。

具备以上3个条件，物质才能燃烧。例如生火炉，只有具备了木材(可燃物)、空气(助燃物)、火柴(火源)3个条件，才能使火炉点燃。

(2)灭火的原理与基本方法

①灭火原理主要有3点:一是破坏已形成的燃烧条件;二是终止燃烧连锁反应;三是尽量减少火灾损失。

②灭火的基本方法:当物质燃烧条件中某一个条件被去掉时，火就可熄灭。由此人们可归纳出4种基本的灭火方法:冷却灭火方法、窒息灭火方法、隔离灭火方法和拟制灭火方法。

a.冷却法。由于可燃物质必须具备一定的温度和足够的热量，灭火时，将水等具有冷却降温和吸热作用的灭火剂直接喷射到燃烧物体上，以降低燃烧物质的温度。当其温度降到燃烧所需要最低温度以下时，火就熄灭了。也可将水喷洒在火源附近的可燃物体上，使其温度降低，防止火源附近的可燃物质起火。

冷却灭火方法是灭火的重要方法，主要用水来冷却降温。一般物质(如木材、纸张、棉花、布匹、家具、麦草等)起火,都可用水来冷却灭火。

b.窒息法。减少燃烧区域的氧气量,阻止空气注入燃烧区域或用不燃烧物质冲淡空气,使火焰熄灭。如用不燃或难燃的石棉被、湿麻袋、湿棉被等捂盖燃烧物;用砂土埋没燃烧物;往着火空间内灌入惰性气体、蒸汽;往燃烧物上喷射氮气、二氧化碳等;封闭已着火的建筑物、设备的孔洞。

c.隔离法。使燃烧物和未燃烧物隔离,限制燃烧范围。如将火源附近的可燃、易燃、易爆和助燃物搬走;关闭可燃气体、液体管路的阀门,减少和阻止可燃物进入燃烧环境内;堵截流散的燃烧液体;拆除与火源毗连的易燃建筑和设备。

b.抑制法。这种灭火方法是将化学灭火药剂喷入燃烧区,使之参与燃烧的化学反应,而使燃烧反应停止。目前,这种灭火方法主要使用干粉灭火剂,其优点是灭火效率高。但化学灭火剂冷却、渗透作用小,当起火物体表面火焰扑灭后,往往因内部阴燃或余热高温超过可燃物的着火温度而发生复燃。因此,灭火后应采取降温措施,防止发生复燃。

▶ 3.1.2 建筑消防系统分类

建筑消防系统主要由以下几个部分组成:

1)水灭火系统

在建筑消防中,消防水系统是最基础也是最重要的一环。它包括室内消火栓、自动喷水系统、水幕系统等。消防水系统的设计要考虑建筑物的结构、用途和火灾风险等因素,确保能提供足够的水源和水压,满足灭火需要。

2)气体灭火系统

气体灭火系统主要用在不适于设置水灭火系统等其他灭火系统的环境中,如计算机机房、重要的图书馆及档案馆、移动通信基站(房)、UPS室、电池室和一般的柴油发电机房等。

3)手提式灭火器

它是较为常用的灭火器具,携带使用方便,对范围不大的初期火灾灭火效果好,常见的有泡沫灭火器、干粉灭火器等。干粉灭火系统通过喷射干粉将火源窒息,泡沫灭火系统通过喷射泡沫将火源覆盖。

4)防烟排烟系统

它包括排烟风机和排烟管道。在火灾发生时,防烟排烟系统可以将烟雾迅速排除,确保疏散通道的畅通。

5)火灾报警系统

它包括烟感探测器、温度探测器和手动火警按钮。一旦发生火灾,这些探测器将发出警报并通知相关人员进行灭火。

▶ 3.1.3 建筑消防设备布置系统

建筑消防设备布置系统是为了保证建筑消防设备的有效使用和部署而制定的一系列规范。

1)水灭火系统布置

水灭火设备的布置应考虑建筑物的结构、用途和火灾风险等因素。一般来说,消火栓应设置在每个楼层的楼梯间或走廊,而喷淋系统则应覆盖建筑物的每个房间和厅堂。

2)灭火器设备布置

灭火器设备应根据建筑物的大小和用途进行布置。一般来说,灭火器应设置在易燃物体附近,并且距离人员活动区域不超过 30 m。

3)排烟设备布置

排烟风机应设置在建筑物的顶部或疏散通道附近,以便迅速将烟雾排出。排烟管道应贯穿整个建筑物,保证烟雾的顺利排出。

4)火灾报警设备布置

烟感探测器和温度探测器应布置在易燃区域和疏散通道附近,以便及早发现火灾并采取相应措施。手动火警按钮应设置在易于触及的位置。

▶ **3.1.4 建筑消防图例**

表 3.1 为常见消防水图例表,表 3.2 为常见消防电图例表。

表 3.1 常见消防水图例表

名称	图例	名称	图例
消防给水管	—— XH ——	自动喷水灭火给水管	—— ZP ——
室内消火栓(单口)	平面　　系统	室内消火栓	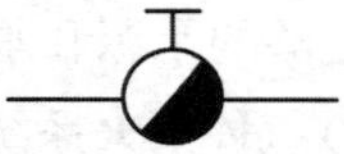
室内消火栓(双口)	 平面　　系统	水泵接合器	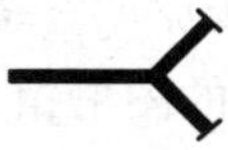
开式喷头	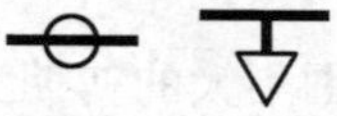 平面　　系统	闭式喷头	平面　　系统
干式报警阀	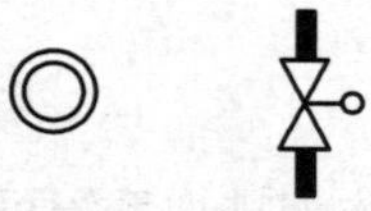 平面　　系统	湿式报警阀	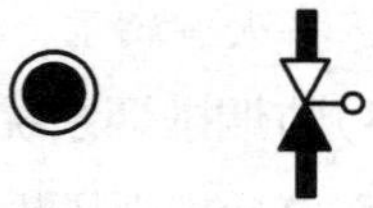 平面　　系统
信号闸阀		水流指示器	 L
末端试水装置	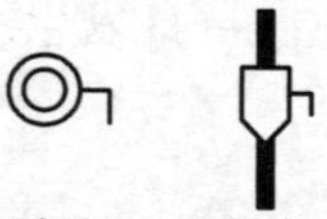 平面　　系统	水力警铃	

注:摘自《建筑给水排水制图标准》(GB/T 50106—2010)。

表3.2 常见消防电图例表

序号	符 号	说 明	应用类别	符号来源	
				国家标准文件号	符号标识号
1	▭	火灾报警装置,一般符号 Fire alarm device,general symbol 需区分火灾报警装置"★"用下述字母代替:			3-12
2	▣★	C——集中型火灾报警控制器 Central fire alarm control unit; Z——区域型火灾报警控制器 Zone fire alarm control unit; S—可燃气体报警控制器; H——家用火灾报警控制器			—
3	▭	控制和指示设备,一般符号 control and indicating equipment,general symbol 需区分控制和指示设备"★"用下述字母代替:	功能性文件和位置文件	GB/T 4327—2008	3-08
4	★	RS——防火卷帘门控制器 Electrical control box for fire-resisting rolling shutter; RD——防火门磁释放器 MeMegnetic releasing device for fire-resisting door; I/O——输入/输出模块 I/O module; I——输入模块 Input module; O——输出模块 Out module; P——电源模块 Power supply module; T——电信模块 Telecommunication module; SI——短路隔离器 Short circuit isolator; M——模块箱 Module box; SB——安全栅 Safety barrier; D—火灾显示盘 Fire display panel; FI——楼层显示器 Floor indicator; CRT——火灾计算机图形显示系统 Coaputer fire figure displaying system; FPA——火警广播系统 Public-fire alarm address system; MT——对讲电话主机 The axin telephone set for two-way telephone; BO——总线广播模块; TP——总线电话模块; SC——挡烟垂壁控制器 Seoke stopper vertical wall controller; GC——气体灭火控制器 Gas fire extinguishing controller; MH——消防设备电源监控主机 Fire fighting equipment pomer soaitoring bost			—

续表

序号	符 号	说 明	应用类别	符号来源	
				国家标准文件号	符号标识号
5		感温火灾探测器(点型) Heat detector(point type)			6-24
6	EX	感温火灾探测器(点型、防爆型)			—
7		感温火灾探测器(线型) Heat detector(line type)			6-25
8		感烟火灾探测器(点型) Smoke detector(point stye)			6-17
9	EX	感烟火灾探测器(点型、防爆型)			—
10		感光火灾探测器(点型) Optical flame detector(point type)			6-21
11		可燃气体探测器(点型) Combustible gas detector(point type)			6-22
12		可燃气体探测器(线型) Combustible gas detector(line type)			—
13		复合式感光感烟火灾探测器(点型) Combination type optical flame and smoke detestor(point type)	功能性文件 和位置文件	GB/T 4327—2008	6-27
14		复合式感光感温火灾探测器(点型) Combination type optical flame and heat detector(point type)			6-28
15		差定温火灾探测器(线型) Line-type rate-of-rise and fixed temperature detector(line type)			—
16		光束感烟火灾探测器(线型,发射部分) Beam smoke detector(line type,the part of launch)			6-19
17		光束感烟火灾探测器(线型,接收部分) Beam smoke detector(line type,the part of reception)			6-20
18		复合式感温感烟火灾探测器(点型) Combination type smoke and heat detector(point type)			6-26
19		光束感烟感温火灾探测器(线型,发射部分) Infra-red beam line-type smoke and heat detector(line type,emitter)			—

续表

序号	符 号	说 明	应用类别	国家标准文件号	符号标识号
				符号来源	
20		光束感烟感温火灾探测器(线型,接收部分) Infra-red beam line-type smoke and heat detector(line type,receiver)	功能性文件和位置文件	GB/T 4327—2008	—
21		手动火灾报警按钮 Manual fire alarm call point			6-33
22		消火栓启泵按钮 Pump starting button in hydrant			
23		报警电话 Alarm telephone			6-23
24		火灾电话插孔(对讲电话插孔) Jack for two-way telephone(Intercom telephone jack)			—
25		带火灾电话插孔的手动报警按钮 Jack for two-way telephone with manual station			
26		火警电铃 Fire bell			6-29
27		火灾发声报警器 Fire alarm sounder			6-31
28		火灾光警报器			3-11 4-25
29		火灾声、光警报器 Audio-visual fire alarm			3-11 4-22 4-25
30		火灾应急广播扬声器 Fire emergency broadcast loud-speaker			6-30
31	形式1	水流指示器 Flow switch		—	
32	形式2	水流指示器(组)Flow switch		GB/T 501062010	表3.0.7
33	P	压力开关 Pressure switch	功能性文件	GB/T 4327—2008	3-09
34		阀,一般符号 Valve			4-12
35		信号闸阀(带监视信号的检修阀)		GB/T 50106—2010	表3.0.7
36	70℃	70℃动作的常开防火阀。若因图面小,可表示为:□70℃、常开	功能性文件和位置文件	GB/T 50786—2012	表4.1.3-2
37	280℃	280℃动作的常开排烟阀。若因图面小,可表示为:□280℃、常开			
38	AE	电动加压送风口(送风阀) Electric pressurized air outlet(air supply valve)			
39 40	SE	电动排烟口(排烟阀) Electric Smoke vent(smoke exhaust value)			

注:摘自《建筑电气工程设计常用图形和文字符号》(23DX001)。

3.2 初识水灭火系统

► **3.2.1 初识消火栓给水灭火系统**

消火栓给水灭火系统是将消防给水系统提供的水量经过加压,用于扑灭建筑物中与水接触不能引起燃烧、爆炸的火灾而设置的固定灭火设备。

1)消火栓给水灭火系统的分类

消火栓给水灭火系统可分为室外消火栓给水系统和室内消火栓给水系统。两种系统有各自的消防范围,承担不同的消防任务,它们之间有紧密的衔接性,需配合和协同工作。

室内消火栓给水系统按高低建筑可分为多层建筑室内消火栓给水系统和高层建筑室内消火栓系统。

2)消火栓给水灭火系统的组成

消火栓给水灭火系统由水源、消防设备、消防管道以及消火栓组成,如图3.1所示。

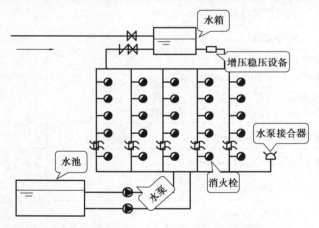

图3.1 消火栓给水灭火系统的组成

(1)水源

消火栓给水灭火系统的水源主要有市政供水、消防水池和天然水源。

(2)消防设备

消防设备主要包括消防水泵、增压稳压设备、水泵接合器、消防水箱等。

水泵接合器是连接消防车从室外消防水源抽水向室内消火栓给水系统加压供水的装置,一端由消防给水管网水平干管引出,另一端设于消防车易于接近的地方,是一种临时供水设施。水泵接合器分地上式(SQ)、地下式(SQX)、墙壁式(SQB)3种,如图3.2所示。

(3)消防管道

消防管道是消火栓给水灭火系统的重要组成部分,主要有进水管、水平干管、立管以及支管等,一般布置为环状。

(a)地上式　　　(b)墙壁式　　　(c)多功能　　　(d)地下式

图3.2　水泵接合器

(4)消火栓

消火栓分为室内消火栓和室外消火栓。

①室内消火栓。室内消火栓由水枪、水龙带、消火栓等组成,如图3.3所示。

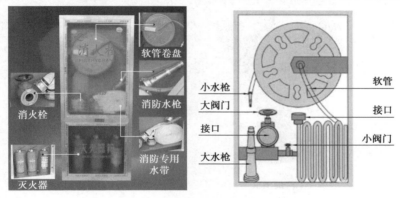

图3.3　室内消火栓

a.水枪:灭火的主要工具,通过喷嘴将水流转化为高速水流,直接喷射到着火点,达到灭火、冷却或防护的目的。喷嘴口径分为13 mm、16 mm、19 mm等,一端接水龙带。水枪同样分为DN50和DN65两种。目前在室内消火栓给水系统中配置的水枪一般多为直流式水枪。

b.水龙带:连接消火栓与水枪的管道。由于使用过程中要在建筑物内穿梭,因此采用柔性材料,一般有衬胶、麻质等。水龙带的口径与消火栓口径相匹配,有DN50和DN65两种,长度有10 m、15 m、20 m、25 m。

c.消火栓:消防用的龙头,带有内扣的角阀,进口与消防管道相连,出口与水龙带相连。直径规格有DN50和DN65两种,出口有单出口和双出口两种,又可分为单阀和双阀,如图3.4所示。

d.消火栓箱:将室内消火栓、水龙带、水枪及电气设备等集装于一体的装置。有木制箱和铁制箱两种,具有灭火、控制和报警作用。消火栓箱可明装、暗装或半明装于建筑物内,按水龙带的安置方式有挂置式、卷盘式、卷置式和托架式4种。

e.消防卷盘(又称消防水喉):由口径25 mm的消火栓、内径19 mm的胶带和口径不小于6 mm的消防卷盘喷嘴组成。高层建筑物必须设消防卷盘。

②室外消火栓。室外消火栓是一种室外地上消防供水设施,用于向消防车供水或直接与

水龙带、水枪连接进行灭火,是室外必备消防供水的专用设施。它上部露出地面,标志明显,使用方便。室外消火栓由本体、弯管、阀座、阀瓣、排水阀、阀杆和接口等零部件组成。室外消火栓分地上式和地下式两种,如图3.5所示。

(a)单出口   (b)双出口

图3.4　消火栓

(a)地下式   (b)地上式

图3.5　室外消火栓

3)室内消火栓给水系统的给水方式

室内消火栓给水系统的给水方式由室外给水管网所能提供的水压、水量及室内消火栓给水系统所需水压和水量的要求来确定。

(1)无加压泵和水箱的室内消火栓给水系统

无加压泵和水箱的室内消火栓给水系统如图3.6所示。建筑物高度不大,而室外给水管网的压力和流量在任何时候均能够满足室内最不利点消火栓所需的设计流量和压力时,宜采用此种方式。

(2)设有水箱的室内消火栓给水系统

设有水箱的室内消火栓给水系统如图3.7所示。在室外给水管网中水压变化较大的城市和居住区,当生活、生产用水量达到最大时,室外管网不能保证室内最不利点消火栓的压力和流量,而当生活、生产用水量较小时,室内管网的压力又能较高出现,昼夜内间断地满足室内需求。在这种情况下,宜采用此种方式。在室外管网水压较大时,室外管网向水箱充水,由水箱储存一定水量,以备消防使用。

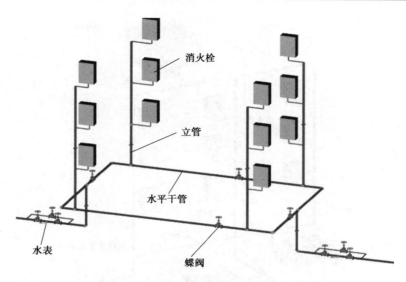

图 3.6 无加压泵和水箱的室内消火栓给水系统

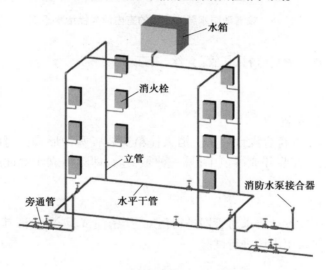

图 3.7 设有水箱的室内消火栓给水系统

（3）设有消防水泵和水箱的室内消火栓给水系统

设有消防水泵和水箱的室内消火栓给水系统如图 3.8 所示。当室外管网水压经常不能满足室内消火栓给水系统水压和水量要求时,宜采用此种给水方式。当消防用水与生活、生产用水共用室内给水系统时,其消防水泵应保证供应生活、生产、消防用水的最大秒流量,并应满足室内最不利点消火栓的水压要求。水箱应保证储存 10 min 的消防用水量。水箱的设置高度应保证室内最不利点消火栓所需的水压要求。

4）消火栓给水灭火系统施工工艺

消火栓给水灭火系统安装工艺流程:安装准备→管道安装→消火栓及支管安装→管道试压、冲洗→系统调试。

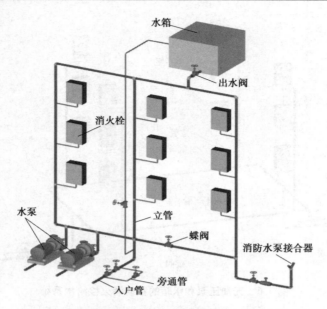

图 3.8　设有消防水泵和水箱的室内消火栓给水系统

（1）安装准备

检查预留洞,检查及清扫管材、切管、套丝、调直。

（2）管道安装

管道及管件安装。

（3）消火栓及支管安装

检查消火栓箱体是否符合设计要求。消火栓箱安装有两种形式:一种是暗装,即箱体埋入墙中,立、支管均暗藏在竖井或吊顶中;另一种是明装,即箱体立于地面或挂在墙上,立、支管为明管敷设。

（4）管道试压、冲洗

系统安装完后,应按设计要求对管网进行强度、严密性试验,以验证其工程质量。管网的强度、严密性试验一般采用水压进行试验。

（5）系统调试

系统调试的工作内容为:技术和器具准备、检查接线、绝缘检查、程序装载或校对检查、功能测试、系统试验、记录整理等。

室内消火栓给水系统安装完成后应取屋顶层（或水箱间内）试验消火栓和首层取二处消火栓做试射试验,达到设计要求为合格。

▶　3.2.2　初识自动喷水灭火系统

1）自动喷水灭火系统的分类

自动喷水灭火系统按喷头开闭形式分为闭式自动喷水灭火系统和开式自动喷水灭火系统。闭式自动喷水灭火系统又分为湿式、干式、干湿式和预作用自动灭火系统;开式自动喷水灭火系统又分为雨淋喷水、水幕和水喷雾灭火系统。

（1）闭式自动喷水灭火系统

①湿式自动喷水灭火系统。湿式自动喷水灭火系统为喷头常闭的灭火系统，如图3.9所示。它由闭式喷头、湿式报警阀、报警装置、管网及供水设施等组成。由于该系统在准工作状态时报警阀的前后管道内始终充满有压水，故称湿式喷水灭火系统。

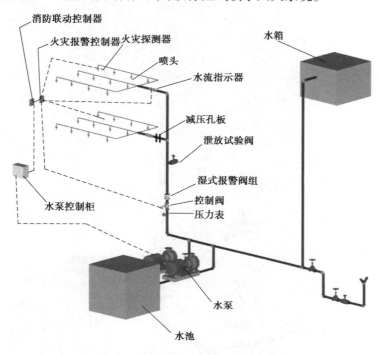

图3.9 湿式自动喷水灭火系统示意图

其工作原理为：火灾发生初期，建筑物的温度不断上升，当温度上升到使闭式喷头温感元件爆破或熔化脱落时，喷头即自动喷水灭火。此时，管网中的水由静止变为流动，水流指示器被感应送出电信号，在报警控制器上指示某一区域已在喷水。持续喷水造成报警阀的上部水压低于下部水压，其压力差值达到一定值时，原来处于关闭状的报警阀就会自动开启。同时，消防水通过湿式报警阀流向干管和配水管供水灭火；一部分水流沿着报警阀的环节槽进入延迟器，压力开关及水力警铃等设施发出火警信号。此外，根据水流指示器和压力开关的信号或消防水箱的水位信号，控制箱内控制器能自动启动消防泵向管网加压供水，达到持续自动供水的目的。

该系统结构简单、使用方便、可靠、便于施工、容易管理、灭火速度快、控火效率高、比较经济、适用范围广，占整个自动喷水灭火系统的75%以上。适合安装在常年室温为4～70 ℃，能用水灭火的建筑物内。

②干式喷水灭火系统。该系统由闭式喷头、管道系统、干式报警网、干式报警控制装置、充气设备、排气设施和供水设施等组成，如图3.10所示。该系统是为了满足寒冷和高温场所安装自动喷水灭火系统的需要，在湿式系统的基础上发展起来的。

其工作原理与湿式系统类似，只是控制信号阀的结构和作用原理不同，配水管网与供水管间设置干式控制信号阀将它们隔开，而在配水管网中平时充满有压气体用于系统的启动。

火灾时,喷头首先喷出气体,致使管网中压力降低,供水管道中的压力水打开控制信号阀而进入配水管网,接着从喷头喷出灭火。其特点是:报警阀后的管道无水,不怕冻,不怕环境温度高。干式与湿式系统相比较,多增设一套充气设备,一次性投资高、平时管理较复杂、灭火速度较慢。该系统适用于温度低于4 ℃或高于70 ℃的场所。

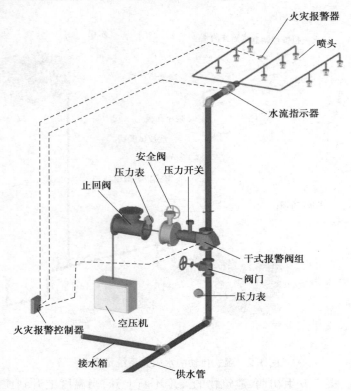

图3.10　干式喷水灭火系统示意图

③干湿式自动喷水灭火系统。干湿两用系统(又称干湿交替系统)是把干式和湿式两种系统的优点结合在一起的一种自动喷水灭火系统。在环境温度高于70 ℃、低于4 ℃时,系统呈干式;环境温度在4~70 ℃时转化为湿式系统。这种系统最适用于季节温度变化比较明显又在寒冷时期无采暖设备的场所。

④预作用自动喷水灭火系统。该系统主要由闭式喷头、管网系统、作用阀组、充气设备、供水设备、火灾探测报警系统等组成,如图3.11所示。预作用系统同时具备了干式系统和湿式系统的特点,而且还克服了干式系统控火灭火率低、湿式系统易产生水渍的缺陷,可以代替干式系统提高灭火速度,也可代替湿式系统用于管道和喷头易于被损坏而产生喷水和漏水以致造成严重水渍的场所,还可用于对自动喷水灭火系统安全要求较高的建筑物中,如储藏珍稀珍本的图书馆、档案室、博物馆、贵重物品储藏室、电脑机房等。

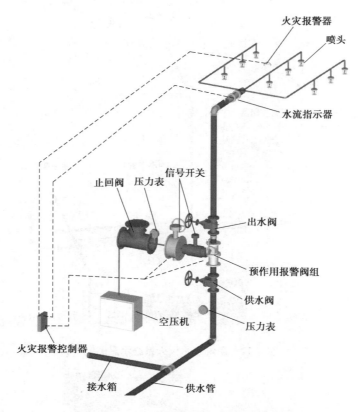

图 3.11　预作用自动喷水灭火系统示意图

（2）开式自动喷水灭火系统

①雨淋喷水灭火系统。雨淋喷水灭火系统由开式喷头、管道系统、雨淋阀、火灾探测器、报警控制装置、控制组件和供水设备等组成，如图 3.12 所示。系统采用的是开式喷头，因此喷水是在整个保护区域内同时进行的。

发生火灾时，由火灾探测传动系统感知火灾，控制雨淋阀开启，接通水源和雨淋管网，喷头出水灭火。该系统具有出水量大、灭火控制面积大、灭火及时等优点，适用于大面积喷水、快速灭火的特殊场所。雨淋阀之后的管道平时为空管，火灾时由火灾探测系统中两路不同的探测信号自动开启雨淋阀，由该雨淋阀控制的系统管道上的所有开式喷头同时喷水，达到灭火目的。

②水喷雾灭火系统。该系统用水雾喷头取代雨淋喷水灭火系统中的干式洒水喷头，形成水喷雾灭火系统，如图 3.13 所示。该系统是用水雾喷头把水粉碎成细小的水雾之后喷射到正在燃烧的物质表面，一方面使燃烧物和空气隔绝，另一方面进行冷却，对油类火灾能使油面起乳化作用，对水溶性液体火灾能起稀释作用。同时，由于水雾具有不会造成液体火飞溅及电气绝缘性好的特点，在扑灭可燃液体火灾、电气火灾中均得到了广泛应用，如飞机发动机试验台、各类电气设备、石油加工场所等。该系统可用于扑救固体火灾、闪点高于 60 ℃ 的液体火灾和电气火灾。

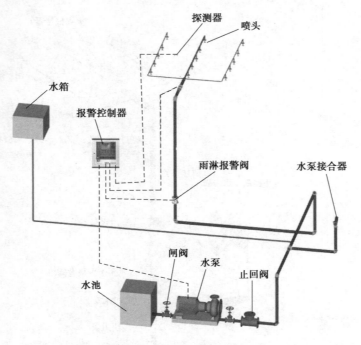

图 3.12　雨淋喷水灭火系统示意图

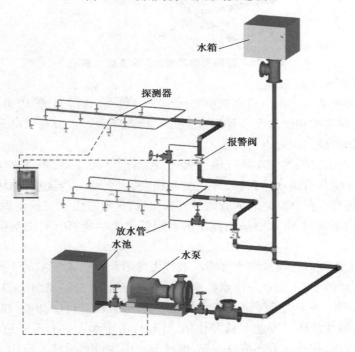

图 3.13　水喷雾灭火系统示意图

③水幕灭火系统。水幕灭火系统是由水幕喷头、管道和控制网等组成的喷水系统,该系统喷头沿线状布置,发生火灾时主要起阻火、冷却、隔离作用。该系统适用于需防火隔离的开口部位,如舞台与观众之间的隔离水帘、消防防火卷帘的冷却等。

2）自动喷水灭火系统的组成

自动喷水灭火系统由喷头、管道系统、火灾探测器、报警阀、报警装置、信号阀和控制阀、末端试水装置、供水设备和供水水源等组成。

①喷头。喷头是自动喷水灭火系统的关键部件，起着探测火灾、喷水灭火的作用。喷头由喷头架、溅水盘喷水口和堵水支撑等组成。按其结构可分为闭式喷头和开式喷头，如图3.14所示。

（a）开式喷头　　　　　（b）闭式喷头

图3.14　喷头

②管道系统。输送水流，布置在楼层的天花板上或顶棚内。

③火灾探测器。火灾探测器是消防火灾自动报警系统中，对现场进行探查，发现火灾的设备。目前常用的有烟感和温感两种，烟感探测器是根据烟气浓度执行动作，温感探测器是根据火灾引起的温升产生反应。火灾探测器通常布置在房间或走道的天花板下面，其数量应根据计算确定。

④报警阀。报警阀是控制水源、启动系统、启动水力警铃等报警装置的专用阀门，如图3.15所示。一般按用途和功能不同分为湿式报警阀、干式报警阀、干湿式报警阀、雨淋阀、预作用阀。

⑤报警装置。报警联动装置包括水力警铃、延迟器、压力开关和水流指示器。

a.水力警铃：当报警阀打开消防水源后，具有一定压力的水流冲动叶轮打击报警。水力警铃不得用电动报警装置代替。

b.延迟器：延迟器可以防止由于水压波动引起报警阀开启而导致的误报。报警阀开启后，水流需经过30 s左右充满延迟器后方可冲打水力警铃。

c.压力开关：在水力警铃报警的同时，依靠警铃管内水压的升高自动接通电触点，完成电动警铃报警，并向消防控制室传送电信号或启动消防水泵。

d.水流指示器：当某个喷头开启喷水时，水流指示器能感受到管道中的水流动，并产生电信号告知控制室该区域发生了火灾。

⑥信号阀和控制阀。信号阀是防止阀门误关闭的装置。当阀门被误关闭25%（全开度的1/4）时，通过电信号装置输出被误关闭的信号到消防控制中心。水流指示器前宜设信号阀。

控制阀上端连接报警阀，下端连接进水立管，其作用是检修管网以及灭火结束后更换喷头时关闭水源。一般选用闸阀，平时应全开。

⑦末端试水装置。用于管道安装完毕后的试验，布置在最不利点喷头的末端，如图3.16所示。

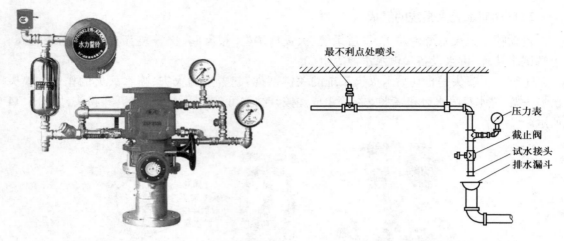

图 3.15　报警阀　　　　　　　　　　图 3.16　末端试水装置

⑧供水设备和供水水源。供水设备有消防水箱、水泵和水泵接合器等;水源主要有市政给水、消防水池和天然水源等。

⑨其他。除上述外,高层建筑中还会安装减压装置。高层建筑由于层数较多,高层和低层所承受的静水压力不一样。出水时,低层的水流动压力比高层的水流动压力大很多。为了控制水压,常安装减压阀或减压孔板等装置。

减压孔板和减压阀都是常用的减压控制装置,它们各自适用于不同类型的流体和不同的压力范围。一般而言,减压孔板适用于高速流体、黏度较大的流体和低压力范围的场合,而减压阀适用于流量变化较大、稳定性要求较高的流体管道中。

3)自动喷水灭火系统施工工艺

自动喷水灭火系统安装工艺流程:施工准备→干管安装→报警阀安装→立管安装→分层干、支管安装→喷头支管安装→管道试压和冲洗→减压装置安装→报警阀配件及其他组件安装、喷头安装→系统通水调试。

(1)施工准备

根据现场情况对施工图进行复核,核对各管道的坐标、标高是否有交叉或排列位置不当的现象;检查预埋和预留洞是否准确;检查管道、管件、阀门、设备及组件是否符合设计要求和质量标准。

(2)报警阀安装

报警阀应设在明显、易于操作的位置,距地面高度宜为 1.2 m 左右。安装报警阀装置处的地面应有排水措施。

(3)减压装置安装

减压孔板应设置在直径 ≥50 mm 的水平管段上,孔口直径应不小于安装管段直径的50%,孔板应安装在水流转弯处下游一侧的直管段上,与弯管的距离应不小于设置管段直径的 2 倍。

(4)水流指示器安装

水流指示器,一般安装在每层的水平分支干管或某区域的分支干管上;应水平立装,倾斜度不宜过大;保证叶片活动灵敏;水流指示器前后应保持有 5 倍安装管径长度的直管段;安装时注意水流方向与指示器的箭头一致。

(5)喷头安装

应在管道系统完成试压、冲洗后,并且待建筑物内装修完成后安装喷头。喷头的规格、类型和动作温度应符合设计要求。喷头安装的保护面积、喷头间距及距墙、柱的距离应符合规范要求。喷头的两翼方向应成排统一安装。护口盘要紧贴吊顶,走廊单排的喷头两翼应横向安装。安装喷头应使用特制专用扳手,填料宜采用聚四氟乙烯生料带,防止损坏和污染吊顶。

(6)调试

消防系统通水调试应达到消防部门测试规定条件。消防水泵应接通电源并已试运转,测试最不利点的喷头和屋顶消火栓的压力和流量是否满足设计要求。消防系统的调试、验收结果应由当地公安消防部门负责核定。

3.3 水灭火系统识图

▶ 3.3.1 消火栓给水灭火系统识读

1)设计、施工说明识读

设计说明中需识读的内容主要有:水源及水质,设计范围,给水分区,管道材质和连接方式,阀门及附件选型,消火栓选型、设备选型等。

施工说明中需识读的内容主要有:管道布置与安装要求,管道支吊架的安装要求,附件及设备安装要求,管道防腐、保温、冲洗要求,调试要求。

2)消火栓系统图识读

(1)消火栓系统图概述

消火栓系统图是反映室内消火栓管道和设备的空间关系的图样。管道系统图在绘制时遵从轴测图的投影法则。两管道的轴测投影相交叉,位于上方或前方的管道线连续绘制,而位于下方或后方的管道线则在交叉处断开。如为偏置管道,则采用偏置管道的轴测表示法(尺寸标注法或斜线表示法)。

系统图中的管道一般都采用单线图绘制,管道中的重要管件(如阀门)在图中用图例表示,而更多的管件(如补心、活接、短接、三通、弯头等)在图中并未作特别标注,这就要求读者熟练掌握有关图例、符号、代号的含义,并对管路构造及施工程序有足够的了解。

(2)消火栓系统图识读

图 3.17 所示是消火栓系统图示意。下面介绍消火栓系统图的识读方法。

①识图顺序。在识读消火栓系统图时,可以按照循序渐进的方法,从消火栓引入管入手,顺着管路的走向,依次识读各管路及末端消火栓设备;也可以逆向进行,即从任意用水点开始,顺着管路,逐个弄清管道、设备的位置,管径的变化以及所用管件等内容。

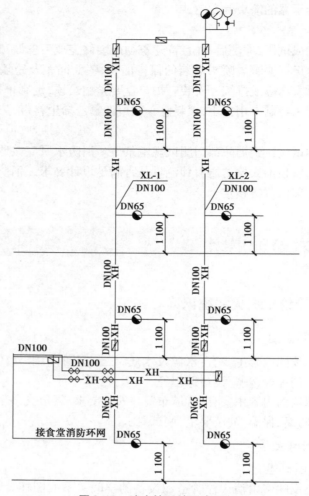

图 3.17　消火栓系统示意图

②提取系统图信息。

a. 管道整体走向:从系统图可以了解到管道整体走向,包括引入管引入的楼层、高度,与屋顶管道的关系,干管与支管的关系等信息,最后再将这些信息与平面图进行对应。

b. 楼层信息:楼层数、楼层高度。

c. 管道:系统图可提取管道标高和管径等信息,可通过标高差提取立管高度等信息。

d. 阀门、附件、设备:可通过系统图提取管路上阀门、附件以及消火栓设备等信息,并与平面图进行对应。

③识图注意事项:

a. 系统图只表示管道走向,不能直接量取长度。

b. 系统图上阀门、附件等标准可能不全,需要结合平面图综合判定。

3)消火栓平面图识读

(1)消火栓平面图概述

消火栓平面图反映消火栓管道走向、位置、标高、水平管径等内容,与系统图的内容相互依存、相互补充。

（2）消火栓平面图识读

图3.18所示是某项目一层消火栓平面图（局部）。将平面图与系统图对照，起点为从食堂引来的入户管，在走廊形成水平环网，又从环网上分支出两根管引向 XL-1 和 XL-2，再结合系统图，识别两根立管的走向。

确定比例无误后，区分管径和管材，可从平面图中分别量取管道长度。

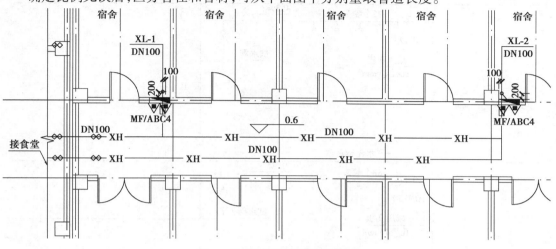

图3.18　消火栓平面图（局部）

3.3.2　自动喷水灭火系统识读

1）设计、施工说明识读

设计说明中需识读的内容主要有：水源及水质、设计范围、给水分区、管道材质和连接方式、阀门及附件选型、喷头选型、设备选型等。

施工说明中需识读的内容主要有：管道布置与安装要求，管道支吊架的安装要求，附件及设备安装要求，管道防腐、保温、冲洗要求，调试要求。

2）自动喷水系统图识读

（1）自动喷水系统图概述

自动喷水系统图是反映自动喷水管道、喷头和设备的空间关系的图样。绘制方式与消火栓系统类似。

（2）自动喷水系统图识读

图3.19所示是自动喷水系统图示意。下面介绍消火栓系统图的识读。

①识图顺序：在识读自动喷水系统图时，可以按照循序渐进的方法，从自动喷水引入管入手，顺着管路的走向，依次识读各管路及末端喷头设备；也可以逆向进行，即从末端试水装置开始，顺着管路，逐个弄清管道、设备的位置，管径的变化以及所用管件等内容。

②提取系统图信息：与消火栓系统类似，自动喷水系统图中可提取管道走向、管道管径、阀门、附件、喷头以及设备等信息。

③识图注意事项：自动喷水系统类型很多，从系统图可初步判断自动喷水系统的类型，例如通过报警阀的类型、供水原理等进行初步判断。

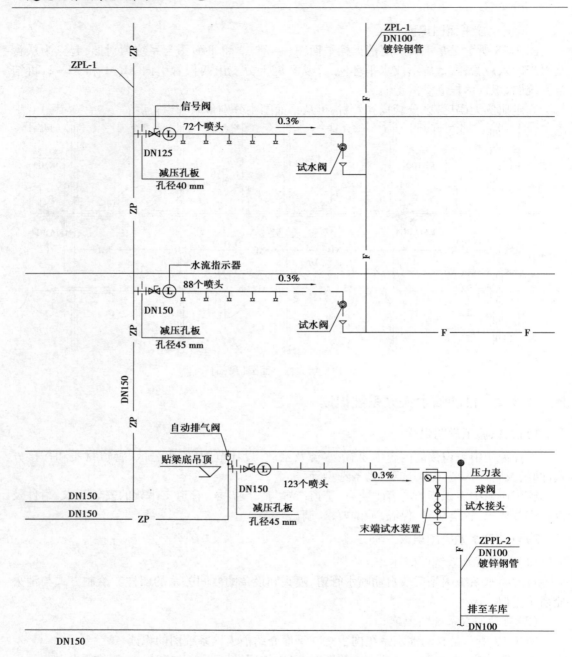

图 3.19　自动喷水系统图

3)自动喷水系统平面图识读

（1）自动喷水系统平面图概述

自动喷水系统平面图反映自动喷水系统管道走向、位置、标高、水平管径以及喷头位置、数量等内容，与系统图的内容相互依存、相互补充。

（2）自动喷水系统平面图识读

图 3.20 是某项目一层自动喷水系统平面图，现以该图为例，介绍自动喷水系统平面图的识读。

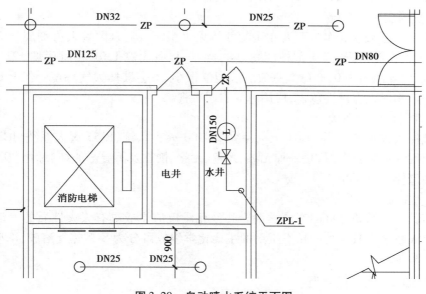

图 3.20　自动喷水系统平面图

（3）读图结果

将平面图与系统图对照，从引入管开始找到水平主管道 ZP，主管道 ZP 连接立干管 ZPL，立干管 ZPL 向每层分支，在平面图可以看出立干管 ZPL-1 和 ZPL-消都在水井间；确定干管位置后，看每层管道布置情况，结合系统图，每层以水流指示器为起点，以末端试水装置为终点，识读中间管路信息。

（4）提取信息

确定比例无误后，区分管径和管材，可从平面图分别提取中间管道的长度和喷头个数等信息。

3.4　初识气体灭火系统

气体灭火系统是指平时灭火剂以液体、液化气体或气体状态存贮于压力容器内，灭火时以气体（包括蒸汽、气雾）状态喷射作为灭火介质的灭火系统。它能在防护区空间内形成各方向均一的气体浓度，而且至少能保持该灭火浓度达到规范规定的浸渍时间，扑灭该防护区的空间、立体火灾。

▶　**3.4.1　气体灭火系统的分类与组成**

1）按使用的灭火剂分类

（1）二氧化碳灭火系统

二氧化碳灭火系统是以二氧化碳作为灭火介质的气体灭火系统。二氧化碳是一种惰性气体,对燃烧具有良好的窒息和冷却作用。

二氧化碳灭火系统按灭火剂储存压力不同可分为高压系统和低压系统两种。管网起点计算压力:高压系统应取 5.17 MPa,低压系统应取 2.07 MPa。

(2)七氟丙烷灭火系统

该系统是以七氟丙烷作为灭火介质的气体灭火系统。七氟丙烷灭火剂属于卤代烷灭火剂系列,具有灭火能力强、灭火剂性能稳定的特点,与卤代烷 1301 和卤代烷 1211 灭火剂相比,其臭氧层损耗能力为 0,全球温室效应潜能值很小,不会破坏大气环境。但七氟丙烷灭火剂及其分解产物对人有毒性危害,使用时应引起重视。

(3)惰性气体灭火系统

惰性气体灭火系统包括:IG01 灭火系统、IG100 灭火系统、IG55 灭火系统、IG541 灭火系统。由于惰性气体来自自然,是一种无毒、无色、无味、惰性及不导电的纯"绿色"压缩气体,故又称为洁净气体灭火系统。

(4)热气溶胶灭火系统

热气溶胶灭火系统是以固态化学混合物经化学反应生成具有灭火性质的气溶胶作为灭火介质的灭火系统。其气溶胶按发生剂的主要化学组成可分为 S 型热气溶胶、K 型热气溶胶和其他热气溶胶。

2)按系统的结构特点分类

(1)无管网气体灭火系统

无管网气体灭火系统是指按一定的应用条件,将灭火剂储存装置和喷放组件等预先设计、组装成套且具有联动控制功能的灭火系统,又称预制灭火系统。该系统又分为柜式气体灭火装置和悬挂式气体灭火装置两种类型,其适应于较小的、无特殊要求的防护区。

无管网气体灭火系统组成包括:储存瓶、启动装置、平安泄压阀、压力表、柜体、压力信号器、喷射短管、喷头、灭火剂。

(2)有管网气体灭火系统

有管网气体灭火系统是指按一定的应用条件进行计算,将灭火剂从储存装置经由干管、支管输送至喷放组件实施喷放的灭火系统。

有管网气体灭火系统由火瓶组、高压软管、灭火剂单向阀、启动瓶组、平安泄压阀、选择阀、压力信号器、喷头、高压管道、高压管件等组成。

有管网气体灭火系统又可分为组合多区分配系统和单元独立系统。

组合多区分配系统是指用一套灭火系统储存装置同时保护两个或两个以上防护区或保护对象的气体灭火系统,如图 3.21 所示。组合分配系统的灭火剂设计用量是按最大的一个防护区或保护对象来确定的,如组合中某个防护区需要灭火,则通过选择阀、容器阀等控制,定向释放灭火剂。这种灭火系统的优点是储存容器数和灭火剂用量可以大幅度减少,有较高应用价值。

单元独立系统是指用一套灭火剂储存装置保护一个防护区的灭火系统,如图 3.22 所示。一般来说,用单元独立系统保护的防护区在位置上是单独的,离其他防护区较远而不便于组合;或是两个防护区相邻,有同时失火的可能。一个防护区包括两个以上封闭空间也可以用一个单元独立系统来保护,但设计时必须使系统储存的灭火剂能够满足这几个封闭空间同时灭火的需要,并能同时供给它们各自所需的灭火剂量。当两个防护区需要的灭火剂量较多时,也可采用两套或数套单元独立系统保护一个防护区,但设计时必须使这些系统同步工作。

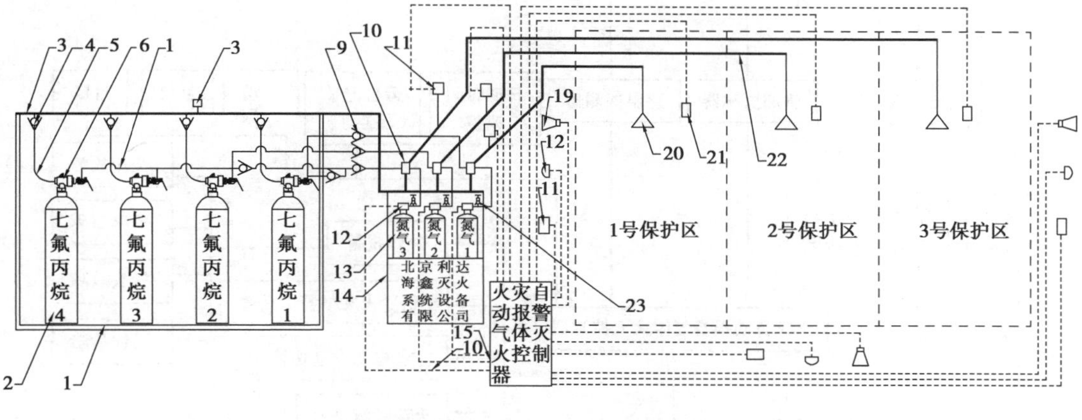

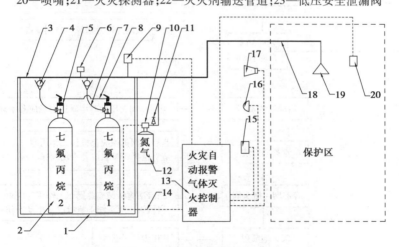

图 3.21　组合多区分配系统

1—灭火剂贮瓶框架;2—灭火剂贮瓶;3—集流管;4—液流单向阀;5—高压软管;6—瓶头阀;7—启动管路;
8—安全阀;9—气流单向阀;10—选择阀;11—压力信号器;12—启动阀;13—启动钢瓶;14—启动瓶框架;
15—火灾自动报警气体灭火控制器;16—控制线路;17—手动启动控制盒;18—放气灯;19—声光报警;
20—喷嘴;21—火灾探测器;22—灭火剂输送管道;23—低压安全泄漏阀

图 3.22　单元独立系统

1—灭火剂贮瓶框架;2—灭火剂贮瓶;3—集流管;4—液流单向阀;5—瓶头阀;6—安全阀;7—高压软管;
8—启动管路;9—压力信号器;10—启动阀;11—低压安全泄漏阀;12—启动钢瓶;
13—火灾自动报警气体灭火控制器;14—控制线路;15—手动启动控制盒;16—放气灯;
17—声光报警器;18—灭火剂输送管道;19—喷嘴;20—火灾探测器

▶ 3.4.2　气体灭火系统工作原理

发生火情时,气体灭火系统工作开始启动,可以自动控制也可以手动控制,具体工作流程
如图 3.23 所示。

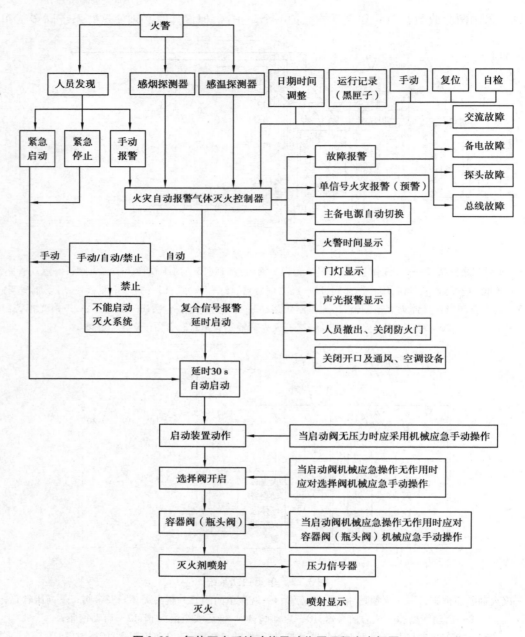

图 3.23　气体灭火系统功能及动作原理程序方框图

1)自动控制

将火灾自动报警气体灭火控制器上控制方式选择键拨到自动位置时,灭火系统处于自动控制状态。当保护区发生火情时,火灾探测器发出火灾信号,报警灭火控制器即发出声、光信号,同时发出联动指令,关闭连锁设备,经过一段延时时间,发出灭火指令,打开启动阀释放启动气体,启动气体通过启动管道打开相应的选择阀和容器阀(瓶头阀),释放灭火剂,实施灭火。

2）电气手动控制

将火灾自动报警气体灭火控制器上控制方式选择键拨到"手动"位置时,灭火系统处于手动控制状态。当保护区发生火情时,可按下手动控制盒或控制器上启动按钮即可按规定程序启动灭火系统释放灭火剂,实施灭火。在自动控制状态,仍可实现电气手动控制。

3）机械应急手动操作

当保护区发生火情、控制器不能发出灭火指令时,应通知有关人员撤离现场,关闭联动设备,然后拔出相应启动瓶组上启动阀的手动保险夹片,压下手柄即可打开启动阀,释放启动气体,即可打开选择阀、容器阀(瓶头阀)、释放灭火剂,实施灭火。如此时遇上电磁阀维修或启动钢瓶中启动气体压力不够而不能工作时,这时应首先打开相对应灭火区域的选择阀手柄,敞开压臂,打开选择阀,然后打开该区域的容器阀(瓶头阀)上的手动手柄开启容器阀(瓶头阀),释放灭火剂,实施灭火。

4）当发出火灾警报

在延时内发现有异常情况,不须启动灭火系统进行灭火时,可按下手动控制盒或火灾自动报警气体灭火控制器上的紧急停止按钮,即可阻止控制器灭火指令的发出。

▶ 3.4.3 气体灭火系统施工工艺

1）无管网气体灭火系统安装施工工艺

安装前必须认真阅读装置有关的说明书,熟悉工程设计方案。确保本灭火装置布置与设计图纸相符,各部件齐全且符合设计要求。

①将柜体放置在防护区气体灭火设计图纸所标识位置,尽量使柜体背部安装在防护区靠墙位置,单台时应将喷嘴基本对准重点保护设备,多台时应均匀分布,并保证柜体平稳无晃动和倾斜。

②将灭火剂瓶组搬进柜子中央,正面(喷字面)向外,并用抱箍和七字钩固定在柜体上,注意不要压坏柜体。若是双瓶组,将主动储瓶用抱箍固定在柜内右边,然后在左边固定好从动储瓶。

③将喷嘴安装在柜体上部喷嘴孔,喷射方向朝柜外,内部用紧固螺母固定在柜体上。

④高压软管带弯头端接头装在容器阀灭火剂出口螺纹上,用扳手拧紧。另一侧连接在喷嘴末端螺纹上,用扳手拧紧。

⑤压力信号器调试好后安装在高压软管相应接口上,用扳手拧紧。

⑥压力表安装在容器阀压力表接口上,用扳手拧紧。

⑦将电磁驱动器安装在储瓶容器阀上(应在确保调试完毕后安装)。若是双瓶组,将电磁驱动器安装在主动储瓶容器阀上,气动驱动器安装在从动储瓶容器阀上。

⑧安装双瓶组启动管路,将主动瓶容器阀与从动瓶气动驱动器连接起来。若两瓶组距离有偏差会导致该部件安装不上,此时需微调两瓶组的位置(单瓶组无此操作)。

⑨将压力信号器及电磁驱动器的线路从柜体后预留穿线孔穿出,并与火灾自动报警灭火控制器或消防控制中心接通。注意使用防护套管,以免损坏线路。

⑩检查各个安装连接部位,必须保证固定牢靠,管路连接密封处良好,线路连接无误。

⑪调试。

2）有管网气体灭火系统安装施工工艺

有管网气体灭火系统安装工艺流程：安装准备→预留孔、洞、预埋铁件→管材、管件、设备及附件清点检查→支、吊架制作、安装→管道预制→管道安装→设备支架安装→集合管及配管件、选择阀安装→单项及系统试压→管道冲洗→设备、气瓶稳固安装→设备、气瓶稳固安装→装配设备附件及压力开关→管道刷油→喷嘴安装→调试。

①安装准备：复核预留、预埋的位置、尺寸、标高；根据设计图纸画出管路分部的位置、管径、异变径、预留口的坐标、标高、坡向及支、吊架、卡件的位置草图，并将测量的尺寸做好记录；并注意并列交叉排列管道的最小间隔尺寸；按照草图，进行管道预制工作，加工后核对尺寸，编号，码放整齐。按照要求安装支、吊、卡、架；将预制管道及附件运至安装地点，按编号就位，清扫管腔。

②集流管、高压软管、单向阀及选择阀的安装：集流管外表要涂为红色；集流管上的泄压装置方向不得朝向操作面；把集流管设置在支架上面，将固定螺栓临时拧紧，连接口（导向管）垂直向下，将容器连接管安装后，使其扭曲度不产生附加应力，把所定方向调整到符合要求后，固定即可。

③选择阀安装：选择阀平常处于关闭状态，当某一防护区域失火时，灭火控制器发出喷雾指令，此时通向该区域管网上的选择阀打开，向指令失火区域内喷雾。

④系统试压：当使用氮气体进行管道系统试压时（包括喷放试验），应由消防监督部门、建设单位、设计单位、施工单位共同参加并办理验收手续；气压试验完毕后，就可进行管道冲洗工作，要逐根管道地进行冲洗，直至符合设计要求时为合格。

⑤喷嘴安装。安装时应根据设计图纸要求，对号入座，不得任意调换、装错，以免影响安装质量。喷嘴保护罩安装：此罩一般采用小喇叭形状，作用是防止喷嘴孔口堵塞，连接方法是丝扣，填充采用聚四氟乙烯胶带。气体灭火喷嘴如图 3.24 所示。

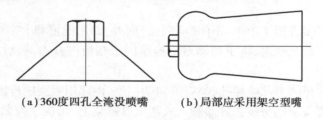

（a）360度四孔全淹没喷嘴　　　（b）局部应采用架空型嘴

图 3.24　气体灭火喷嘴

⑥调试：调试前做好全系统的检查工作，全部合格后，可进行调试，调试时压力要缓慢增值，注意随时检查系统是否有渗漏，待合格后，将室内烟气排除干净，以防污染。

3.5　气体灭火系统识图

▶ 3.5.1　设计、施工说明识读

设计说明中需识读的内容主要有：设计原则、气体灭火类型及组成、喷嘴设置、选择阀参数、管网参数、泄压口参数、灭火原理图（流程图）等。

施工说明中需识读的内容主要有:防护区要求、管道布置与安装要求;集流瓶安装要求;选择阀安装要求;喷嘴安装要求;管道试验、吹扫要求;调试要求;与其他专业接口要求等。

▶ 3.5.2　气体灭火系统图识读

1)无管网气体灭火系统图识读

无管网气体灭火系统通常没有对应系统图,可直接从平面图提取信息。

2)有管网气体灭火系统图识读

(1)有管网气体灭火系统图概述

有管网气体灭火系统图是反映室内气体灭火管道和设备的空间关系以及灭火原理的图样。系统图反映了灭火剂瓶组、驱动瓶组、释放管、安全泄放装置、驱动管、选择阀、管网以及喷嘴等的连接情况及部分型号规格。

(2)有管网气体灭火系统图识读

图 3.25 所示是气体灭火系统图示意。现以该图为例,介绍气体灭火系统图的识读。

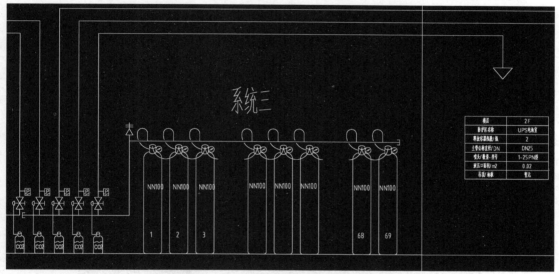

图 3.25　气体灭火系统图示意

①识图顺序:在识读自动喷水系统图时,从灭火剂瓶组开始,沿灭火气体输送路径,识别释放管、驱动管,到驱动瓶组,经选择阀、安全泄放装置,开始管网输送,最终识别管道终端防护区、喷嘴以及泄压装置等信息。

②提取系统图信息:可提取灭火剂瓶组、驱动瓶组、管道走向、阀门、附件、喷嘴以及防护区等信息。

▶ 3.5.3　气体灭火平面图识读

1)无管网气体灭火平面图识读

无管网气体灭火系统图纸识读相对简单,无管网气体灭火系统各个设备相对独立,如图 3.26 所示,主要识读两大信息。

①在平面图中找到对应灭火装置图例，识读其参数表，提取表中信息。

②识读对应泄压口信息，主要是尺寸和高度等信息。

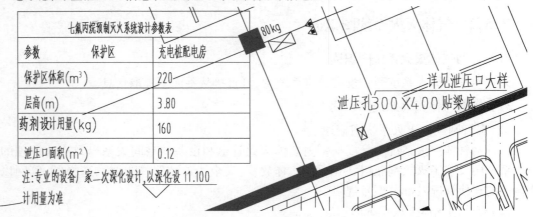

图3.26　无管网气体灭火平面图

2）有管网气体灭火平面系统图识读

（1）有管网气体灭火系统平面图概述

有管网气体灭火系统平面与自动喷水系统类似，都反映的是管网与喷头的连接情况，区别在于输送介质不同。

（2）有管网气体灭火系统平面图识读

图3.27所示是某项目一层有管网气体灭火系统平面图，现以该图为例，介绍有管网气体灭火系统平面图的识读。

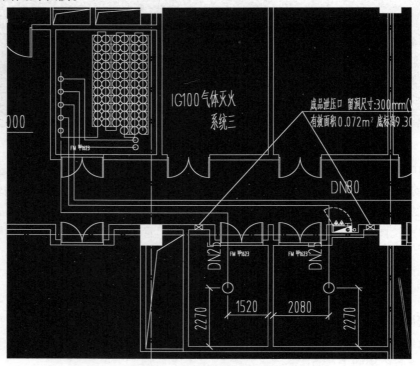

图3.27　有管网气体灭火平面图

（3）读图结果

将平面图与系统图对照，从灭火剂瓶组开始，到喷嘴结束，识读中间管道规格和走向；识读泄压口位置和做法。

（4）提取信息

确定比例无误后，区分管径和管材，可从平面图分别提取中间管道的长度、喷嘴个数以及泄压口等信息。

3.6　手提式灭火器识读

手提式灭火器是一种可携式灭火工具。灭火器内放置化学物品，用以救灭火灾。灭火器是常见的消防器材之一，存放在公共场所或可能发生火灾的地方，不同种类的灭火器内装填的成分不一样，是专为不同的火灾起因而设。使用时必须注意以免产生反效果及引起危险。

▶　3.6.1　手提式灭火器的分类

灭火器的种类很多，按其移动方式可分为手提式和推车式；按驱动灭火剂的动力来源可分为储气瓶式、储压式、化学反应式；其所充装的灭火剂则又可分为泡沫、干粉、卤代烷、二氧化碳、清水等。

1）干粉灭火器

干粉灭火器内充装的是干粉灭火剂，如图 3.28 所示。干粉灭火剂是用于灭火的干燥且易于流动的微细粉末，由具有灭火效能的无机盐和少量的添加剂经干燥、粉碎、混合而成微细固体粉末组成。利用压缩的二氧化碳吹出干粉（主要含有碳酸氢钠）来灭火。

干粉灭火器适用于易燃、可燃液体、气体及带电设备的初起火灾；磷酸铵盐干粉灭火器除可用于上述几类火灾外，还可扑救固体类物质的初起火灾，但都不能扑救金属燃烧火灾。

图 3.28　干粉灭火器

2）泡沫灭火器

泡沫灭火器（图 3.29）的灭火原理：灭火器能喷射出大量二氧化碳及泡沫，它们能粘附在可燃物上，使可燃物与空气隔绝，达到灭火的目的。泡沫灭火器内有两个容器，分别盛放两种液体，它们是硫酸铝和碳酸氢钠溶液，两种溶液互不接触，不发生任何化学反应。当需要泡沫灭火器时,把灭火器倒立,两种溶液混合在一起,就会产生大量的二氧化碳气体。除两种反应物外,灭火器中还加入了一些发泡剂。打开开关,泡沫从灭火器中喷出,覆盖在燃烧物品上,使燃烧物质与空气隔离,并降低温度,达到灭火的目的。

适用于扑救一般 B 类火灾,如油制品、油脂等火灾,也可适用于 A 类火灾,但不能扑救 B 类火灾中的水溶性可燃、易燃液体的火灾,如醇、酯、醚、酮等物质火灾;也不能扑救带电设备及 C 类和 D 类火灾。

(a)半固定(轻便式)泡沫灭火装置　　(b)压力式比例混合装置卧式消防泡沫罐

图 3.29　泡沫灭火装置

3)二氧化碳灭火器

二氧化碳灭火器瓶内贮存液态二氧化碳,工作时,当压下瓶阀的压把时,瓶内的二氧化碳便由虹吸管经过瓶阀到喷筒喷出,使燃烧区氧的浓度迅速下降,当二氧化碳达到足够浓度时火焰会窒息而熄灭,同时由于液态二氧化碳会迅速气化,在很短的时间内吸收大量的热量,因此对燃烧物起到一定的冷却作用,也有助于灭火。推车式二氧化碳灭火器主要由瓶体、器头总成、喷管总成、车架总成等部分组成,内装的灭火剂为液态二氧化碳。

二氧化碳灭火器(图 3.30)主要用于扑救贵重设备、档案资料、仪器仪表、600 V 以下电气设备及油类的初起火灾。

4)气溶胶灭火器

气溶胶在灭火工程中的应用脱胎于军工技术。气溶胶灭火药剂应用于部分有机化学制剂和油类等液体储罐的罐内灭火和军方装甲车、坦克的抑爆系统。便携式气溶胶灭火器是灭火器应用领域的新突破,它把高效产气气溶胶药剂和灭火粒子发生剂相结合,利用气溶胶药剂产生灭火气体的热力和动力使灭火粒子发生剂分解释放出高效灭火粒子,在便携性、安全性和灭火能力上比传统灭火器更胜一筹。

图 3.30　二氧化碳灭火器

► **3.6.2 手提式灭火器的识读**

手提式灭火器的识读类似于无管网气体灭火系统识读,其信息通常不在系统图中体现,可在平面图找到对应的图例进行识读。

识图注意事项:手提式灭火器通常跟消火栓成套安装或在其附近安装。若跟消火栓成套安装,在计算其工程量时,与消火栓设备一起综合考虑;若单独安装,则需要单独计量。

3.7 防排烟系统

防排烟系统是在火灾发生时,将有毒烟气排出建筑物着火部位或疏截部位(如楼梯前室)的工作系统。建筑火灾,尤其是高层建筑火灾的经验教训表明,建筑火灾烟气是造成人员伤亡的主要原因,因为烟气中的有害成分或缺氧使人直接中毒或窒息死亡;烟气的遮光作用又使人逃生困难而被困于火灾区。在高层建筑中,疏散通道的距离长,人员逃生更困难,烟气对人生命威胁更大,因此在这类建筑物中烟气的控制尤为重要。发达国家的高层建筑已有较长的历史,有着丰富的烟气控制经验,并反映在建筑法规或防火规范中。

烟气控制的主要目的是在建筑物内创造无烟或烟气含量极低的疏散通道或安全区。烟气控制的实质是控制烟气合理流动,也就是不使烟气流向疏散通道、安全区和非着火区,而向室外流动。主要方法有:隔断或阻挡;排烟;加压防烟。下面简单介绍这3种方法的基本原则。

1)隔断或阻挡

墙、楼板、门等都具有隔断烟气传播的作用。为了防止火势蔓延和烟气传播,各国法规对建筑内部间隔作了明文规定,规定了建筑物中必须划分防火分区和防烟分区。所谓防火分区,是指用防火墙、楼板、防火门或防火卷帘等分隔的区域,可以将火灾限制在一定的局部区域内(在一定时间内),不使火势蔓延,当然防火分区的隔断同样也对烟气起了隔断作用。所谓防烟分区,是由建筑内采用的挡烟设施分隔而成,能在一定时间内防止火灾烟气向同一建筑的其他地方蔓延,所以防烟分区是在防火分区基础上进一步划分的更小的单位。防烟分区不得跨越防火分区。防烟分区的挡烟设施可以是隔墙、顶棚下凸出一定高度的梁或其他不燃体、挡烟垂壁。挡烟垂壁可以是固定的,也可以是活动的,固定的挡烟垂壁比较简单,但影响房间高度,活动的挡烟垂壁在火灾发生时可自动下落,通常与烟感器联动,如图3.31所示。

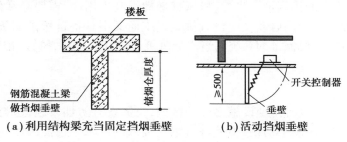

(a)利用结构梁充当固定挡烟垂壁　　(b)活动挡烟垂壁

图3.31 挡烟垂壁

2)**排烟**

利用自然或机械作用力,将烟气排到室外,称为排烟。利用自然作用力的排烟称为自然排烟;利用机械(风机)作用力的排烟称为机械排烟。排烟的部位有两类:着火区和疏散走道。着火区排烟的目的是将火灾发生的烟气排到室外,降低着火区的压力,不使烟气流向非着火区,同时也排走燃烧产生的热量,以利于着火区的人员疏散及救火人员的扑救。

(1)自然排烟

自然排烟是利用热烟气产生的浮力、热压或其他自然作用力使烟气排出室外。这种排烟方式设施简单,投资少,日常维护工作少,操作容易。但排烟效果受室外很多因素的影响与干扰,所以并不稳定,因此自然排烟的应用场所部位有一定的限制。尽管如此,但在符合条件时宜优先采用。自然排烟可以利用可开启的外窗或专设的排烟口排烟,如图3.32所示。专设的排烟口也可以是外窗的一部分,但它在火灾时可以由人工开启或自动开启。开启的方式也有多样,如可以绕一侧轴转动或绕中轴转动等。

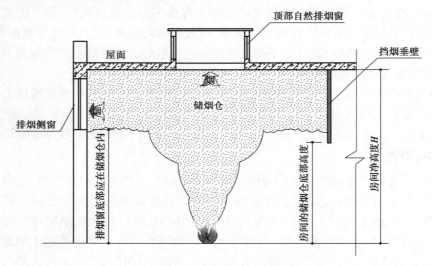

图3.32 自然排烟

(2)机械排烟

机械排烟是利用风机为动力的排烟,实质上是一个排风系统,只是介质为烟气,而非普通空气。机械排烟的优点是不受外界条件(如内外温差、风力、风向、建筑特点、着火区位置等)的影响,能保证有稳定的排烟量。当然,机械排烟的设施费用高,需要经常保养维修,否则有可能在使用时因故障而无法启动。应设置排烟设施而又不具备自然排烟条件的场所和部位应设置机械排烟设施。机械排烟系统的组成为风机、风机房、风井、风管、排烟口及阀门等,如图3.33所示。

3)**防烟**

一栋建筑内除需要设置排烟设施之外的区域,还需设置防烟设施,这类区域我们可以理解为安全区域,即在火灾发生初期,不允许有烟气侵入的区域。这类区域一般是重要的疏散通道,如楼梯间、前室、合用前室、消防电梯前室、避难层等。这类区域由于火灾阶段承担了人员疏散、短期停留、消防队员通行的作用,所以要防止烟气侵入。这些区域在建筑层面已经通过设置防火墙、防火门等方式与其他区域(设置排烟设施的区域)隔开,所以这些区域可以通

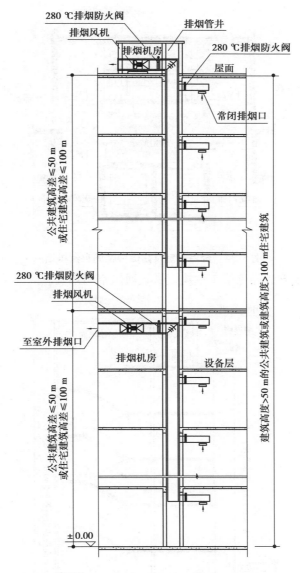

图 3.33 机械排烟

过设置自然通风或机械加压送风的方式来实现其他区域烟气的侵入。

（1）自然通风

在建筑总高度不高,如住宅不超过 100 m 或公共建筑不超过 50 m 的情况下,若楼梯间或前室靠外墙且满足自然通风面积要求时,此时可考虑采用通过自然通风的方式来达到防烟的目的,如图 3.34 所示。

（2）加压送风

在不满足自然通风的条件下,需要设置机械加压送风系统,机械加压送风系统的原理是向某一有限的密闭区域送风,使其形成一定的正压,防止烟气通过门缝火灾在疏散门打开的时候侵入安全区域。机械加压送风系统由风机、风机房、风井、风管、风口及阀门等组成,如图3.35 所示。

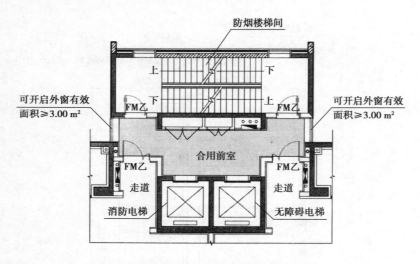

图 3.34　合用前室及防烟楼梯间自然排烟

防排烟系统的识读方法详见第 4 章建筑供暖通风空调系统。

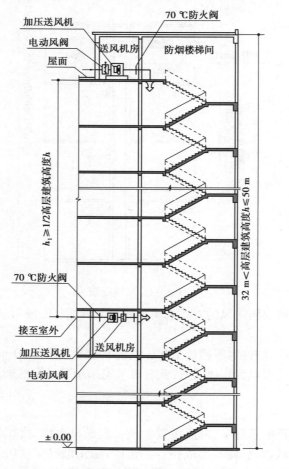

图 3.35　机械加压送风系统

3.8　初识火灾自动报警系统

▶ 3.8.1　火灾自动报警系统的含义

本章以《重庆市通用安装工程计价定额——第九册消防安装工程》(CQAZDE—2018)"火灾自动报警系统"命名,实际通常包含火灾自动报警系统和消防联动控制系统。火灾报警系统是探测火灾早期特征、发出火灾报警信号,为人员疏散、防止火灾蔓延和启动自动灭火设备提供控制与指示的消防系统。火灾自动报警系统通常和消防联动控制系统共同工作,消防联动控制系统则是接收火灾报警控制器发出的火灾报警信号,按预设逻辑完成各项消防功能的控制系统。两个系统的原理是自动监测区域内火灾发生时的热、光、烟雾,从而发出声、光报警,并联动其他设备输出接点,控制自动灭火、紧急广播、消防电话、事故照明、电梯、消防给水、防火门、防火卷帘、挡烟垂壁和排烟等系统,实现监测、报警和灭火自动化。

▶ 3.8.2　火灾自动报警系统原理与组成

1)火灾自动报警系统的工作原理

火灾初期所产生的烟和少量的热被火灾探测器接收,将火灾信号传输给区域报警控制器,发出声、光报警信号,区域(或集中)报警控制器的输出外控接点动作,自动向失火层和有关层发出报警及联动控制信号,并按程序对各消防联动设备完成启动、关停操作(也可由消防人员手动完成)。该系统能自动(手动)发现火情并及时报警,以控制火灾的发展,将火灾的损失减到最低限度。其工作原理如图 3.36 所示。

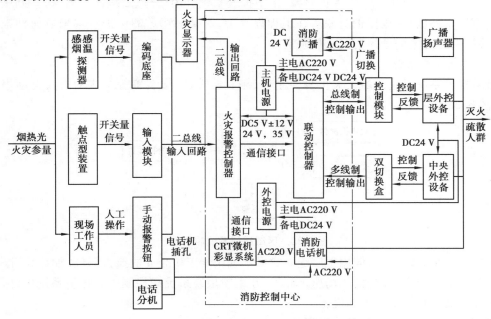

图 3.36　火灾自动报警系统的工作原理

2)火灾自动报警系统组成

火灾自动报警系统由触发装置、火灾报警装置、火灾警报装置、控制装置及电源等部分组成,其作用是通报火灾的发生。

火灾自动报警系统安装包括探测器、按钮、模块(接口)、报警控制器、联动控制器、报警联动一体机、显示器、警报装置、远程控制器、火灾事故广播、消防通信和报警备用电源安装等项目,如图 3.37 所示。

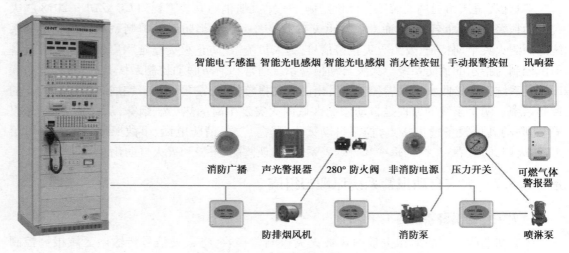

图 3.37 火灾自动报警系统的组成

3)火灾自动报警系统分类

火灾自动报警系统分为区域报警系统、集中报警系统和控制中心报警系统 3 种基本形式。区域报警系统宜用于二级保护对象;集中报警系统宜用于一、二级保护对象;控制中心报警系统宜用于特级、一级保护对象。在工程设计中,对某一特定的保护对象采取何种报警系统,要根据保护对象的个体情况合理确定。

(1)区域报警系统

区域报警系统是由区域火灾报警控制器、触发器件、警报装置等组成的火灾自动报警系统,如图 3.38 所示。

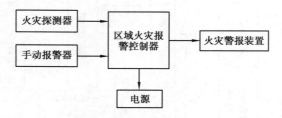

图 3.38 区域报警系统的组成

区域报警系统较简单,使用很广泛。它可单独用于工矿企业的要害部位(如计算机房)和民用建筑的塔式公寓、办公楼等场所。此外,在集中报警系统和控制中心报警系统中,区域火灾报警控制器也是必不可少的设备。

采用区域报警系统应注意以下问题:

①单独使用的区域报警系统,一个报警区域宜设置一台区域火灾报警控制器,必要时可使用两台。如果需要设置的区域火灾报警控制器超过两台,就应当考虑采用集中报警控制系统。

②当用一台区域火灾报警控制器警戒多个楼层时,为了在火灾探测器报警后,管理人员能及时、准确地到达报警地点,迅速采取扑救措施,应在每个楼层的楼梯口处或消防电梯前室等明显的地方设置识别着火楼层的灯光显示装置。

③安装壁挂式区域火灾报警控制器时,区域火灾报警控制器的底边距地面的高度宜为1.3~1.5 m。这样既便于管理人员观察监视,又可以防止小孩触摸。此外,区域火灾报警控制器靠近门轴的侧面距墙不应小于0.5 m,正面操作距离不应小于1.2 m。

④区域火灾报警控制器应设置在有人值班的房间或场所。如果确有困难,应安装在楼层走道、车间等公共场所或经常有值班人员管理巡逻的地方。

(2)集中报警系统

集中报警系统是由集中火灾报警控制器、区域火灾报警控制器、触发器件、警报装置等组成的火灾自动报警系统,如图3.39所示。集中报警系统应由一台集中火灾报警控制器和两台以上区域火灾报警控制器组成,系统中应设置消防联动控制设备。集中火灾报警控制器应有能显示火灾报警部位的信号和联动控制状态信号,也可以进行联动控制。

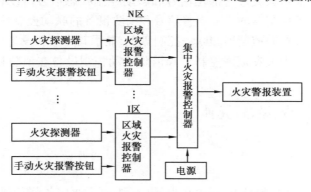

图3.39 集中报警系统的组成

集中报警系统通常用于功能较多的建筑物,如高层宾馆、饭店等。这时,集中火灾报警控制器应设置在有专人值班的消防控制室或值班室内,区域火灾报警控制器设置在各层的服务台处。系统设备的布置应注意以下问题:

①集中火灾报警控制器的输入、输出信号线,要通过控制器上的接线端子连接,不得将导线直接接到控制器上。输入、输出信号线的接线端子上应有明显的标记和编号,以便于线路的检查、维修和更换。

②消防控制室内设备的布置应按规定留出操作、维修的空间。集中火灾报警控制器所连接的区域火灾报警控制器,应当满足区域火灾报警控制器的要求。

③集中火灾报警控制器应设置在有专人值班的房间或消防控制室。控制室的值班人员应当经过当地公安消防机构培训后,持证上岗。

(3)控制中心报警系统

控制中心报警系统是由设置在消防控制室的消防控制设备、集中火灾报警控制器、区域火灾报警控制器、触发器件等组成的火灾自动报警系统,如图3.40所示。其中,消防控制设备主要包括火灾警报装置,火警电话,火灾应急照明,火灾应急广播,防排烟、通风空调、固定灭火系统的控制装置,消防电梯等联动装置。

控制中心报警系统的设计应符合下列要求:

①系统中至少设有一台集中火灾报警控制器、一台专用消防联动控制设备和两台以上区域火灾报警控制器。消防控制设备和集中火灾报警控制器都应设在消防中心控制室。

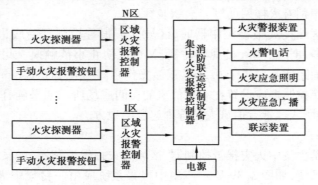

图 3.40　控制中心报警系统的组成

②系统应能集中显示火灾报警部位信号和联动控制状态信号。设在消防中心控制室以外的各台区域火灾报警控制器的火灾报警信号和消防设备的联动控制信号,均应按规定接到中心控制室的集中火灾报警控制器和联动控制盘上,显示其部位和设备号。

③系统中设置的集中火灾报警控制器和消防联动控制设备在消防控制室内的布置应符合工艺要求。

▶ 3.8.3　常用管线、设备、元件

1)管线

(1)消防电话线

电话线 NH-RVS-2×1.5-G20,其含义为:耐火型、铜芯聚氯乙烯绝缘绞型软线、两根线芯截面积 1.5 mm^2、保护管为直径 20 mm 的钢管。

(2)消防广播线

ZR-BV-450/750-2×2.5,其含义为:阻燃、铜芯聚氯乙烯绝缘、450 V 火地电压、750 V 相间电压、两根线芯截面积 2.5 mm^2、保护管为直径 20 mm 的钢管。

(3)直接控制线

ZR-KVV-n×1.5,其含义为:阻燃、聚氯乙烯绝缘、聚氯乙烯护套、控制电缆,1 根 n 芯截面积 1.5 mm^2。

(4)消火栓按钮报警线

NH-RVS-4×1.0-G20,其含义为:耐火型、铜芯聚氯乙烯绝缘绞型软线、4 根线芯截面积 1.0 mm^2、保护管为直径 20 mm 的钢管;信号线:NH-RVS-2×1.5,其含义为:耐火型、铜芯聚氯乙烯绝缘绞型软线、2 根线芯截面积 1.5 mm^2。

(5)24 V 电源线

24 V DC 电源至竖井为 ZR-BV-450/750-2×6 导线,其含义为:阻燃、铜芯聚氯乙烯绝缘、

450 V 火地电压、750 V 相间电压、两根线芯截面积 6 mm²；至各层为 ZR-BV-450/750-2×2.5 导线,其含义为:阻燃、铜芯聚氯乙烯绝缘、450 V 火地电压、750 V 相间电压、两根线芯截面积 2.5 mm²。

（6）多线联动控制线

所谓消防联动主要就是指这部分,这部分的设备是跨专业的,比如消防水泵、喷淋泵的启动;防排烟设备的打开;工作电梯轿厢下降到底层后停止运行,消防电梯投入运行等。究竟有多少需要联动的设备,在火灾报警平面图上是不进行表示的,只有在动力平面图中才能表示出来。

2) 设备、元件

（1）消防控制室设备

在消防控制室,根据不同业态需求可设置:火灾报警控制器（联动型）,消防广播通讯主机,气体灭火控制盘,消防电话主机,防火门控制设备,火灾报警控制微机（CRT）,备用电源及电池主机,送风机、排烟机和自动挡烟垂壁的控制设备,消防水泵控制设备等,如图 3.41—图 3.44 所示。

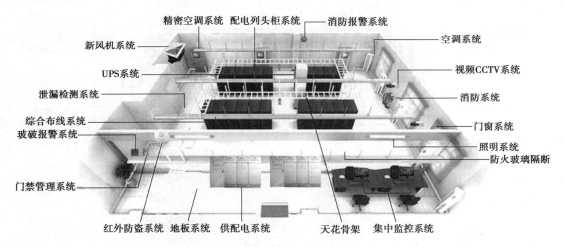

图 3.41　消防控制室

进一步细分部分设备、元件,包括:接线端子箱、隔离模块、火灾显示盘、消火栓箱报警按钮、火灾报警按钮、水流指示器、火灾探测器、警报装置、输入输出模块、控制装置、应急电源、气体灭火控制器、消防应急广播、消防电话。

（2）接线端子箱/隔离模块

从系统图中可以知道,每层楼安装一个接线端子箱,端子箱中安装有短路隔离模块,其作用是当某一层的报警总线发生短路故障时,将发生短路故障的楼层报警总线断开,就不会影响其他楼层的报警设备正常工作了,如图 3.45、图 3.46 所示。

（3）火灾显示盘

每层楼安装一个火灾显示盘,可以显示对应的楼层,显示盘接有通信总线,火灾报警与消防联动设备可以将信息传到火灾显示盘上,显示火灾发生的楼层。显示盘因为有灯光显示,所以还要接主机电源总线。火灾显示盘图例符号和实物如图 3.47 所示。

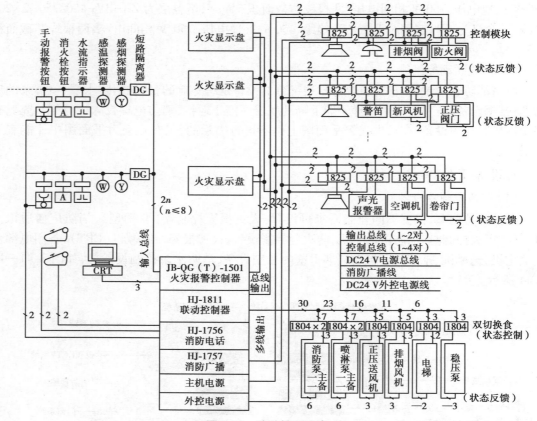

图 3.42　消防控制示意

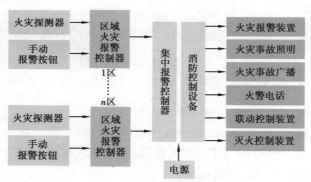

图 3.43　消防控制中心报警系统

应急照明控制主机

消防应急灯具专用应急电源

应急照明分配电装置

消防广播控制柜　　　功放　　　消防备用电源　报警联动一体机

图 3.44　消防控制室部分设备

图 3.45　接线端子箱图例符号和实物图　　　图 3.46　隔离模块图例符号和实物图

图 3.47　火灾显示盘图例符号和实物图　　图 3.48　消火栓箱报警按钮图例符号和实物图

（4）消火栓箱报警按钮

消火栓箱报警按钮也是消防泵的启动按钮（在应用喷水枪灭火时），消火栓箱是人工用喷水枪灭火最常用的方式。当人工用喷水枪灭火时，如果给水管网压力低，就必须启动消防泵。消火栓箱报警按钮是击碎玻璃式（或有机玻璃），将玻璃击碎（也有按压式，需要专用工具将其复位），按钮将自动动作，接通消防泵的控制电路，及时启动消防水泵（如过早启动水泵，喷水枪的压力会太高，使消防人员无法手持水枪）。同时也通过报警总线向消防报警中心传递信息。因此，每个消火栓箱报警按钮也占一个地址码。消火栓箱报警按钮图例符号和实物如图 3.48 所示。

（5）火灾报警按钮

火灾报警按钮是人工向消防报警中心传递信息的一种方式，一般要求防火区的任何地方至火灾报警按钮距离都不超过 30 m。火灾报警按钮也是击碎玻璃式或按压玻璃式，发生火灾需要向消防报警中心报警时，击碎火灾报警按钮玻璃就可以通过报警总线向消防报警中心传递信息。每一个火灾报警按钮也占一个地址

图 3.49　火灾报警按钮图例符号和实物图

码。火灾报警按钮与消火栓箱报警按钮是不可相互替代的，火灾报警按钮是可以实现早期人工报警的；而消火栓箱报警按钮只有在应用喷水枪灭火时才能进行人工报警。火灾报警按钮图例符号和实物如图 3.49 所示。

（6）水流指示器

一般每层楼设置一个水流指示器,建筑每层楼都安装有自动喷淋灭火系统。火灾现场超过一定温度时,自动喷淋灭火系统的喷头感温元件熔化或炸裂,系统将自动喷水灭火,此时需要启动喷淋泵加压。水流指示器安装在喷淋灭火给水的支干管上,当支干管有水流动时,其水流指示器的电触点闭合,通过控制模块接入报警总线,向消防报警中心传递信息。每一个水流指示器也占一个地址码。喷淋泵通过压力开关启动加压,常见的形式如图3.50所示。

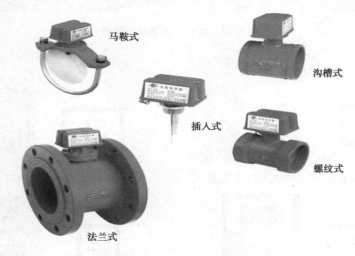

图 3.50　水流指示器

（7）火灾探测器

火灾探测器是能对火灾参数(烟、温度、光、气体浓度等)响应,并自动产生火灾报警信号的器件,是整个系统自动检测的触发器件,就像系统的"感觉器官"一样,能不间断地监视和探测被保护区域火灾的初期信号。根据响应火灾参数的不同,火灾探测器可分为感烟式、感温式、感光式、可燃气体探测式和复合式五种基本类型;按传感器的结构形式分为点式探测器和线式探测器;按探测器与控制器的接线方式分总线制、多线制,其中总线制又分编码的和非编码的。如感温探测器(简称温感)是通过监测探测周围环境温度的变化来实现火灾防范的,安装在正常情况下有烟和粉尘滞留等不宜安装感烟探测器的场所,如车库、厨房、餐厅、锅炉房等地方。如感烟探测器(简称烟感)主要应用在火灾发生时产生烟雾较大或容易产生阻燃的场所,探测到烟雾粒子即将其转化为电信号。火灾探测器实物如图3.51所示。

（8）警报装置

警报装置是指在火灾自动报警系统中,能够发出区别于一般环境声、光的警报信号的装置,用以在发生火灾时,以特殊的声、光、音响等方式向报警区域发出火灾警报信号,警示人们采取安全疏散、灭火救灾措施。常用的警报装置有声光报警器、警铃和讯响器等,其图例符号和实物如图3.52所示。

（9）输入输出模块

输入输出模块是将报警控制器送出的控制信号放大,再控制需要动作的消防设备。排烟、空气处理机和新风机是中央空调设备,发生火灾时,要求其停止运行,控制设备就发出通知其停止运行的信号。非消防电源(正常用电)配电箱,需要切换消防电源、电源自动切换箱、消火栓、自动喷淋。广播分为服务广播和消防广播,两者合用扬声器,发生火灾时切换成消防

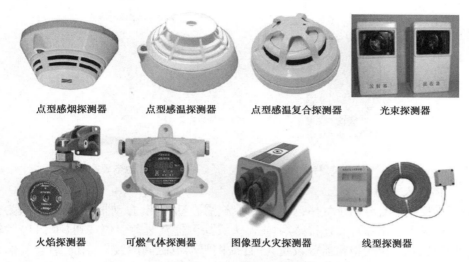

点型感烟探测器　　　点型感温探测器　　　点型感温复合探测器　　　光束探测器

火焰探测器　　　可燃气体探测器　　　图像型火灾探测器　　　线型探测器

图 3.51　火灾探测器实物图

图 3.52　警报装置图例符号和实物图

广播。输入输出模块图例符号和实物如图 3.53 所示。

图 3.53　输入输出模块图例符号和实物图

（10）控制装置

火灾自动报警系统中，当接收到来自触发器的火灾信号后，能自动或手动启动相关消防设备并显示其工作状态的装置，称为控制装置。控制装置主要包括自动灭火系统的控制装置、室内消火栓的控制装置、防排烟控制系统的控制装置、空调通风系统的控制装置、防火门控制装置及电梯迫降控制装置等。实物图如图 3.54 所示。

（11）应急电源

火灾自动报警系统应该有主电源和直流备用电源，主电源宜采用消防电源，备用电源宜采用专用的蓄电池。蓄电池组的容量应保证火灾自动报警及联动控制系统在火灾状态同时工作负荷条件下连续工作 3 h 以上。当备用电源采用消防设备应急电源时，火灾报警控制器和消防联动控制器应采用单独的供电回路，并应保证在系统处于最大负载状态下不影响火灾报警控制器和消防联动控制器的正常工作。应急电源实物如图 3.55 所示。

图 3.54　控制装置实物图

图 3.55　应急电源实物图

（12）气体灭火控制器

气体灭火控制器是专用于气体自动灭火系统,融自动探测、自动报警、自动灭火为一体的控制器。气体灭火控制器可以连接感烟、感温火灾探测器及紧急启停按钮、手(自)动转换开关、气体喷洒指示灯、声光报警器等设备,并且提供驱动电磁阀的接口,用于启动气体灭火设备。气体灭火控制器主电源应采用 220 V、50 Hz 交流电源,电源线输入端应设接线端子。气体灭火控制器不应直接接收火灾报警触发器件的火灾报警信号。气体灭火控制器有控制和显示功能、故障报警功能、自检功能、电源功能等。

（13）消防应急广播

发生火灾时,为便于组织人员的安全疏散和通告有关救灾事项,集中报警和控制中心报警系统应设置火灾应急广播。消防应急广播系统的联动控制信号应由消防联动控制器发出。消防应急广播的单次语音播放时间宜为 10 ~ 30 s,与火灾声警报器分时交替工作,可采取一次火灾声警报器播放、1 ~ 2 次消防应急广播播放的交替工作方式循环播放。在消防控制室应能手动或按预设控制逻辑联动控制选择广播分区、启动或停止应急广播系统,并应能监听消防应急广播。在通过传声器进行应急广播时,应自动对广播内容进行录音。消防应急广播与普通广播或背景音乐广播合用时,应具有强制切入消防应急广播的功能。广播功率放大器应具有消防电话插孔,消防电话插入后应能直接讲话。

火灾应急广播扬声器应设置在走道和大厅等公共场所,每个扬声器的功率不应小于 3 W,其数量应能保证从一个防火分区的任何部位到最近一个扬声器的距离不大于 25 m。走道内最后一个扬声器距走道末端的距离不大于 12.5 m。消防应急插图例符号和实物如图 3.56 所示。

图 3.56　消防应急广播图例符号和实物图

（14）消防电话

消防专用电话网络应为独立的消防通信系统。消防控制室应设置消防专用电话总机;多线制消防专用电话系统中的每个电话分机应与总机单独连接;消防控制室、消防值班室或企业消防站等处,应设置可直接报警的外线电话。

消防水泵房、发电机房、配变电室、计算机网络机房、主要通风和空调机房、防排烟机房、灭火控制系统操作装置处或控制室、企业消防站、消防值班室、总调度室、消防电梯机房及其他与消防联动控制有关的且经常有人值班的机房应设置消防专用电话分机。消防专用电话分机应固定安装在明显且便于使用的部位,并应有区别于普通电话的标志。手动火灾报警按钮或消火栓按钮等处,宜设置电话插孔,并宜选择带有电话插孔的手动火灾报警按钮。各避难层应每隔20 m设置一个消防专用电话分机或电话插孔。电话插孔在墙上安装时,其底边距地面高度宜为1.3~1.5 m。消防电话图例符号和实物如图3.57所示。

图3.57　消防电话图例符号和实物图

▶ 3.8.4　火灾自动报警系统施工工艺

1)工艺流程(图3.58)

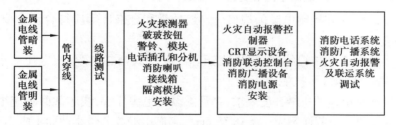

图3.58　工艺流程图

2)钢管和金属线槽安装的施工工艺

①电线保护管遇到下列情况之一时,应在便于穿线的位置增设接线盒:管路长度超过30 m,无弯曲时;管路长度超过20 m,有1个弯曲时;管路长度超过15 m,有2个弯曲时;管路长度超过8 m,有3个弯曲时。

②电线保护管的弯曲处不应有折皱、凹陷裂缝,且弯扁程度不应大于管外径的10%。

③明配管时弯曲半径不宜小于管外径的6倍;暗配管时弯曲半径不应小于管外径的6倍;当埋于地下或混凝土内时,其弯曲半径不应小于管外径的10倍。

④明配线管水平/垂直敷设的允许偏差为1.5/1 000,全长偏差不应大于管内径的1/2。

⑤明配钢管应排列整齐,固定点间距应均匀,钢管管卡间的最大距离如表3.3所示,管卡与终端、弯头中点、电气器具或盒(箱)边缘的距离宜为0.15~0.5 m。

表3.3　**钢管管卡间的最大距离**　　　　　　　　　　　　　单位:m

敷设方式	钢管种类	钢管直径			
		15~20 mm	25~32 mm	40~50 mm	65 mm以上
吊架、支架或沿墙敷设	厚壁钢管	1.5	2.0	2.5	3.5
	薄壁钢管	1.0	1.5	2.0	

⑥吊顶内敷设的管路宜采用单独的卡具吊装或支撑物固定,经装修单位允许,直径20 mm 及以下钢管可固定在吊杆或主龙骨上。

⑦明配管使用的接线盒和消防设备盒安装应采用明装式盒。

⑧钢管采用螺纹连接时管端螺纹长度不应小于管接头长度的 1/2,连接后螺纹宜外露 2~3扣,螺纹表面应光滑无缺损。

⑨配管及线槽安装时应考虑不同系统、不同电压、不同电流类别的线路,不应穿于同一根管内或线槽的同槽孔洞。

⑩配管和线槽安装时应考虑横向敷设的报警系统的传输线路,如采用穿管布线时,不同防火分区的线路不应穿入同一根管内,但探测器报警线路若采用总线制时不受此限制。

⑪弱电线路的电缆竖井应与强电线路的竖井分别设置,如果受条件限制必须合用同一竖井时,应分别布置在竖井的两侧。

⑫钢管与其他管道(如水管)的平行净距不应小于 0.1 m。

3)钢管内绝缘导线敷设和线槽配线施工工艺

①进场的绝缘导线和控制电缆的规格、型号、数量和合格证等应符合设计要求,并及时填写进场材料检查记录。

②火灾自动报警系统传输线路,应采用铜芯绝缘线或铜芯电缆,其电压等级不应低于交流 500 V,以提高绝缘和抗干扰能力。

③为满足导线和电缆的机械强度要求,穿管敷设的绝缘导线,线芯截面不应小于 1 mm²;线槽内敷设的绝缘导线最小截面不应小于 0.75 mm²,多芯电缆线芯最小截面不应小于 0.5 mm²。

④穿管绝缘导线或电缆的总面积不应超过管内截面积的 40%,敷设于封闭式线槽内的绝缘导线或电缆的总面积不应大于线槽净截面积的 50%。

⑤导线在管内或线槽内,不应有接头和扭结。导线的接头应在接线盒内焊接或压接。

⑥不同系统、不同电压、不同电流类别的线路不应穿在同一根管内或线槽孔内。

⑦横向敷设的报警系统传输线路如果采用穿管布线,不同防火分区的线路不应穿入同一根管内。

⑧火灾报警器的传输线路应选择不同颜色的绝缘导线,探测器的"+"线为红色,"-"线应为蓝色,其余线应根据不同用途采用其他颜色区分。但同一工程中相同用途的导线颜色应一致,接线端子应有标号。

⑨导线或电缆在接线盒、伸缩缝、消防设备等处应留有足够的余量。

⑩在管内或线槽内穿线应在建筑物抹灰及地面工程结束后进行。在穿线前应将管内或线槽内的积水及杂物清除干净,管口带上护口。

⑪敷设于垂直管路中的导线,其截面积<50 mm² 时,长度每超过 30 m 应在接线盒处进行固定。

⑫目前我国的消防事业发展很快,使用总线制线路进行控制的很多,对线路敷设长度、线路电阻均有要求,施工时应严格按厂家技术资料要求来敷设线路和接线。

⑬导线连接的接头不应增加电阻值,受力导线不应降低原机械强度,亦不能降低原绝缘强度。为满足上述要求,导线连接时应采取下述方法:

a. 塑料导线截面积<4 mm² 时,一般用剥削钳剥掉导线绝缘层,有编织网绝缘的导线应用

电工刀剥去外层编织层,并留有约12 mm长的绝缘台,线芯长度随接线方法和要求的机械强度而定。

b. 导线绝缘台并齐合拢,在距绝缘台约12 mm处用其中一根线芯在另一根线芯缠绕5~7圈后剪断,把余头并齐折回压在缠绕线上,并进行搪锡处理。

c. LC安全型压线帽是铜线压线帽,分为黄、白和红3色,分别适用于1.5 mm²、2.5 mm²、4 mm²的2~4根导线的连接。其操作方法是:将导线绝缘层剥去10~13 mm(按帽的型号决定),清除氧化物,按规定选用适当的压线帽,将线芯插入压接帽的压接管内,若填不实,可将线芯折回头(剥长加倍),直至填满为止。线芯插到底后,导线绝缘层与压接管的管口平齐,然后用专用压接钳压实即可。

d. 多股铜芯软线用螺丝压接时,应将软线芯扭紧做成眼圈状,或采用小铜鼻子压接,搪锡涂净后将其压平,再用螺丝旋紧。

e. 铜单股导线与针孔式接线柱连接(互接),要把连接导线的线芯插入接线柱头针孔内,导线裸露出针孔1~2 mm,针孔大于线芯直径1倍时,需要折回头插入压接。如果是多股软铜丝,先搪锡,擦干净再压接。

⑭导线敷设连接完成后应进行检查,检查无误后采用500 V、量程为500 MΩ的兆欧表,对导线进行线对地、线对屏蔽层等的摇测,其绝缘电阻值不应低于20 MΩ。注意不能带着消防设备进行摇测。摇动速度应保持在120 r/min左右,读数时应以1 min后的读数为宜。

4)火灾自动报警设备安装施工工艺

进场的火灾自动报警设备应根据设计图纸的要求,对型号、数量、规格、品种和外观等进行检查,并提供由国家消防电子产品质量监督检测中心检验合格的报告及其他有关安装接线要求的资料,同时与提供设备的单位办理进厂设备检查手续。

(1)火灾探测器、气体火灾探测器及红外光束火灾探测器的安装要求

①感烟、感温探测器的保护面积和保护半径应符合要求,如表3.4所示。

表3.4　感烟、感温探测器的保护面积和保护半径

火灾探测器的种类	地面面积 S/m^2	房间高度 h/m	探测器的保护面积 A 和保护半径 R					
			屋顶坡度 θ					
			$\theta \leq 15°$		$15° \leq \theta \leq 30°$		$\theta > 30°$	
			A/m^2	R/m	A/m^2	R/m	A/m^2	R/m
感烟探测器	$S \leq 80$	$h \leq 12$	80	6.7	80	7.2	80	8.0
	$S > 80$	$6 < h \leq 12$	80	6.7	100	8.0	120	9.9
		$h \leq 6$	60	5.8	80	7.2	100	9.0
感温探测器	$S \leq 30$	$h \leq 8$	30	4.4	30	4.9	30	5.5
	$S > 30$	$h \leq 8$	20	3.6	30	4.9	40	6.3

②感烟、感温探测器的安装间距、数量、高度应符合规范要求。

③探测器周围 0.5 m 内不应有遮挡物,探测器至墙壁、梁边的水平距离不应小于 0.5 m。

探测器至空调送风口边的水平距离不应小于 1.5 m,至多孔送风顶棚孔口的水平距离不应小于 0.5 m(是指在距离探测器中心半径为 0.5 m 范围内的孔口用非燃烧材料填实,或采取类似的挡风措施)。

④在宽度小于 3 m 的走道顶上设置探测器时,宜居中布置。感温探测器的安装间距不应超过 10 m,感烟探测器的安装间距不应超过 15 m,探测器至端墙的距离不应大于探测器安装间距的一半。

⑤在电梯井、升降机井设置探测器时,其位置宜在井道上方的机房顶棚上。

⑥下列场所可不设火灾探测器:

a.厕所、浴室等潮湿场所。

b.不能有效探测火灾的场所。

c.不便于使用、维修的场所(重点部位除外)。

⑦可燃气体探测器应安装在气体容易泄漏、流经及滞留的场所,安装位置应根据被测气体的密度、安装现场气流方向、温度等各种条件确定。

a.密度大、比空气重的气体,如液化石油气,探测器应安装在下部,一般距地高度为 0.3 m,且距煤气灶小于 4 m 的适当位置。

b.人工煤气密度小且比空气轻,可燃气体探测器应安装在上方距气灶小于 8 m 的排气口旁处的顶棚上,如没有排气口,应安装在靠近煤气灶梁的一侧。

c.其他种类的可燃气体,可按厂家提供的并经国家检测合格的产品技术条件来确定其探测器的安装位置。

⑧红外光束探测器的安装位置应保证有充足的视场,发出的光束应与顶棚保持平行,远离强磁场,避免阳光直射,底座应牢固地安装在墙上。

⑨其他类型的火灾探测器的安装要求应按设计和厂家提供的技术资料进行。

⑩探测器的底座应固定可靠,在吊顶上安装时应先把盒子固定在主龙骨上或在顶棚上固定作支架,其连接导线必须可靠压接或焊接。采用焊接时不得使用带腐蚀性的助焊剂,外接导线应有 0.15 m 的余量,入端处应有明显标志。

⑪探测器指示灯应面向便于人员观察的主要入口方向。

⑫探测器底座的穿线孔宜封堵,安装时应采取保护措施(如装上防护罩)。

⑬探测器的接线应按设计和厂家的要求接线,但"+"线应为红色,"-"线应为蓝色,其余线根据不同用途采用其他颜色区分,但同一工程中相同的导线颜色应一致。

⑭探测器的模块在即将调试时可安装,安装前应妥善保管,并应采取防尘、防潮及防腐蚀等措施。

(2)手动火灾报警按钮的安装

①报警区内的每个防火分区至少应设置一只手动报警按钮,从一个防火分区内的任何位置到最近一个手动火灾报警按钮的距离均不应小于 30 m。

②手动火灾报警按钮应安装在明显和便于操作的墙上,距地高度 1.5 m,牢固且不能倾斜。

③手动火灾报警按钮外接导线应留有 0.1 m 的余量。

（3）端子箱和模块箱安装

①端子箱和模块箱一般设置在专用的竖井内,应根据设计要求的高度用金属膨胀螺栓固定在墙壁上明装,且安装时应端正牢固,不得倾斜。

②用对线器进行对线编号,然后将导线留有一定的余量,把从控制中心来的干线和火灾报警器及其他设备的控制线路分别绑扎成束并设在端子板两侧,左侧为控制中心引来的干线,右侧为火灾报警探测器和其他设备引来的控制线路。

③压线前应对导线的绝缘进行摇测,合格后再按设计和厂家要求压线。

④模块箱内的模块应按厂家和设计的要求安装配线,合理布置,且安装应牢固端正,并有用途标志和线号。

（4）火灾报警控制器安装

①火灾报警控制器(以下简称控制器)接收火灾探测器和火灾报警按钮的火灾信号及其他报警信号发出的声、光报警,指示火灾发生的部位,按照预先编制的程序发出控制信号,联动各种灭火控制设备,迅速有效地扑灭火灾。为保证设备正常工作,必须做到精心施工,确保安装质量。

②火灾报警器一般应设置在消防中心、消防值班室、警卫室及其他规定有人值班的房间或场所。控制器的显示操作面板应避开阳光直射,房间内无高温、高湿、尘土、腐蚀性气体;不受振动、冲击等影响。

③区域报警控制器在墙上安装时,其底边距地面高度不应小于1.5 m,可用金属膨胀螺栓或埋柱螺栓进行安装,固定要牢固、端正,安装在轻质墙上时应采取加固措施。靠近门轴的侧面距离≥0.5 m,正面操作距离不应小于1.2 m。

④集中报警控制室或消防控制中心设备安装应符合下列要求:

a.落地安装时,其底边宜高出地面0.05~0.2 m,一般用槽钢或水泥台作为基础,如有活动地板时使用的槽钢基础应在水泥地面固定牢固。槽钢要先调直除锈,并刷防锈漆,安装时用水平尺、小线找好平直度,然后用螺栓固定牢固。

b.控制柜按设计要求进行排列,根据柜的固定孔距在槽钢基础上钻孔,安装时从一端开始逐台就位。用螺丝固定、用小线找平找直后再将各螺栓紧固。

c.控制设备前的操作距离:单列布置时不应小于1.5 m,双列布置时不应小于2 m。在有人值班经常工作的一面,控制盘到墙的距离不应小于3 m,盘后维修距离不应小于1 m。控制盘排列长度大于4 m时,控制盘两端应设置宽度不小于1 m的通道。

d.区域控制室安装落地控制盘时,参照落地式火灾报警控制器的有关安装要求施工。

⑤引入火灾报警控制器的电缆、导线接地等应符合下列要求:

a.对引入的电缆或导线,首先应用对线器进行校线,按图纸要求进行编号,然后摇测相间、对地等绝缘电阻,不应小于20 MΩ,全部合格后按不同电压等级、用途及电流类别分别绑扎成束引到端子板,按接线图进行压线,注意每个接线端子接线不应超过两根,盘圈应按顺时针方向。多股线应搪锡,导线应有适当余量,标志编号应正确且与图纸一致;字迹应清晰且不易褪色;配线应整齐且避免交叉,固定牢固。

b.导线引入线完成后,在进线管处应封堵,控制器主电源引入线应直接与消防电源连接,严禁使用接头连接,主电源应有明显标志。

c. 凡引入有交流供电的消防控制设备,外壳及基础应可靠接地,一般应压接在电源线的 PE 线上。

d. 消防控制室一般应根据设计要求设置专用接地装置作为工作接地(是指消防控制设备信号的地域逻辑地)。当采用独立接地时,接地电阻应小于 4 Ω;当采用联合接地时,接地电阻应小于 1 Ω。控制室引至接地体的接地干线应采用一根截面积不小于 16 mm^2 的绝缘铜线或独芯电缆,穿入保护管后,两端分别压接在控制设备的工作接地板和室外接地母线上。消防控制室的工作接地板引至各消防设备和火灾报警控制器的工作接地线,应采用截面积不小于 4 mm^2 的铜芯绝缘线,穿入保护管应构成一个零电位的接地网络,以保证火灾报警设备稳定可靠工作。在接地装置施工过程中,分不同阶段做电气接地装置隐检,接地电阻摇测。

⑥其他火灾报警设备和联动设备安装应按有关规范和设计厂家要求进行安装接线。

5)系统调试施工工艺

火灾自动报警的调试,以各个分区为单位,逐个调试,通过模拟现场火警情况检验探测器、报警控制器能否正常工作。同时,检验声、光报警器能否发出警报广播,照明、电话是否切换,联动装置能否按预定程序对所控制设备发出控制信号及这些设备工作是否达到了设计要求。

①火灾自动报警系统调试应在建筑内部装修和系统施工结束后进行。

②调试前施工人员应向调试人员提交竣工图、设计变更记录、施工记录(包括隐蔽工程验收记录)、检验记录(包括绝缘电阻、接地电阻测试记录)和竣工报告。

③调试负责人必须由有资格的专业技术人员担任。一般由生产厂工程师或生产厂委托的经过训练的人员担任。其资格审查由公安消防监督机构负责。

④调试前应按下列要求进行检查:

a. 按设计要求查验设备规格、型号、备品和备件等。

b. 按火灾自动报警系统施工及验收规范要求检查系统的施工质量。对属于施工中出现的问题,应会同有关单位协商解决,并用文字记录。

c. 检查检验系统线路的配线、接线、线路电阻、绝缘电阻、接地电阻、终端电阻是否正确,线号、接地和线的颜色等是否符合设计和规范要求,发现错线、开路、短路等达不到要求需及时整改。

⑤按设计要求分别用主电源和备用电源供电,逐项检查试验火灾报警系统的各种控制功能和联动功能,其控制功能和联动功能应正常。

⑥检查主电源:火灾自动报警系统的主电源和备用电源的容量应符合国家有关标准要求,备用电源应正常连续充放电 3 次,主电源、备用电源转换应正常。

⑦系统控制功能调试后应用专用的加烟加温等试验器分别对各类探测器逐个试验,动作无误后方可投入运行。

⑧对于其他报警设备也要逐个试验无误后方可投入运行。

⑨按系统调试程序进行系统功能自检,系统调试完全正常后,应连续无故障运行 120 h。提交调试开通报告,进行验收工作。

3.9　火灾自动报警系统识图

▶ 3.9.1　火灾报警设计说明

　　火灾报警系统图是反映室内火灾自动报警、消防联动、防火门监控、消防电源监控、电气火灾监控、气体浓度监测、送排风设备联动的空间关系的图样。系统图中包括管线和图例符号，系统图不表达长度、标高等信息。

　　火灾报警平面图是反映室内火灾自动报警、消防联动、防火门监控、消防电源监控、电气火灾监控、气体浓度监测、送排风设备联动的平面关系的图样。平面图中包括管线和图例符号位置，可测量长度、提取数量等信息。

▶ 3.9.2　火灾报警系统图

　　图3.59—图3.63所示，是消防控制室系统框图展示消防控制室中设备、系统逻辑关系；火灾自动报警和消防联动配管配线表展示本系统配管和配线；火灾自动报警和消防联动系统图、电气火灾监控系统图、防火门监控系统图展示每个系统的连接和逻辑关系。现以该图为例，介绍系统图的识读。

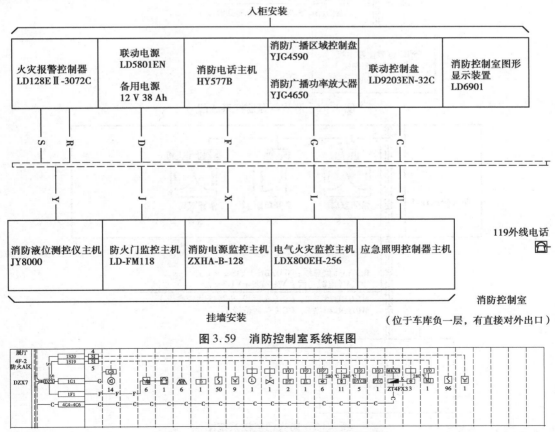

图 3.59　消防控制室系统框图

图 3.60　火灾自动报警和消防联动系统图

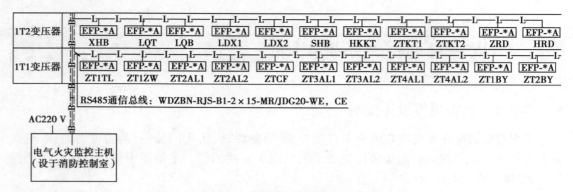

图 3.61 电气火灾监控系统图

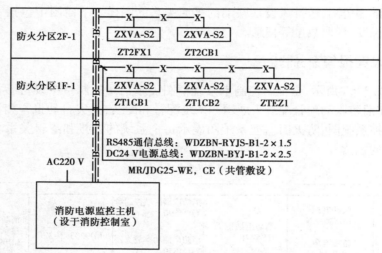

图 3.62 消防电源监控系统图

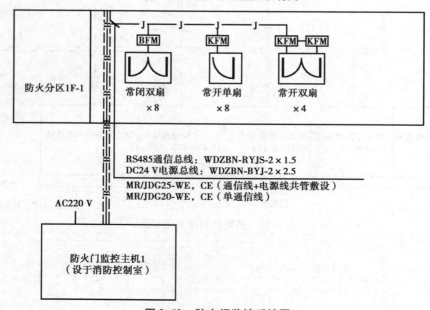

图 3.63 防火门监控系统图

1) 识图顺序

总平面图(分清各建筑逻辑关系)—图纸设计说明—图例和材料设备表—火灾自动报警系统图—消防联动系统图—防火门监控系统图—消防电源监控系统图—电气火灾监控系统图—气体浓度监测系统图—送排风设备联动系统图。

2) 识图注意事项

火灾自动报警和消防联动系统图表达的是从消防控制室引线至接线端子箱,接线、分线后分别连接隔离模块、火灾显示盘、消火栓箱报警按钮、火灾报警按钮、水流指示器、火灾探测器、警报装置、输入输出模块、气体灭火控制器、消防应急广播、消防电话等元件。

消防电源监控系统图表达的是从消防控制室引线至消防电源监控主机,接线、分线后分别连接消防电源箱内控制模块,实现对消防电源的监控。

电气火灾监控系统图表达的是从消防控制室引线至电气火灾监控主机,接线、分线后分别连接部分重要配电箱内控制模块,实现对电气配电箱的监控。

防火门监控系统图表达的是从消防控制室引线至防火门监控主机,接线、分线后分别连接常闭防火门门磁开关、常开防火门电磁释放器、防火门控制分机等元件。

▶ 3.9.3 火灾报警平面图

截取本书选用工程的平面图部分内容进行展示,如图3.64所示。火灾自动报警和消防联动平面图展示系统中各类设备元件平面位置关系;消防电源监控、电气火灾监控一般不单独绘制平面图,要结合电气平面图中配电箱位置进行识读。

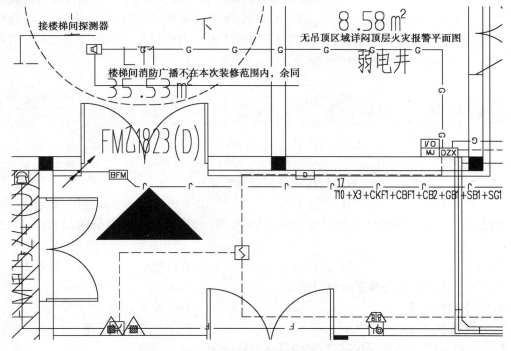

图3.64 火灾自动报警和消防联动平面图

1)火灾报警平面图识图顺序

总平面图(分清各建筑逻辑关系)—图纸设计说明—图例和材料设备表—火灾自动报警平面图—消防联动平面图—防火门监控平面图—消防电源监控平面图—电气火灾监控平面图—气体浓度监测平面图—送排风设备联动平面图。

2)识图注意事项

平面图涉及设备和元件有:火灾报警控制器(联动型),消防广播通信主机,气体灭火控制盘,消防电话主机,防火门控制设备,火灾报警控制微机(CRT),备用电源及电池主机,送风机、排烟机、自动挡烟垂壁的控制设备,消防水泵控制设备,接线端子箱,隔离模块,火灾显示盘,消火栓箱报警按钮,火灾报警按钮,水流指示器,火灾探测器,警报装置,输入输出模块,排烟风阀,控制装置,应急电源,气体灭火控制器,消防应急广播,消防电话。注意各个电气设备、元件连线种类、方式,设备、元件的标高变化,做到识图、计算不重不漏。

平面图涉及管线有消防电话线、消防广播线、直接控制线、消火栓按钮报警线、24 V电源线、多线联动控制线、信号线等,测量管线长度时注意区分规格、型号、材质、直径等项目特征,并保证测量准确性和管线预留。

本章小结

建筑消防系统是保证建筑物消防安全和人员疏散安全的重要部分,是现代建筑的重要组成部分。本章主要讲授建筑消防系统的基础知识,水灭火系统、气体灭火系统、火灾自动报警与消防联动系统以及防排烟系统,建筑消防系统施工图的识读与施工方法。通过本章内容的学习,学生可以掌握建筑消防系统的施工工艺。

课后习题

一、单选题

1.火灾自动报警系统中,常用的防火分隔设施包括(　　　)。

A.水灭火系统　　　　　　B.消防水池　　　　　　C.灭火器　　　　　　D.防火阀

2.能在一定时间内把火势控制在一定空间内,阻止其蔓延扩大的分隔设施,该设施名称是(　　　)。

A.喷淋头　　　　　　B.卷帘门　　　　　　C.消火栓　　　　　　D.灭火器

3.不属于火灾自动报警系统分类的是(　　　)。

A.区域报警系统　　　　　　　　　　B.集中报警系统

C.分散报警系统　　　　　　　　　　D.控制中心报警系统

4.计算机机房、重要的图书馆档案馆等地方适合用(　　　)方式。

A.气体灭火　　　　　　B.水灭火　　　　　　C.消火栓　　　　　　D.自动喷淋

5.水灭火设备的布置应考虑到建筑物的结构、用途和火灾风险等因素。一般来说,

( )应设置在每个楼层的楼梯间或走廊。

    A. 气体灭火   B. 水灭火   C. 消火栓   D. 自动喷淋

二、填空题

1. 消火栓给水灭火系统由( )、( )、( )以及( )组成。

2. 室内消火栓由( )、( )、( )等组成。

3. 自动喷水灭火系统按喷头开闭形式分为( )和( )。

4. 无管网灭火系统是指按一定的应用条件,将灭火剂储存装置和喷放组件等预先设计、组装成套且具有联动控制功能的灭火系统,又称( )。

5. 烟气控制的实质是控制烟气合理流动,也就是不使烟气流向疏散通道、安全区和非着火区,而向室外流动。主要方法有:( )、( )、( )。

三、简答题

1. 请简单描述火灾感烟式探测器。

2. 请简单描述火灾报警系统。

3. 请简要描述火灾自动报警系统和消防联动控制系统的工作原理。

4. 常见的火灾自动报警系统设备、元件有哪些?

5. 请简要描述火灾自动报警系统分类。

4

建筑供暖、通风与空气调节系统

【知识目标】

1. 了解供暖系统、空调系统、通风系统的基础原理;
2. 掌握上述系统设置的原则以及每个系统的组成元素;
3. 将设计图纸与现场施工相结合,做到融会贯通。

【能力目标】

1. 掌握暖通设计图纸的识图技能;
2. 能根据基础原理及规范要求理解图纸设计思路;
3. 准确掌握施工的工艺流程及重点内容,全面掌握设计、施工的理论知识及实施要点。

【素质目标】

1. 掌握基本的科学原理和方法的运用;
2. 尊重事实,有实证意识和严谨的求知态度,逻辑清晰,具有科学的思维方式。

4.1 我国供暖、通风与空气调节系统的发展

现代的供暖、通风与空气调节技术在我国的发展起步较晚,在 1949 年以前只有在大城市的高端建筑物中才有供暖系统或空调的应用,并且设备都是舶来品。20 世纪 60 ~ 70 年代,我国经济建设走"独立自主,自力更生"的发展道路,从而形成了供暖、通风与空调技术发展的时代特点。20 世纪 80 ~ 90 年代是供暖通风与空调技术发展最快的时期。这个时期是我国经济

转轨时期,为供暖通风与空调技术提供了广阔的市场。以空调来说,从原来主要服务工业转向民用。从南到北的星级宾馆都装有空调,最简易的也装有分体式或窗式空调器。商场、娱乐场所、餐饮店、体育馆、高档办公楼中普遍设有空调,而且空调器也陆续进入家庭,"空调"一词对中国百姓来说也不再是陌生的了。

4.2 建筑供暖、通风与空气调节基础知识

▶ 4.2.1 建筑供暖、通风与空气调节的含义及目的

供暖、通风与空气调节是控制建筑热湿环境、室内空气质量和气流的技术路线及相关系统的总称,它是利用一套装置,消耗一定能量来向室内提供一定的热量、冷量,补充、排除一定的水蒸气、去除室内污染物等。因此供暖、空气调节系统的主要目的是解决室内热舒适度的问题,通风系统主要目的是解决室内空气品质的问题。

值得注意的是,供暖系统仅用于冬季供暖,而空气调节系统可同时用于冬季供暖、夏季制冷。所以在冬季,供暖系统及空调系统作用是接近的,但是由于它们的设备类型及系统构成不同,导致供暖效果存在一定的差异,所以它们适用于不同的情况。

▶ 4.2.2 供暖、空调负荷的含义、分类、组成

供暖、空调负荷是为维持室内一定的温湿度,在单位时间内需要向室内传入或除去的热量,向室内传入或除去的水蒸气的量,以保证室内热舒适度,所以常见负荷一共分为3类:热负荷、冷负荷、湿负荷。

1)热负荷

冬季室外环境温度较低,如果不向室内供暖,室内温度无法维持在热舒适温度范围。此时单位时间需要向室内传入的热量称为"热负荷",在维持室内设计温度的过程中,房间的围护结构将热量传至室外,由此形成了一个热量传递的过程,热量由供暖系统传递至房间,再由房间传至室外。

2)冷负荷

夏季室外环境温度较高及太阳辐射强度较大,同时室内也存在较多的热源,此时在单位时间内需从室内除去的热量称为冷负荷。冷负荷的产生是由于温度的差异和变化引起,因此冷负荷又称为"显热负荷"。

3)湿负荷

由于室内人体或水体、渗透、化学反应、食物等产生的散湿量传递至室内空气,此时为维护室内空气相对湿度不变需要除去的空气中的水蒸气称为房间的湿负荷,此时负荷为正数。当某些时候,如冬季,室内空气湿度较低,此时需要向室内加湿,此时负荷为负数。此外,在某些工艺性生产房间内,由于工艺生产的需要,室内设计相对湿度需要保持较高水准,此时需要向室内空气加入一定量水蒸气。

4.3　初识供暖系统

供暖系统是通过一套由热源、输热管路、散热设备及阀门、附件组成的系统将热量从热源传递至室内,以满足人们生产、生活、工作的需要。

▶　4.3.1　供暖系统的分类

1）根据供暖范围不同分类

（1）分散供暖

分散供暖指以较小的范围为一个供暖对象而设置的一套独立的供暖系统,一般以户为单位,例如家庭式低温地板辐射采暖系统就是一种分散供暖的形式。

（2）集中供暖

集中供暖指不同用户、楼栋集中设置热源,通过管道将热媒送至各个末端散热设备,在我国严寒、寒冷地区,一般均会设置集中供暖系统。

（3）区域供暖

区域供暖是在集中供暖的基础上,进一步扩大了供暖系统的范围,同时为几个街区的住宅、商业、办公等建筑提供服务。

2）根据循环动力不同分类

（1）重力循环热水供暖系统

重力循环热水供暖系统循环动力依靠供回水的密度差实现水的流动,由于系统中无水泵等动力设备,系统维护、保养工作量少,节省运行费用及维护保养成本。其弊端在于由于仅靠供回水的密度差进行自然循环,其作用力有限,故系统的作用半径不宜超过 50 m,同时热源的位置应尽量低,以增加循环作用力。

（2）机械循环热水供暖系统

机械循环热水供暖系统循环动力依靠水泵,将系统中的热媒进行强制循环,由于水在管道内的流速大,所以它与重力循环系统相比,具有管径小、升温快的特点,同时作用半径、热源位置等不受限制。但因系统中增加了循环水泵,需要增加维修工作量,而且也增加了运行费用。

3）其他分类

①根据热媒性质不同,供暖系统分为热水采暖系统、蒸汽采暖系统、烟气采暖系统、热风采暖系统。

②按供、回水方式的不同,供暖系统可分为单管系统和双管系统。热水经立管或水平供水管顺序流过多组散热器,并顺序地在各散热器中冷却的系统,称为单管系统。热水经供水立管或水平供水管平行地分配给多组散热器,冷却后的回水自每个散热器直接沿回水立管或水平回水管流回热源的系统,称为双管系统。

③按系统管道敷设方式的不同,供暖系统可分为垂直式系统和水平式系统。

④按热媒温度的不同,供暖系统可分为低温水供暖系统和高温水供暖系统。在我国,习

惯认为:水温低于或等于 100 ℃的热水,称为低温水;水温超过 100 ℃的热水,称为高温水。室内热水供暖系统大多采用低温水作为热媒,目前设计供/回水温度多采用 95/70 ℃(而实际应用的热媒多为 85/60 ℃)。

⑤按换热方式的不同,供暖系统分为两大类,一类是末端换热设备以对流换热的方式为主,例如散热器、暖风机组成的供暖系统;另一类是末端换热设备以辐射供暖的方式为主,例如地埋管组成的低温辐射供暖系统。

▶ 4.3.2 供暖系统的组成

1)供暖系统的组成

①热源:提供热量的设备,如大型锅炉、家庭户式壁挂炉。

②供热管网:将热量从热源传递至室内末端散热设备的管道,分为室外供热管网及建筑内供热管网。

③散热设备:将热量以对流、辐射的方式传递至室内的设备(末端设备),如散热器(暖气片)、地埋辐射管。

图 4.1 为集中供暖系统示意图及户式低温地板辐射采暖示意图。

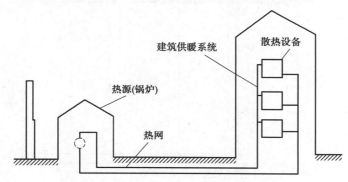

图 4.1 集中供暖流程图

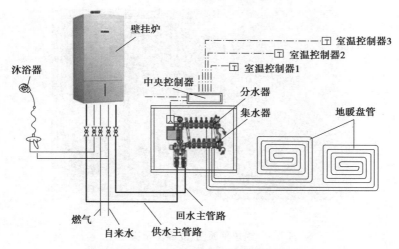

图 4.2 户式低温地板辐射采暖系统流程图

2)供暖设备及附件

（1）热源

①锅炉:锅炉分为热水锅炉、蒸汽锅炉,若热媒为热水则选用热水锅炉,若热媒为蒸汽则选用蒸汽锅炉。一般民用建筑热媒均为热水,在某些工业厂房尚有蒸汽系统的案例。图4.3为锅炉实物图及平立面。

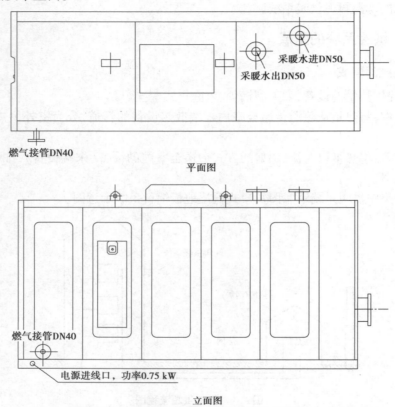

采暖水进DN50
采暖水出DN50
燃气接管DN40
平面图

燃气接管DN40
电源进线口,功率0.75 kW
立面图

实物图

图4.3　锅炉平面图、立面图及实物图

②户式热水器:分散式采暖系统热源一般采用户式热水器作为系统热源。

（2）末端换热设备

①散热器。散热器是应用最广泛的供暖系统的末端装置。散热器内部流通热媒——热水或蒸汽，外部掠过室内空气。由于其表面温度高于供暖房间内的空气、围护结构，通过对流与辐射换热把热量传递给房间，散热器内的热水温度降低或蒸汽凝结成冷凝水。房间不断地获得热量，从而保持一定的室内温度，达到供暖的目的。散热器的金属耗量和造价在供暖系统中占有相当大的比例，因此散热器的正确选用涉及供暖系统经济指标的高低和运行效果的优劣。

散热器按材质主要分为铸铁散热器、钢制散热器、铝制散热器和其他材质散热器。

铸铁散热器用灰口铸铁浇铸而成，由于结构简单、耐腐蚀、使用寿命长、水容量大而沿用至今。其金属耗量大、笨重、金属热强度比钢制散热器低，铸铁散热器有柱形、翼形、柱翼形和板翼形等。

钢制散热器有柱形、板形、扁管、钢管串片和光排管等多种形式。它是用钢材制成的，制造工艺先进，适于工业化生产，外形美观，易实现产品多样化、系列化，适应于各种建筑物对散热器的多功能要求，金属耗量少，安装简便，承压能力较强，占地面积小。但耐腐蚀能力差，所以要求供暖系统进行水处理，非供暖期需满水养护，施工安装时要防止磕碰。钢制散热器水容量小，热惰性小，在停止供暖后，延续供暖效果差，因此不宜与铸铁散热器混用于同一个间歇供暖的供暖系统中，不宜用于有腐蚀性气体的生产厂房和相对湿度较大的房间。

除铸铁和钢制散热器外，还有铝、铜、钢铝复合、铜铝复合、不锈钢铝复合和搪瓷等材料的散热器。铝合金散热器加工方便、结构紧凑、金属热强度高、重量轻、外形美观、不怕氧腐蚀，但不如铸铁散热器耐用，不能经受碱性水腐蚀。铜制散热器耐腐蚀、使用寿命长、导热性好、承压能力高、易加工，但要消耗有色金属铜。搪瓷散热器耐腐蚀、外形美观、易清洁，但忌强烈撞击。常见散热器的实物图和图例如图4.4所示。

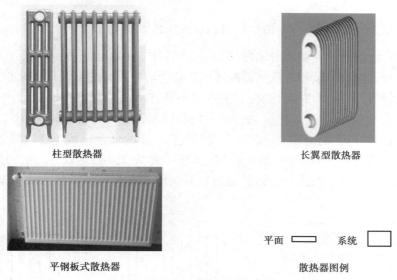

柱型散热器　　　　　　　　　　　长翼型散热器

平钢板式散热器　　　　　平面 ▭　　系统 ▭　　散热器图例

图4.4　散热器实物图和图例

注：图中散热器连接示意图摘至《散热器选用与管道安装》17K408

②暖风机。对于一些大开间的工业厂房、车间、体育场馆等，其单层面积大，柱网之间跨度大，常采用暖风机这样的末端设备。暖风机是由通风机、电动机和换热器组合而成的整体

供暖机组,是大型供暖末端设备。由于有通风机,增加了换热器的换热强度,使得暖风机比散热器单体供热量大、供暖范围大。

暖风机按外形与构造分为横吹式暖风机、顶吹式暖风机、落地式暖风机。

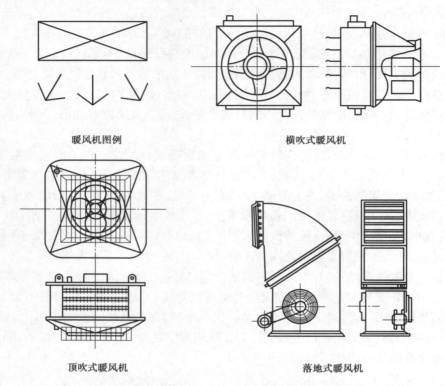

暖风机图例   横吹式暖风机

顶吹式暖风机   落地式暖风机

图 4.5 暖风机图例、实物图

③低温辐射地埋管。低温辐射地埋管是用于辐射供暖系统的一种末端形式,系统基本上以热水作为热媒。辐射供暖相对散热器或暖风机这种对流供暖的末端形式来说,房间内沿高度方向温度比较均匀,围护结构内表面和室内其他物体表面的温度都比对流供暖时高,人体的辐射散热相应减少,人的实际感觉比相同室内温度对流供暖时舒适得多;不需要在室内布置散热器,不占用室内建筑面积,节省空间,美观度高。因为低温地板辐射供暖系统存在诸多优点,现在广泛应用在一些建筑的重要区域,如酒店大堂、客房、会议厅、展厅或小区住宅户内。图 4.6 表示了下供上回式双管低温地面辐射供暖系统常见的设置方式以及地埋管的几种敷设方式。

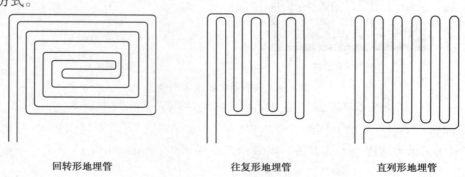

回转形地埋管   往复形地埋管   直列形地埋管

伸缩缝

图4.6　地埋管形式及实物图

（3）动力装置及附件

①水泵。水泵的作用是为管道内流体流动提供动力，以克服管路系统阻力。根据工作原理分为轴流泵和离心泵，根据外观形式分为卧式泵和立式泵。

图4.7　水泵图例及实物

②自动排气阀。供暖管道内的热媒水会少量气化形成气体存在于管道中，因此需要设置自动排气阀，自动排除水系统中的空气，以避免管道中气体淤积过多造成气阻，影响正常的循环，其原理是利用阀体内的浮球或浮筒随水位升降而打开或关闭阀孔达到自动排气的目的。所以在竖向管道最高点或横向管道局部高点均应设置自动排气阀，以及时排除管道内停留的气体。自动排气阀占地小，无须人员操作，但质量不好时容易漏水，应选择优质的自动排气阀。

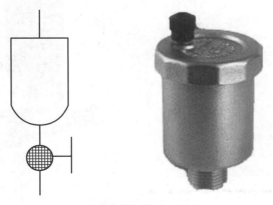

图4.8　自动排气阀图例及实物

③过滤器。过滤器安装在用户入口供水总管、热源、设备、水泵等重要设备入口,用于清理热水中杂质、污垢,防止堵塞管道与设备。

"Y"型过滤器图例　　　"Y"型过滤器实物　　　　　"Y"型过滤器实物保温后

图4.9　过滤器图例及实物

④膨胀水箱。供暖系统属于闭式系统,即水与大气不直接接触,管道中的水在流动过程中,由于存在沿程阻力及局部阻力会导致管道中标高较高的水的静压低于大气压力,即负压。处于负压的水极易气化,产生较多气体,进而影响管路中水的正常流动,所以需要在管网最高位置设置一个膨胀水箱,通过竖向管道与管网相连。膨胀水箱液面是敞开的,与大气直接接触,这样就保证了位于水箱液面以下的水静压均高于大气压,最终实现定压的功能;同时,水系统的平时补水也通过膨胀水箱补入。膨胀水箱无机械动力设备,完全通过水的重力实现定压及补水,是最常用的定压补水设备之一。

⑤定压罐。定压罐的功能与膨胀水箱类似,在某些系统条件受限的情况下无法在最高位设置膨胀水箱,那么可利用定压罐替代膨胀水箱的功能。定压罐可实现自动补水、自动排气、自动泄水、自动过压保护、定压的功能。定压罐需要配套设置定压补水泵,相对于膨胀水箱,定压罐设备更复杂,维护、保养的工作较多,但是可在任意位置设置,更具灵活性,适应面更广。

图4.10　膨胀水箱

图4.11　定压补水装置

⑥补偿器。补偿器主要用于补偿管道因受温度变化而产生的热胀冷缩。如果温度变化

时管道不能完全自由地膨胀或收缩,管道中将产生热应力。在管道设计中必须考虑这种应力,否则它可能导致管道破裂,影响正常生产的进行。作为管道工程的一个重要组成部分,补偿器在保证管道长期正常运行方面发挥着重要的作用。

补偿器的类型主要分为:

a.方形补偿器。方形补偿器通常用管道加工成"Ω"形,加工简单、造价低廉,补偿量可以通过不同的长短边长度设计来满足要求。但是由于其尺寸较大,在一些建筑中使用受到空间的限制,因此它适合于小直径管道。

b.套筒补偿器。套筒补偿器的最大特点是补偿量大、推力较小、造价较低,缺点是密封较为困难,容易发生漏水现象,因此在建筑空调系统中的应用不多。

c.波纹补偿器。波纹补偿器通常采用高性能不锈钢板制造成波纹状,其优点是安装方便,补偿量和管径均可根据需要选择,占用空间小,使用可靠,缺点是存在较大的轴向推力、造价较高。

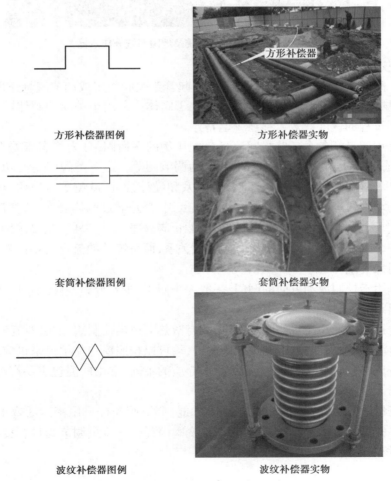

方形补偿器图例　　　　　　　方形补偿器实物

套筒补偿器图例　　　　　　　套筒补偿器实物

波纹补偿器图例　　　　　　　波纹补偿器实物

图 4.12　补偿器

⑦分集水器。分集水器主要是起到配水和汇水的作用。分水器是在水系统中用于连接各路供水管的配水装置,集水器是在水系统中用于连接各路回水管的汇水装置。分集水器由

于管径较大,水流流速较低,所以还可以起到稳定水流的作用。另外,在分集水器上连接的供回水总管可根据实际需求设置关断阀、调节阀、平衡阀、温度计等用于系统管理、检测、控制的阀门附件,大大提升了维护人员管理、维护的方便性。在集中供暖系统中,分集水器一般设置在锅炉房内;在户内分散式供暖系统中,分集水器设置在户内热水器附近。

图4.13　集中供暖系统及地暖系统分集水器

⑧阀门、仪表。

a.阀门。阀门主要分为四大类。第一类是起管路关断作用或调节流量作用的阀门,常见的有截止阀、蝶阀、球阀、闸阀,它们主要区别在于阀体内部用于关断的阀体的结构形式不同进而导致关断过程的速度及效果存在一定差异。

第二类是用于平衡各个环路之间流量分配比例的平衡阀,分为静态压差平衡阀、动态压差平衡阀、动态流量平衡阀、动态压差平衡电动调节阀等。这一类阀门主要功能是分配各个环路的流量,以保证各个环路之间流量分配关系和设计接近,避免水力失调。需要说明的是这一类阀门的动作原理和第一类阀门并无本质区别,都是通过阀体动作,改变流通面积,调整自身阻力来实现,例如动态压差平衡阀阀座与截止阀阀座完全一样。主要区别在于平衡阀的目的是平衡各个并联管路之间的水流分配比例关系,而系统总的流量大小依然靠第一类起调节作用的阀门来实现。

第三类是用于控制流动方向的阀门,一般为止回阀,主要分为升降式止回阀、旋启式止回阀和蝶式止回阀。

第四类是控制温度和流量的阀门,常用的有散热器恒温控制阀、散热器流量调节阀。

散热器恒温控制阀有内置式和远程式两种,均可以按照窗口显示值来设定所要求的控制温度,并加以自动控制。根据温包内灌注感温介质的不同,常用的温包主要有蒸汽压力式、液体膨胀式和固体膨胀式3类。

散热器流量调节阀具有较佳的流量调节性能,调节阀阀杆采用密封活塞形式,在恒温控制器的作用下做直线运动,带动阀芯运动以改变阀门开度。流量调节阀具有良好的调节性能和密封性能,长期使用可靠性高。

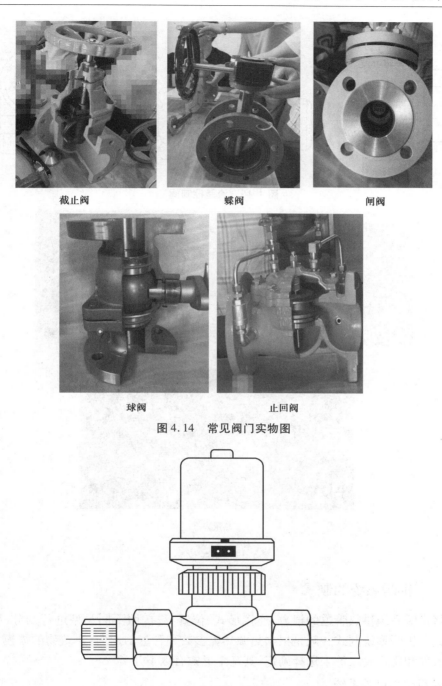

截止阀　　　　　　　蝶阀　　　　　　　　闸阀

球阀　　　　　　　　　止回阀

图 4.14　常见阀门实物图

图 4.15　恒温控制阀

　　b.仪表。常用的仪表有温度计、压力表、流量计、热量表等,用于读取管道内流体的相关参数,与之类似的还有温度传感器、压力传感器、流量传感器,这一类传感器的作用类似,区别在于可将数据实时传输至楼宇自控系统,工作人员可在监控平台全面、及时、准确地读取各个位置的数据,更方便、快捷地分析故障,依据科学的控制策略作出判断,并对各部件进行控制操作,使各部件协作一致,进而实现更好的维护保养、节能运行和环境控制。

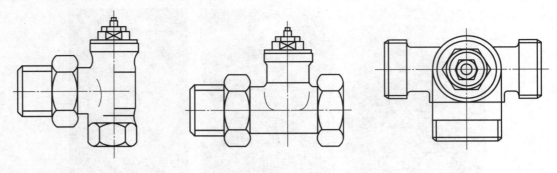

图4.16　流量控制阀

压力表

温度计

热量表

图4.17　相关仪表

▶ 4.3.3　供暖系统的制式

我们将供暖系统供热管道的根数、连接形式、位置等,按照不同类型进行划分,称为供暖系统的制式。供暖系统制式一般是根据热源热媒参数和管道的走向、建筑物的规模、层数、布置管道的条件和用户要求等来选择确定,其基本形式有以下几类:

1)双管系统与单管系统

供暖系统按连接相关散热器的立管数量,分为双管系统与单管系统。双管系统是用两根立管或两根水平支干管(一根管供水、一根管回水)将多组散热器相互并联起来的系统。

单管系统是用一根立管或一根水平支干管(既是供水管,又兼回水管)将多组散热器依次串联起来的系统。同样可在立管单侧或双侧连接散热器。

单管系统比双管系统节省管材,造价低,施工进度快,单管系统立管中的热水依次流进各层散热器,各层散热器的进出水温度完全不等。散热器进、出水温度按供水到达各组散热器先后顺序依次递减,所以导致散热器面积递增。若串联的散热器组数过多,各散热器的温差过小,恒温阀的调节性能变得很差。另外,若为垂直水平式系统,因系统底层散热器供水温度偏低、所需片数较多,会造成散热器布置困难,因此水平式(或垂直式)单管系统每一支路(或每一立管)散热器不宜超过6组(6层)。

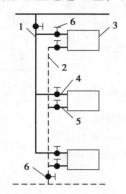 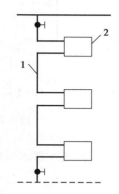

1—供水立管;2—回水立管;3—散热器;
4—供水支管;5—回水支管;6—阀门

1—供、回水立管;2—散热器;

图4.18 垂直双管系统及垂直单管系统

2)垂直式系统与水平式系统

根据各楼层散热器的连接方式,热水供暖系统分为垂直式系统与水平式系统。垂直式系统如图4.18所示,位于同一垂线上、不同楼层的各散热器与立管连接。水平式系统如图4.19所示,同一楼层的散热器与水平支干管相连接,水平支干管再与竖向立管连接,水平系统常见的有顺流式、跨越式。

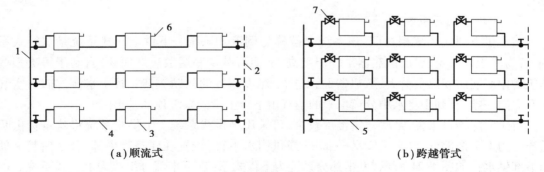

（a）顺流式 （b）跨越管式

图4.19 水平顺流式及水平跨越式系统

1—供水立管;2—回水立管;3—散热器;4—水平支干管;5—跨越管;6—放气阀;7—两通调节阀

3)供回水干管位置不同的系统

供回水管道因位置不同,可分为上供下回式、上供上回式、下供下回式和下供上回式,如图4.20所示。"上供"是指供水干管在所有散热器之上,热媒沿立管从上向下供给各楼层散热器;"下供"是指供水干管在所有散热器之下,热媒沿立管从下向上供给各楼层散热器。同理,"上回"是指回水干管在所有散热器之上,"下回"是指回水干管在所有散热器之下,热媒沿立管由各楼层散热器从上向下回流。

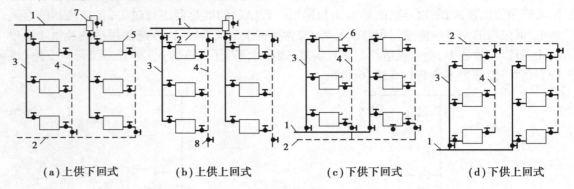

（a）上供下回式　　（b）上供上回式　　（c）下供下回式　　（d）下供上回式

图4.20　供回水干管位置不同的系统

1—供水干管;2—回水干管;3—供水立管;4—回水立管;
5—散热器;6—放气阀;7—集气罐或自动放气阀;8—放水阀

（1）上供下回式系统

该系统布置管道方便,排气顺畅,顶层和底层都要有布置干管的条件,是用得最多的系统形式。

（2）上供上回式系统

该系统干管不与地面设备及其他管道发生冲突,但立管消耗管材量稍多,立管下面均要设放水阀。主要用于下部布置干管发生困难的场所。

（3）下供下回式系统

该系统顶棚下无干管,比较美观。安装一层即可供暖,给冬季施工带来便利条件。底层需要设管沟或有地下室,以便于布置两根干管;要在每一组散热器上设放气阀（跑风）排除空气。

（4）下供上回式系统

与上供下回式系统相对照,该系统又被称为倒流式系统。下供上回式系统是双管式系统,若为单管式系统,底层散热器平均温度高,从而可减少底层散热器面积,有利于解决某些建筑物中底层房间热负荷大、散热器面积过大、难以布置的问题。其立管中水流方向与空气浮升方向一致,有利于将水中分离出来的空气由下至上带到系统顶部排出。

对于实际项目来说,某些建筑楼层较多,可采用中供式系统。中供式系统将建筑物供暖系统分为上下两部分,供水干管水平部分（或供回水干管）设置在建筑物中部,分别向其上部和下部供水。如图4.21所示,上半部分系统为下供式系统;下半部分系统为上供式系统。这样要求建筑物中部有布置干管1（或1、2）的条件,上半部分系统与下半部分系统可共用或单设回水干管2。中供式系统可减轻竖向失调,但计算和调节都比较麻烦,是楼层数较多建筑物可供选择的系统形式之一。

4)高层建筑热水供暖系统

对于高层建筑来说,由于底层与顶层之间高差大,为保证系统正常运行必须注重解决两大方面的问题。第一,供暖系统的形式应有利于减轻竖向失调（上下各层冷热不均）;第二,系统的压力不能太小或太大。压力太小会导致系统最高点充不满水或系统最高点的热水汽化;

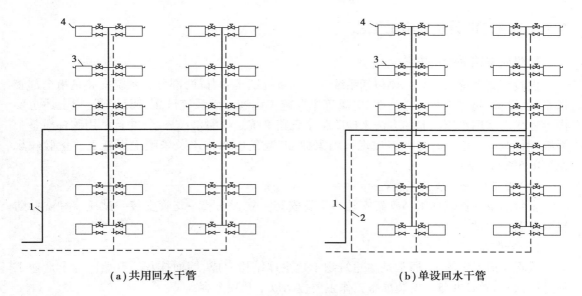

（a）共用回水干管　　　　　　　　　　　（b）单设回水干管

图4.21　中供式热水供暖系统

1—供水立管;2—回水立管;3—散热器;4—放气阀

压力太大可能导致系统底层散热设备出现超压（超过其承压能力）。对于一个小区或街区的集中供热系统、区域供热系统来说，某一栋高层建筑如果过高，这栋楼的供暖系统直接连接到底层供回水干管会导致整个供热系统静水压力增加，从而使这个集中供热系统内直接连接的末端散热设备及附件均面临超压的风险。所以高层建筑需要解决超压及水力失调的问题。

竖向分区系统是解决上述问题的常见方案，如图4.22所示，即高区管网与低区不直接连接，同时高区管网与供回水干管也通过一个换热器与之相连，干管的热量通过换热器传递给高区管网，因此高区管网需要设置一套独立的水泵。

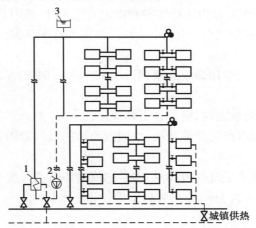

图4.22　竖向分区式高层建筑热水供暖系统（高区间接连接）

1—换热器;2—循环水泵;3—膨胀水箱

▶ **4.3.4 供暖系统施工工艺**

1)供暖管路系统的安装

供暖管路系统的安装主要包括系统安装和系统试压、调试两部分。系统安装是指全部管道系统、设备、阀件以及管道防腐、保温等主要施工内容。而系统试压、调试则是指上述主要内容完成后采用水压试验的方法来检验整个管路系统是否漏水或渗水,并且利用阀件对整个系统进行调节。施工时应严格按现行国家标准《建筑给水排水及采暖工程施工质量验收规范》GB 50242 执行。

(1)管路系统安装工艺流程

安装准备→预制加工→支架安装→干管安装→立管安装→支管安装→试压→冲洗→防腐→保温→调试。

(2)安装准备

供暖管道系统施工,通常是在建筑物土建主体结构完成、墙面抹灰后开始。为了加速工程进展,必须做好准备。安装准备工作主要包括以下几项内容:

①阅读工程施工图;

②绘制管件加工图;

③筹措安装器材。

(3)预制加工

预制加工的主要内容包括:

①整修预留孔洞:一般要求孔洞直径比套管外径大 50 mm 左右。

②组装散热器:将散热器进行组装,试压检查无误后除锈防腐刷银粉。

③加工管段:根据管件加工管段。

④支管进行加工:依据管件加工图所标注的尺寸,对支管进行气焊或冷弯加工成型。

⑤支(托、吊)架加工:支架分为活动支架和固定支架两种,热力管道上固定支架之间设置若干活动支架。支架按结构形式分为托架(托钩)、吊架和管卡 3 种。

(4)焊接钢管的连接

管径≤32 mm 的钢管,应采用螺纹连接;管径>32 mm 的钢管,采用焊接。

(5)管道安装坡度

当设计未注明管道安装坡度时,应符合下列规定:

①汽、水同向流动的热水采暖管道和汽、水同向流动的蒸汽管道及凝结水管道,坡度应为3‰,不得小于2‰;

②汽、水逆向流动的热水采暖管道和汽、水逆向流动的蒸汽管道,坡度不应小于5‰;

③散热器支管的坡度应为1‰,坡向应利于排气和泄水。

(6)补偿器

补偿器的型号、安装位置及预拉伸和固定支架的构造及安装位置应符合设计要求。

(7)平衡阀

平衡阀及调节阀型号、规格、公称压力及安装位置应符合设计要求。安装完后应根据系统平衡要求进行调试并作出标识。

(8)方形补偿器

方形补偿器制作时,应用整根无缝钢管煨制,如需要接口,其接口应设在垂直臂的中间位置,且接口必须焊接。方形补偿器应水平安装,并与管道的坡度一致;如其臂长方向垂直安装,必须设排气及泄水装置。

2)供暖系统试压调试

①散热器组对后,以及整组出厂的散热器在安装之前应做水压试验。试验压力如设计无要求时应为工作压力的1.5倍,但不小于0.6 MPa。试验时间为2~3 min,压力不降且不渗不漏。

②辐射板在安装前应做水压试验,如设计无要求时试验压力应为工作压力1.5倍,但不得小于0.6 MPa。试验压力下2~3 min压力不降且不渗不漏。

③盘管隐蔽前必须进行水压试验,试验压力为工作压力的1.5倍,但不小于0.6 MPa。稳压1 h内压力降不大于0.05 MPa且不渗不漏。

④采暖系统安装完毕,管道保温之前应进行水压试验。试验压力应符合设计要求。当设计未注明时,应满足规范相关规定。

4.4 建筑供暖系统识图

▶ 4.4.1 设计、施工说明识读

设计说明中需识读的内容主要有:项目热源(市政热源、自建锅炉房)、管道、设备承压、末端设备类型(散热器、地暖等)、散热器的类型。

施工说明中需识读的内容主要有:供暖管管材及连接方式;地板辐射管管材及工作压力;系统阀门类型、材质、连接方式;保温材料类型及厚度;防腐工程的技术要求;管道支吊架的形式、规格、材料。

▶ 4.4.2 供暖系统图识读

1)供暖系统图概述

供暖系统图反映竖向、横向关系,供暖建筑的层数和总的高度,供暖立管和末端设备的空间关系以及每层支管连接的末端设备类型及个数。系统图中的管道一般都是采用单线图绘制,管道中的重要管件(如阀门),在图中用图例表示,而更多的管件(如补心、活接、短接、三通、弯头等)在图中并未作特别标注,这就要求读者应熟练掌握有关图例、符号、代号的含义,并对管路构造及施工程序有足够的了解。

2)供暖系统图识读

图4.23是某局部供暖系统图,现以该图为例,介绍供暖系统图的识读。

(1)识图顺序

在识读供暖系统图时,首先了解供暖系统的制式(单管、双管、上供下回、下供上回等),其次了解供回水干管的标高及所在楼层,最后了解散热器的位置以及每个散热器的片数。

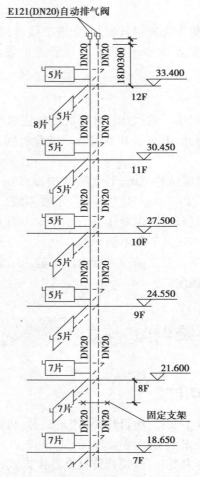

图4.23　某高层建筑局部供暖系统图

（2）提取系统图信息

①管道整体走向：从系统图可以了解到管道整体走向，包括引入管引入的楼层、高度，与屋顶管道的关系，干管与支管的关系等信息，最后，再将这些信息与平面图进行对应。

②楼层信息：楼层数，楼层高度。

③管道：可通过系统图提取管道标高和管径等信息，可通过标高差提取立管高度等信息。

④阀门、附件、设备：可通过系统图提取管路上阀门、附件等信息，并与平面图进行对应。

（3）识图注意事项

①系统图只表示管道走向，不能直接量取长度。

②系统图上阀门、附件等标注可能不全，同时还可能出现系统图与平面图不一致的问题，需要结合平面图综合判定，必要时需联系设计单位予以确认。

3）读图结果

从图中可知，建筑总楼层为12层，建筑总高度为33.4 m，层高3 m。以此可算出供回水立管的长度及每一段管段的管径。系统为下供下回式，在系统最高点距离33.4 m楼层标高1.8 m处设置自动排气阀，排气阀的规格为DN20。每层两组散热器，每个散热器为5片。

▶ 4.4.3 供暖平面图识读

1)供暖平面图概述

供暖平面反映供暖管道走向、位置、标高、水平管径等内容,与系统图的内容相互依存、相互补充。

2)供暖平面图识读

图 4.24 是某项目负一层供暖平面图、八层供暖平面图,现以该图为例,介绍供暖平面图的识读。

3)读图结果

从平面图中可知,该楼梯间左右两端各设置 2 组散热器,左侧散热器立管编号为:1#NGL-S01、1#NHL-S01,右侧散热器立管编号为:1#NGL-S02、1#NHL-S02。由地下室主供回水管接入该楼梯间立管之前分为左右两个支管,管径为 DN25。横管管中标高约 999.41 m,在穿越防火墙位置设置钢套管(DN50),右侧供回水管在进入楼梯位置管中标高由 999.42 m 升至 1 000.54 m。

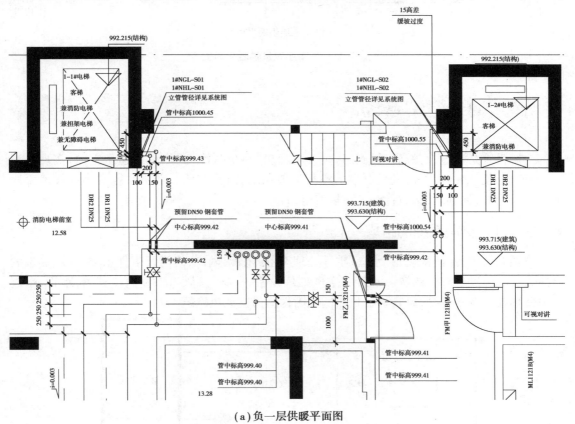

(a)负一层供暖平面图

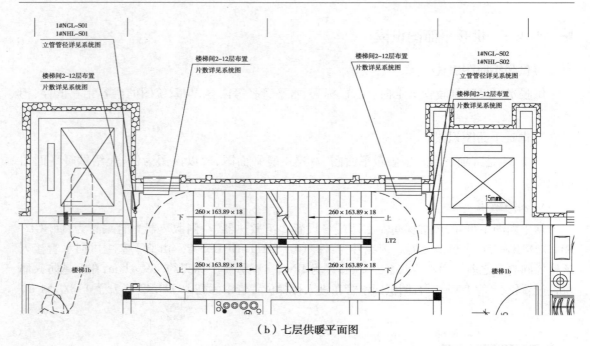

（b）七层供暖平面图

图4.24　某高层建筑供暖平面图

4.5　初识空调系统

　　空调系统是通过设备、管道、阀门、附件将冷量、热量从冷源、热源传递至室内,实现在温度、湿度、速度、洁净度方面满足要求的空气调节系统,简称空调。空调系统常用的技术手段为:加热、冷却、加湿、减湿、过滤、通风换气等。

▶　4.5.1　空调系统的组成

　　空调系统由冷、热源设备、水管、空气处理设备、风管、风口、阀门及附件组成。冷、热量的流向为:周围环境→冷、热源→水管→空气处理设备→风管→风口→室内。其中,水管、水阀及附件称为空调水系统,风管、风口、风阀及附件称为空调风系统。

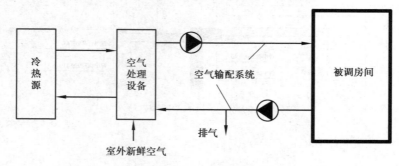

图4.25　空调系统的组成

冷热源原理

▶ **4.5.2 冷热源分类**

1)房间空调器

房间空调器俗称"分体式空调",设备形式多种多样,有吊顶式、壁挂式、落地式、嵌入式等。其主要特点为空调内机和外机一对一,每个房间都有自己独立的设备,所以它属于分散制冷、供暖系统。房间空调器的最大优势在于设备独立,控制灵活、方便,可根据每个房间使用需求灵活开启及调节。近年来出现一种新的分体式空调的形式,俗称"风管机"(图4.26),其最大的特点是室内机安装于吊顶内,节省了柜机的占地空间,同时美观度更高。分体式空调目前仍是应用最广泛的一种空调形式,有单冷型和热泵型两种类型。

房间空调器具有上述诸多优势,同时也有较多的弊端,如空调外机对外立面影响较大、压缩机的性能系数普遍偏低,所以系统能效不高等。

(a)风管机室内机   (b)室外机

图4.26 单元式空调

2)冷水机组、冷却塔

(1)冷水机组

冷水机组属于集中制冷系统中的主机设备,是一种高效节能的制冷设备。冷水机组的应用范围广泛,适用于各种行业,如工业冷却、食品加工、医药制造等。冷水机组的制冷基本原理就是蒸汽压缩式制冷循环,但是由于无法实现制冷剂的反向流动,所以无法实现蒸发器及冷凝器功能上的互换,进而无法实现制热。

冷水机组的压缩机主要采用螺杆式或离心式,故制冷机组常见的有螺杆式制冷机组、离心式制冷机组。冷水机组的出现解决了分体式空调的各种弊端,更能适应大规模建筑、外立面要求较高的建筑等情况。但是单台设备制冷量较大(螺杆式冷水机组制冷量约116~1 054 kW,离心式冷水机组制冷量大于1 054 kW),进而造成设备运行过程中噪声及振动较大,所以为解决这一问题,对于一般民用建筑来讲,冷水机组均置于地下室制冷机房内,如图4.27所示。

(2)冷却塔

由于冷水机组位于地下室,所以冷水机组内的冷凝器也无法将热量直接释放至室外,同时冷水机组内的蒸发器也无法直接将冷量传递至室内,所以需要设置一套冷冻水系统及冷却水系统。冷却水系统中的冷却塔就是将热量传递给周围空气的设备,空调系统流程及冷却塔照片如图4.28、图4.29所示。

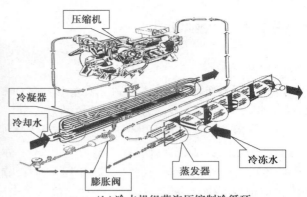

（a）冷水机组在制冷机房内的安装　　　　（b）冷水机组蒸汽压缩制冷循环

图 4.27　冷水机组安装及内部循环

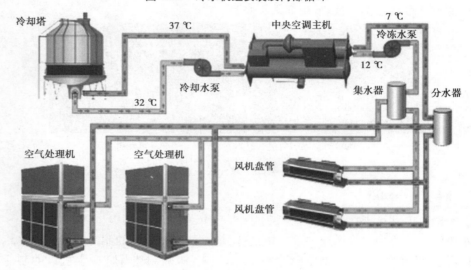

图 4.28　空调系统流程图

图 4.29　冷却塔系统图及实物图

3)热泵机组

与冷水机组相比,热泵机组通过在制冷压缩循环中增设"四通换向阀"来实现制冷剂流向的反向,进而实现蒸发器、冷凝器功能互换,最终实现夏季制冷、冬季供暖。

热泵机组按机组换热源头分为水源热泵、空气源热泵和地源热泵三种。

(1)水源热泵机组

水源热泵机组在外形上与冷水机组类似,区别在于内部多了四通换向阀。在夏季水源热泵机组运行过程与冷水机组完全一样,水源热泵机组向水源放热;在冬季,水源热泵机组从水源侧吸热,这样就要求水源侧的水量大,水温稳定且较高,否则容易出现水源侧结冰的问题。所以只有项目附近有可靠的源水,其水量、水温均能满足设计要求,且经过技术经济比较可行的情况下,才能采用水源热泵机组,常见的源水类型有河水、湖水、污水、中水等。

(2)空气源热泵机组

空气源热泵机组是机组与室外空气直接换热,夏季冷凝器向空气放热,冬季蒸发器向空气吸热。空气源热泵机组由于省去了冷却水系统,使得系统大大简化,和板管蒸发制冷机组一样,节省了机房面积。但是空气源热泵机组在室外运行的噪声、振动需要特殊处理,以免对周边住户产生影响。同时对于规模较大的建筑,设置空气源热泵机组需要室外占地面积较大,所以对大规模建筑来说适用度不高,适合规模不大的建筑或在地下室无法设置制冷机房的建筑。另外,现在在某些城市,冬季供暖无法设置锅炉,此时一般设置空气源热泵来充当冬季热源。空气热泵机组如图4.30所示。

图4.30 空气源热泵机组

空气源热泵机组主要优缺点如下:

①优点:空气源热泵属于冷热一体化设备,设备利用率高,不用另外设置热源,也不用另外设置空调冷却水系统,减少投资和能耗;空气是优良的低位热源,取之不尽,用之不竭,所以空气热源泵有显著的节能效益和环保效益;不考虑建筑外观及振动影响时可以将室外机置于屋顶,不需专门机房。

②缺点:靠空气冷却,因此设备性能受室外环境参数影响较大,在北方寒冷地区需考虑冬季结霜除霜的问题;工作效率同水源热泵、地源热泵也较低,名义COP为3.2,实际运行COP可能只有2.5(但一次能源利用率仍高于1);冷凝器置于室外,时间久了容易有污垢,导致换热效率下降。

(3)地源热泵机组

地源热泵机组与水源热泵机组工作原理一样,区别在于源头是浅层地热能,夏季地源热泵机组从土壤中吸热,冬季向土壤中放热,所以地源热泵系统需要在土壤下设置竖向地埋管,通过地埋管与土壤进行热量交换,是陆地浅层能源通过输入少量的高品位能源实现由低品位热能向高品位热能转移的装置。地源热泵系统示意图如图4.31所示。

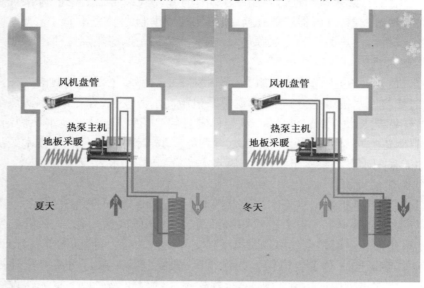

图4.31 空气源热泵机组

地源热泵系统和水源热泵系统一样,属于可再生能源,但是地埋管施工比较复杂,难度高、周期长,打孔的费用偏高,同时地埋管占地面积较大,所以需要经过技术经济比较之后才能确定是否采用地源热泵系统。

4)多联式空调(热泵)机组

前面提到的冷水机组系统及热泵机组系统均需要设置冷冻水系统、冷却水系统,所以工程中将这一类系统统称为"水系统"。与之对应有一类系统称为"氟系统",顾名思义,整个系统不设置冷冻水系统及冷却水系统,而是将冷凝器、蒸发器直接设置在房间,制冷剂通过冷媒管在各个房间中流动,夏季房间内的末端为蒸发器,主机侧为冷凝器,冬季通过四通换向阀反向之后互换,此类系统称为"多联式空调(热泵)机组"。这类系统在形式上可以理解为多台房间空调器的室外机合并为一台或者几台大的室外机,室内机分布在各个房间。由于制冷剂的蓄热性相对水来说较差,导致多联式空调系统的输送距离受限,同时单个室外机可承担的室内机的台数受限,所以多联式空调系统适用于中小规模的建筑,同时需要在室外设置机位。除此之外,多联式空调(热泵)机组主要优缺点如下:

(1)优点

①系统部分负荷能效比高:变频、变容量技术加上电子膨胀阀,使系统可根据实际负荷情况自动调整压缩机的工况,改变制冷剂流量,使得低负荷下的能耗降低,当负荷率为50% ~ 75%时,机组的能效相比满负荷时可提高15% ~ 30%。因此,对全年绝大部分时间处于部分负荷运行状态的空调系统的能耗和运行费用会带来很大节省。

②系统布置灵活:多联式空调(热泵)机组的室外机可以实现灵活布置,可充分利用室外空间布置,对于高层、超高层建筑,可以做到分层安放,带来使用的便利。同时,解决了传统空调系统机房布置位置紧张、冷(热)水系统输送能耗加大和实现动态水力平衡困难等问题。

③适用范围广:多联式空调(热泵)机组的室外机和室内机的容量组合系列多,适应能力

强,能够满足不同功能的建筑以及同一建筑内不同室内分区控制的需求。

（2）缺点

多联式空调系统属于氟系统,相对于前面介绍的水系统而言,其热容量低,送风温度低,往往给人造成的感觉是冷得快、急,不如水系统"温和"。同时,由于制冷剂通过铜管输送至各个房间,制冷剂的冷热衰减非常严重,导致单个系统的容量有限,同时还导致单个系统的输送距离有限,这样就对冷热源的位置提出较高要求,一般都是每层设置一个室外机位或者几层集中设置一个室外机的区域,无法像水系统的冷热源那样,整栋楼统一设置。

多联式空调（热泵）流程图、实物图如图4.32所示

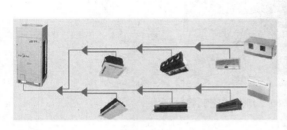

| （a）多联式空调(热泵)流程图 | （b）多联式空调(热泵)室外机布置图 |

图4.32　多联式空调（热泵）流程图、实物图

5）锅炉

空调系统中的热源,最常见的是锅炉。锅炉按介质还可分为蒸汽锅炉、热水锅炉、汽水两用锅炉、有机热载体锅炉。热水锅炉可按燃料分为燃煤热水锅炉、燃油热水锅炉、燃气热水锅炉、生物质热水锅炉。

民用建筑中供暖用的锅炉一般为热水锅炉,是利用燃料燃烧（如天然气）,把水加热到额定温度的一种热能设备。空调系统中锅炉一般与冷水机组配套使用,或者与热泵机组耦合使用。空调系统中锅炉与4.3节采暖系统中的锅炉一样,故本节不再具体介绍。

6）水泵

水泵为流体流动提供动力,为冷却水流动提供动力的叫作冷却水泵,为冷冻水流动提供动力的叫作冷冻水泵。水泵相关内容在供暖章节已详细介绍,具体详见第4.3.2节。

▶ 4.5.3　空气处理设备分类

前面提到的不同空气处理过程由不同的空气处理设备实现,目前最常用的形式为组合式空气处理机组、风机盘管+独立新风处理机组。

空气处理原理
及过程

1）组合式空气处理机组

组合式空气处理机组又名全空气机组,主要特点有设备尺寸较大,处理风量较多,所以适合于大开间的房间。全空气机组需要设置专门的机房,所以对噪声控制较好,适合对噪声有一定要求的建筑,如影院。另外,对温湿度精度要求较高、洁净度要求较高的工业生产厂房也需要设置这类机组,机组外形图如图4.33所示。全空气机组还有个优势在于空气在机房内集中处理,冷冻水管、冷凝水管无须进入室内区域,这样减少了漏水等风险,为日后维护、保养

提供了较大便利。但是对于房间个数多、房间开间小、各个房间负荷需求不一致的情况来说，全空气系统适应性较差，无法根据每个房间的实际情况调节送风量和送风温度。

在某些特殊情况下，如不允许从室内回风的时候，可以全部从室外取风，这个时候它和新风机是一样的功能。

图 4.33　组合式空调器

2)风机盘管+独立新风机组

风机盘管+新风空调系统是空气-水空调系统中的一种主要形式，也是目前民用建筑中最为普遍的一种空调形式，它以投资少、使用灵活等优点广泛应用于各类建筑中，如图 4.34 所示。风机盘管+新风空调系统，从其名称可见它由两部分组成：一是按房间分别设置的风机盘管机组，其作用是处理室内回风，承担空调房间内的冷、热负荷；二是新风系统处理新风，通常是一个区域的房间新风统一由这一台新风机处理之后，将新风通过管道送至各个房间。需要强调的是，新风机组是从机组处理的空气性质来定义的，而机组本身构造和普通机组没有区别。所以组合式空调器如果用于处理新风，那么就称为新风机组。

风机盘管+新风空调系统具有以下特点：

①使用灵活，能进行局部区域的温度控制，且操作简单。

②能根据房间负荷调节运行方便，如果房间不用时，可停止风机盘管运行，有利于全年节能管理。

③风机盘管机组体积较小，结构紧凑，布置灵活，适用于改、扩建工程。

④由于机组分散，日常维修工作量大。

⑤水管进入室内，施工要求严格，严禁出现水管漏水或者冷凝水漏水的情况。

3)吊顶空调器+独立新风机组

吊顶式空调处理器是介于风机盘管和组合式空调器之间的一种机型，机组尺寸及风量适中，适合中等面积区域的空气处理，如图 4.35 所示，它与风机盘管+独立新风机组的优缺点类似。

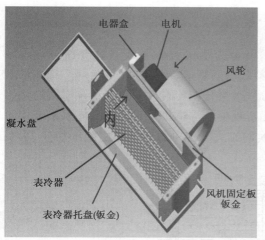

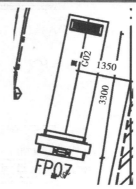

图4.34 风机盘管

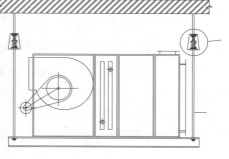

图4.35 吊顶式空调器

► 4.5.4 空调水系统分类

空调水系统是连接冷热源及空气处理器的桥梁,分为冷却水系统、冷冻水系统及热水系统。冷却水系统连接的是制冷机组冷凝器及室外冷却塔的管道、水泵及相关附件。冷冻水系统连接的是制冷机组蒸发器和空气处理设备的管道、水泵及相关附件。热水系统连接的是热源和空气处理设备的管道、水泵及相关附件。实际工程中经常将热水系统和冷冻水系统管路合并,以减少管路数量,节省初投资,通过阀门切换的方式实现冷源和热源之间的切换,水系统如图4.36所示。

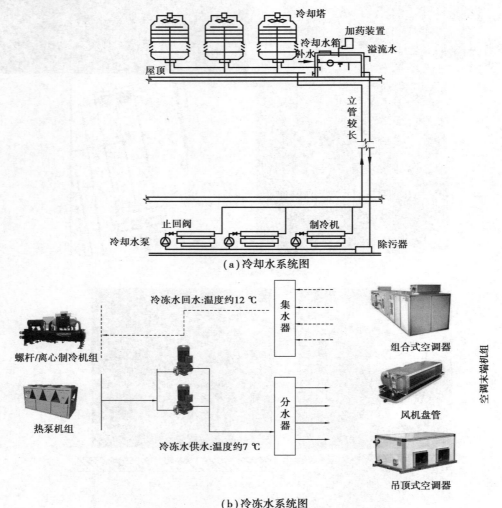

图 4.36　冷却水、冷冻水系统图

根据水系统的不同特点,人们常常按照一定规律和特点对空调冷(热)水系统所形成的基本形式和构成进行分类:按照空调末端设备的水流程,可分为同程系统和异程系统;按照冷、热管道的设置方式,可分为两管制系统和四管制系统。

（1）同程系统和异程系统

①同程系统。同程系统顾名思义是指系统内水流经各用户回路的管路物理长度相等（或接近）如图 4.37 所示。图中的三种图式是常见的同程系统。图（a）中水流经同一层每个末端的水平支路供水与回水管路长度之和相等（简称"水平同程"）；图（b）中水流经每层用户的垂直供水与回水管路长度之和相等（简称"立管同程"）；图（c）中水流经每一末端的水平和垂直的供、回水管路长度之和均相等（也称为"全同程系统"）。同程系统的优势在于各个末端流量分配更容易接近设计工况，水力失调的风险较小，但是水管管材消耗更大。

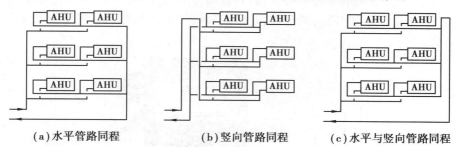

（a）水平管路同程　　（b）竖向管路同程　　（c）水平与竖向管路同程

图 4.37　同程水系统流程图

②异程系统。异程系统是指系统水流经每一用户回路的管路长度之和不相等，通常是由于用户位置分布无规律，设置同程式系统难度较大，或者末端设备本身的阻力较大，管路阻力占比较小，设置同程式系统意义不大。异程式系统流程如图 4.38 所示。

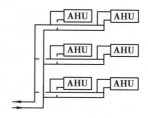

图 4.38　异程水系统流程图

（2）两管制空调水系统和四管制空调水系统

①两管制空调水系统。空调冷源、热源共用供回水管至空调末端，水管内要么走冷冻水，要么走热水，这样的系统称为两管制空调水系统（供水管、回水管）。

②四管制空调水系统。对于某些高端项目，如五星级酒店，酒店的客房数量多且部分房间旅客的冷热需求不同，那么在同一个时段可能某些房间住户需要制冷，某些房间需要供暖。为了解决这个矛盾，则需要向空调末端同时供应冷冻水及热水，在末端水管接口设置关断阀门。当用户选择制冷则开启冷冻水管阀门，对房间进行制冷；当用户选择供暖，则开启热水管阀门，对房间进行供暖。因此，四管制空调水系统是在末端设备及冷热源之间设置 4 根水管（冷冻水供水、冷冻水回水、热水供水、热水回水），具体如图 4.39 所示。

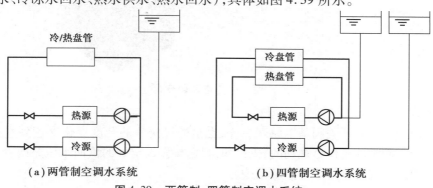

（a）两管制空调水系统　　　（b）四管制空调水系统

图 4.39　两管制、四管制空调水系统

▶ **4.5.5 空调水系统常见阀门、附件**

1)空调水系统常见阀门

(1)开关阀

球阀、蝶阀、截止阀、闸阀、止回阀这几种阀门在供暖章节已详细介绍,具体见4.3.2节。

(2)电动二通阀

电动二通阀常用于风机盘管回水管,起到管路开关的作用,只有开和关,无调节功能,可以通过电信号控制实现远程阀门的开关,是目前实际工程中风机盘管安装最普遍的阀门,如图4.40所示。

名称:动态平衡电动二通阀
型号:KAFV46.20
工作压:AC220V
压差范围:20~200kpa

图4.40 电动二通阀

(3)电动调节阀

电动调节阀常用于组合式空调器、吊顶式空调器回水管,起到管路流量调节的作用,可以根据回风温度自动调节阀门开度,实现水流量与实际负荷匹配,进而达到节能的目的,如图4.41所示。

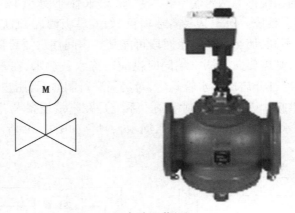

图4.41 电动调节阀

(4)平衡阀

平衡阀与调节阀、开关阀基本原理一样,也是通过阀座的开度变化来达到平衡流量的目的,区别在于平衡阀的动作是被动的、机械的,根据事先设定好的供回水压差或者流量进行调节,最终目的是实现流量与设计流量相接近。

①静态平衡阀。静态平衡阀具有良好调节、截止功能,还具有开度显示、开度锁定功能,在供暖空调系统中广泛使用,可达到节能的效果。静态平衡阀主要平衡设计工况下并联管路之间阻力不平衡性,而空调系统管路阻力因为末端阀门开度的调整是不断变化的,所以无法解决动态变化情况下的阻力平衡问题。

②动态压差平衡阀。动态压差平衡阀是为了弥补静态平衡阀的不足而设置的,主要是针对空调系统在动态变化的情况下,环路压差波动过大而设计。它能使系统流量自动平衡在要求的设定值;能自动消除水系统中因各种因素引起的水力失调现象,保持用户所需流量,克服"冷热不均",提高供热、空调的室温合格率;能有效地克服"大流量,小温差"的不良运行方式,提高系统能效,实现经济运行。动态压差平衡阀的叫法很多,如自力式压差平衡阀、自力式压差控制器等。

③动态流量平衡阀。动态流量平衡阀是自动恒定流量的水力工况平衡用阀,可按需求设定流量,并将通过阀门的流量保持恒定。它常应用于集中供热、中央空调等水系统中,使管网的流量调节一次完成,把调节变为简单的流量分配。它免除了热源切换时的流量重新分配工作,可有效地解决管网的水力失调。

④动态压差电动调节阀。人们往往误认为平衡阀也能平衡空调或供暖负荷,用平衡阀取代电动三通阀或二通阀。实际上,动态平衡阀仅起到水力平衡的作用;而常用的电动三通或二通阀节流仅适应承担负荷变化的需求。若要实现水力平衡与负荷调节合二为一,应选用带电动自动控制功能的动态平衡阀。该类型阀门的阀芯由电动可调部分和水力自动调节部分组成,前者依据负荷变化调节阀芯开度,后者按不同的压差调节阀芯开度。该类型阀门适用于系统负荷变化较大的变流量系统。

图4.42　静态平衡阀　　　图4.43　动态压差平衡阀　　图4.44　动态平衡电动调节平衡阀

2)空调水系统常见附件

(1)压力表、温度计

压力表、温度计常设置于主机、设备进出口,用于检测水管内水流压力、温度。

(2)软接头

软接头是安装于设备及管道之间、起挠性连接作用的橡胶制品,作用是缓解设备运行振动的影响。

(a)温度计　　　　　　　(b)压力表

图4.45　温度计、压力表

图4.46　橡胶软接头

▶ 4.5.6　空调风系统组成

空调风系统是将处理之后的空气,通过风管、风口输送至指定区域的一套设备、设施。空调风系统主要包括末端空气处理设备(如风机盘管、吊顶空调器、组合式空调器)、风管、风口、调节阀、止回阀、防火阀等。空调风系统主要设备在前面章节已经介绍,此处不再赘述,下面仅对风系统的风管及其附件进行介绍。

1)风管

风管是将空气从设备输送至指定区域的通道,常见的有镀锌铁皮风管、复合风管、布袋风管等,根据技术要求选择适合的风管形式。

图4.47　镀锌铁皮风管现场安装

2)风口

风口是将空气从风管送至室内区域的末端设备。风口种类多样,从材质分,常见的有塑料、铝合金等;从形状分,有圆形、正方形、长方形等;从功能分,常见的有可调型百叶风口、散流器、喷头、旋流风口等。

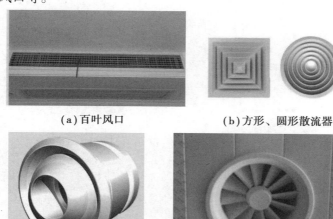

(a)百叶风口　　　　　　　(b)方形、圆形散流器

(c)喷口　　　　　　　　　(d)旋流风口

图4.48　各种风口实物

(1)散流器

散流器是一种安装在顶棚上的送风口。其送风气流从风口向四周呈辐射状送出。散流器送出的气流是贴附着顶棚向四周扩散,是一种贴附流,最大的好处在于风不会直接吹向人体而造成吹风感,气流组织较好。

(2)喷口

喷射式送风口是一个渐缩的圆锥台形短管,其特点是风口的渐缩角很小,风口无叶片阻挡,噪声小、紊流系数小、射程长,适用于大空间公共建筑的送风。如体育馆、影剧院、机场等场合。这一类场合由于需要较大的送风距离,所以采用普通百叶风口无法满足要求,则需要设置喷口。

(3)旋流风口

旋流风口常用在层高较高的场所(一般以5~6 m为宜),主要解决送风高度过高,导致冬季热风无法送至人员活动区域的问题,可分为手动调节和电动调节。

3)风阀

风阀是起调节风管内流体的流量、方向、开关的作用,包含调节阀、止回阀、防火阀。

图4.49　机场喷口安装

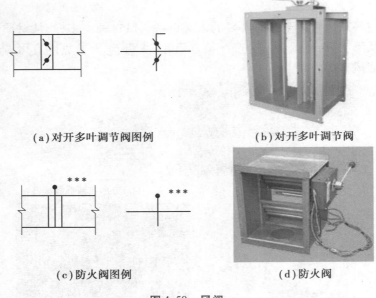

(a)对开多叶调节阀图例   (b)对开多叶调节阀

(c)防火阀图例   (d)防火阀

图4.50　风阀

4)消声器

消声器是在风管上设置一定的消声结构,使得沿管道传播的噪声由于吸声材料微孔内空气的黏滞作用,部分转为热能而消耗,从而达到消声的目的,因此消声器的阻力是较大的。常见的有管壳式消声器、片式消声器、折半式消声器、声流式消声器。

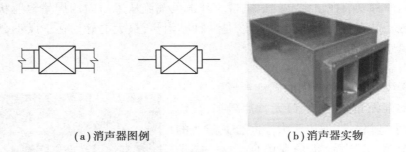

(a)消声器图例   (b)消声器实物

图4.51　消声器

5)防火软接

防火软接连接风管与设备,主要减少设备运行时候的振动对风管的影响。

▶ 4.5.7　典型设备接管识读

1)吊顶式空调器接管

吊顶式空调器接管识读如图4.52所示。

2)风机盘管接管

风机盘管接管如图4.53所示。

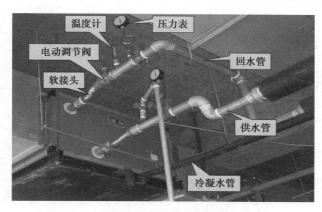

图 4.52　吊顶空调器接管

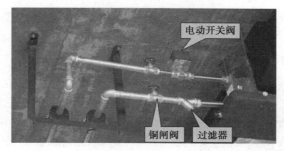

图 4.53　风机盘管接管

► 4.5.8　空调系统施工工艺

1)风管的安装

①风道应布置整齐、美观、便于检修及测试。同时,应考虑各种管道的装拆方便。

②风道布置应尽量减少其长度以及不必要的弯头,这样可以减小系统阻力。同时弯管的中心曲率半径应不小于风管直径或边长,通常采用1.25倍直径或边长。对于大断面风道,为减少阻力,还可以作导流叶片。

③送湿空气的通风管道应按设计规定的坡度和坡向进行安装,风管的底部不得设有纵向接缝。

④钢板风管各段之间采用法兰连接,法兰间应放置具有弹性的垫片,如橡皮、海绵橡胶、浸油纸板等,以防止漏风。位于易燃易爆环境中的通风系统安装时,应尽量减少法兰接口的数量,并设可靠的接地装置。

⑤直咬缝圆形风管直径≥800 mm,且管段长度>1 250 mm或总表面积>4 m² 时,均应采取加固措施。用于高压系统的螺旋风管,直径>2 000 mm时应采取加固措施。矩形风管的边长>630 mm,或矩形保温风管边长>800 mm,管段长度>1 250 mm;或低压风管单边平面面积>1.2 m²,中、高压风管>1.0 m²,均应有加固措施。加固的方式有对角线角钢法和压棱法。

⑥风管内不得敷设其他管道,不得将电线、电缆以及给水、排水和供热等管道安装在通风管道内。

⑦不在空调房间内的送、回风管以及可能在外表面结露的新风管均需进行保温。保温材

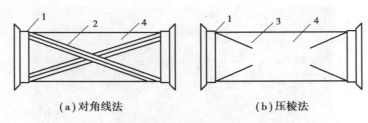

（a）对角线法　　　　　　（b）压棱法

图 4.54　风管加固图

1—法兰;2—角钢;3—棱;4—风管

料应采用热阻大、重量轻、不易腐蚀和不易燃烧的材料。

⑧楼板和墙内不得设可拆卸口,通风管道上的所有法兰接口不得设在墙和楼板内。

⑨风管穿出屋面时应设防雨罩,穿出屋面的立风管高度超过 1.5 m 时应设拉索,拉索不得固定在法兰上,并严禁拉在避雷针、网上。在屋面洞口上安装防雨罩,其上端以扁钢抱箍与立风管固定,下端将整个洞口罩住。

2）空调系统水管的布置与安装

图 4.55　木托

空调系统水管的布置与给水排水、热水管道要求相近。但在管道支架处要注意防止冷桥的产生,因此在管道和支架固定处需采用木托,如图 4.55 所示。实际工程中,空调冷冻水管道安装时经常出现一些通病,要特别注意:

①管道安装成"～"形。

②管道穿越墙体、楼板处未放钢制套管,管道与套管之间的空隙未用隔热或其他不燃材料填塞。

③镀锌钢管采用焊接连接。

④镀锌钢管丝口连接时,内、外露麻丝未做清除处理。

⑤焊接钢管的焊缝成型不好,出现高低不平、宽窄不均、烧穿、未焊透等缺陷。

⑥支架木托未浸沥青防腐。

⑦管道安装前未进行清理,有锈蚀、杂物;在系统投入使用时又未按规定进行反复冲洗,导致管道局部阻塞,流水不畅。

⑧系统注水方法不对,自动放气阀设置数量不足,排气不尽形成气塞,管路内水流量减少,影响空调效果。

3）空调系统制冷剂管道的布置与安装

空调系统中制冷剂管道的布置与安装应符合以下原则:

①与压缩机或其他设备相连接的制冷剂管道不得强迫对接。

②制冷机管道的弯管弯曲半径宜为(3.5～4)D(D 为管道直径),椭圆率不应大于8%,不得使用焊接弯管及褶皱弯管;三通的弯管应按介质流动方向弯成90°弧形与主管相连,不得使用弯曲半径为1D 或1.5D 的压制弯管。

③制冷机管道穿过墙或楼板时应设钢制套管,焊缝不得置于套管内。钢制套管应与墙面或楼板地面平齐,但应高出地面20 mm。套管与管道的空隙应用隔热材料填塞,不得作为管道的支撑。

④直接蒸发式制冷系统中采用的铜管，切口表面应平整，不得有毛刺、凹凸等缺陷；弯管可用热弯或冷弯，椭圆率不应大于8%；管口翻边后应保持同心，不得出现裂纹、分层豁口及褶皱等缺陷；铜管可采用对焊、承插式焊接及套管式焊接。

4）空调系统防腐与保温材料的安装应避免的问题

①风管、管道和设备喷涂底漆前，未先清除表面的灰尘、污垢与锈斑。

②漆面卷皮、脱落或局部表面油漆漏涂。

③保温钉单位面积数量过少或分布不均。

④保温钉粘接不牢、压板不紧，保温材料下陷和脱落。

⑤保温材料厚度不够或厚薄不匀；保温表面不平，缝隙过大。

⑥保温材料离心玻璃棉外露，橡塑卷材接缝口开裂。

⑦风机盘管金属软管、冷冻水管道阀门保温不到位。

⑧散流器或百叶风口隐藏在吊顶内的部分，没有连同风管、风阀一起加以保温。

4.6 空调系统识图

▶ 4.6.1 设计、施工说明识读

设计说明中需识读的内容主要有：项目冷热源型号及机房位置、设备承压、末端设备类型、水系统制式（两管制、四管制）。

施工说明中需识读的内容主要有：管材及连接方式；系统阀门类型、材质、连接方式；保温材料类型及厚度；防腐工程的技术要求；管道支吊架的形式、规格、材料。

空调系统的识图主要分为两大部分，一是空调水系统图，二是空调风系统图。空调水系统主要体现空调冷热水管、冷却水水管与设备的连接、管道走向、尺寸；空调风系统主要体现空调风管与设备的连接、管道走向、尺寸。

▶ 4.6.2 空调水系统图识读

1）水系统图概述

空调水系统图分为两部分。第一部分是冷热源部分系统图，主要反映：冷热源设备台数、冷却塔及水泵台数及各个设备之间的接管方式及各段管路的管径；水处理设备的类型及设置位置；各个设备进出口设置的阀门及附件个数、类型；分集水器的供回水回路数等。

第二部分是末端设备水系统图，主要反映：建筑的层数和总的高度；水管和设备的连接方式（两管制、四管制、同程式、异程式）；每层支管连接的末端设备类型及个数；每一层支管设置的阀门类型及每个末端设备进出口设置的阀门类型；各管段的管径等。

系统图中的管道一般都是采用单线图绘制，管道中的重要管件（如阀门）在图中用图例表示，而更多的管件（如补心、活接、短接、三通、弯头等）在图中并未作特别标注，这就要求读者应熟练掌握有关图例、符号、代号的含义，并对管路构造及施工程序有足够的了解。

2）水系统图识读

如图4.56、图4.57所示是某项目冷热源局部系统图、末端水系统局部图，现以此为例，介

绍空调水系统图的识读。

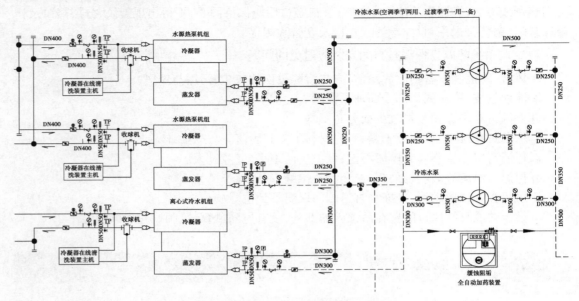

图 4.56　空调冷热源水系统局部图

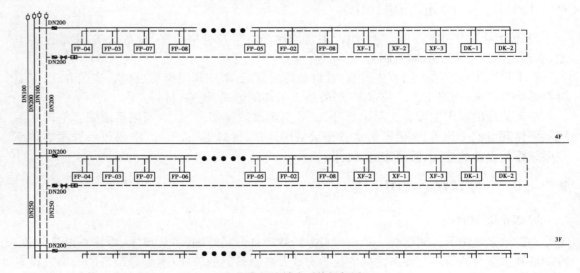

（a）空调末端水系统局部图

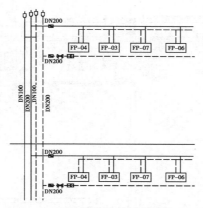

(b)空调末端水系统局部图

图4.57 空调末端水系统局部图

(1)识图顺序

了解冷热源的类型及台数、水泵的台数、冷热源和水泵的连接关系、设备进出口安装的阀门类型、管径、竖向系统的水管根数,以及同程或异程、两管制或四管制系统。

(2)提取系统图信息

①设备:从系统图可以了解到设备台数、设备与设备之间的连接关系、水处理设备的类型及接口位置等。

②楼层信息:楼层数、楼层高度。

③管道:管径、标高(若有)。

④阀门、附件:可通过系统图提取管路上阀门、附件等信息,并与平面图进行对应。

3)识图注意事项

①系统图只表示管道走向,不能直接量取长度;

②系统图上阀门、附件等标注可能不全,同时还可能出现系统图与平面图不一致的问题,需要结合平面图综合判定,必要时需联系设计单位予以确认。

4)读图结果

从图中可知,建筑总楼层为4层,竖向高度见平面标注,竖向共2个回路,主管为4根,两根供水管管径分别为DN100及DN200;两根回水管管径分别为DN100及DN200,横向主管为2根,管径为DN200;供水管设置蝶阀,回水管设置蝶阀、静态平衡阀及能量计;竖向为异程式系统,横向为同程式系统。

▶ **4.6.3 空调水系统平面图识读**

1)水系统末端平面

图4.58所示是水系统末端平面局部图,现以该图为例介绍空调水系统平面图的识读。

读图结果:从图中可知,该区域采用的风机盘管,最左侧房间内设置了3台风机盘管,中间房间设置2台风机盘管,右侧公区走廊设置了一台风机盘管。接入房间的水管支管为3根,管道类型分别为冷凝水管、空调供水管、空调回水管,管径分别为DN25、DN50、DN50,第一段管道长度为3.9 m,后续管道读取原则与此相同。

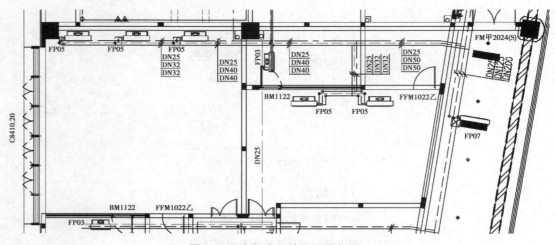

图 4.58 空调水系统平面局部图

2)水系统制冷机房平面

图 4.59 所示是水系统制冷机房平面图,现以该图为例介绍制冷机房平面图的识读。

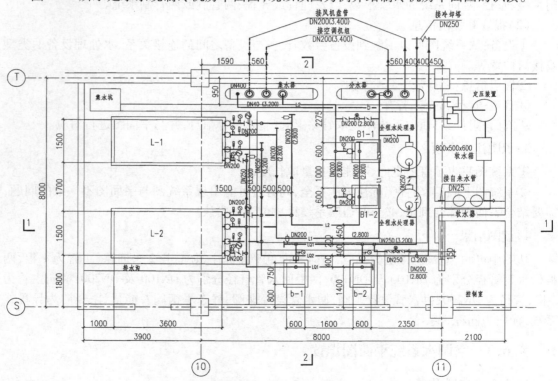

图 4.59 空调水系统制冷机房平面图

读图结果:从图中可知,该项目采用两台制冷机组,编号分别为 L-1、L-2;设置两台冷冻水泵,编号分别为 B1-1、B1-2;设置两台冷却水泵,编号分别为 b-1、b-2。具体设备参数详见材料表。冷冻水管、冷却水管标高为中心线距地 2.800 m,接入制冷机组的水管管径为 DN200,入口分别设置了软接、温度计、压力表、电动蝶阀,出口分别设置了软接、温度计、压力表。冷冻水管共分两个环路,分别为组合式空调器环路,主管管径 DN200;风机盘管环路,主管管径 DN200,管中心距 3.4 m。

▶ 4.6.4 空调风系统平面图识读

1)风系统平面图概述

空调风系统主要由空气处理设备、风管、阀门构成,风系统的识读主要关注空气处理设备型号、风管尺寸及标高、阀门的类型。

2)风系统平面图识读

如图 4.60 所示是某项目空调风系统局部平面图,现以该图为例介绍空调风系统平面图的识读。

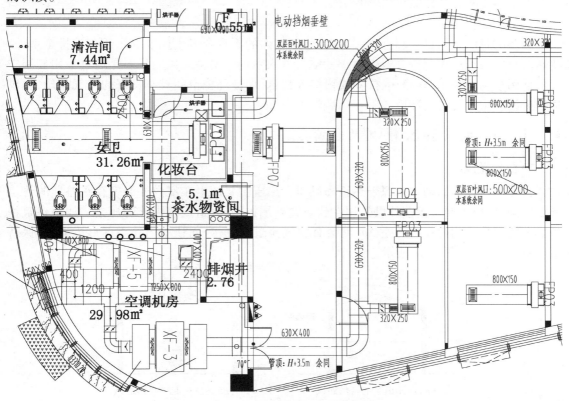

图4.60 空调水系统制冷机房平面图

(1)识图顺序

首先了解图中区域采用的空调末端系统的形式,末端空调机房的位置(若有)、空调设备的类型及台数。

(2)提取系统图信息

①设备:根据系统图可以了解到设备台数、设备与设备之间的连接关系、水处理设备的类型及接口位置等。

②风口信息:风口类型、风口尺寸。

③管道:管径、标高(若有)。

④阀门、附件:可读取阀门及附件种类。

(3)读图结果

从图中可知,该区域采用风机盘管+独立新风系统,新风机设置于空调机房内,空调机房内分别设置两台新风机(XF-3、XF-5),新风管管截面分别为630 mm(宽)×400(高)、630 mm(宽)×320 mm(高)等,具体如图所示;风管顶标高距地3.5 m;采用双层百叶风口,风口尺寸为300 mm(长)×200 mm(宽)。右侧房间风机盘管共有8台,型号分别为FP03、FP04,风机盘管风管尺寸为800 mm(长)×150 mm(宽),风管顶标高距地3.5 m;风机盘管风口采用双层百叶风口,尺寸为500 mm(长)×200 mm(宽),新风机组及风机盘管机组具体参数详见平面图。

4.7 初识通风系统

通风的目的是通过一套管路、设备将建筑室内的不符合卫生标准的污浊空气排至室外,将新鲜空气或经过净化符合卫生要求的空气送入室内。实施通风的目的是通过采用控制空气传播污染物的技术,如净化、排除或稀释等技术,保证环境空间具有良好的空气品质,提供适合生活和生产的空气环境。

► 4.7.1 通风系统的原理及组成

1)自然通风

自然通风产生的动力来源于热压和风压。热压主要产生在室内外温度存在差异的建筑环境空间;风压主要是指室外风作用在建筑物外围护结构,造成室内外静压差。如果建筑物外墙上的窗孔两侧存在压力差 Δp,就会有空气流过窗孔,进而让室内外空气形成流动,保持室内空气质量,如图4.61所示。

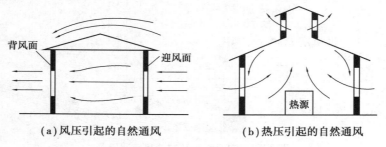

(a)风压引起的自然通风　　　　(b)热压引起的自然通风

图4.61　自然通风气流组织

2)自然通风系统组成

(1)自然进风装置

进风装置主要有对开窗、推拉窗、上悬窗、中悬窗、进风百叶窗等。推拉窗外形美观、密封性好、不易损坏,但开窗面积一般只有50%。在夏热冬冷和夏热冬暖地区,采用进风活动百叶窗居多,其窗扇开启方便,开启角度可实现远程控制,不易损坏,外形美观。在严寒地区,因为冬季冷风渗透量大,一般可在外面设定固定百叶,在里面设置保温密闭门。

（2）自然排风装置

自然排风装置主要有天窗和屋顶通风器。天窗是一种常见的排风装置。对不需要调节天窗开启角度的高温工业建筑,宜采用不带窗扇的天窗,但应采取防雨措施。在实际使用中,天窗因其阻力系数大、流量系数小,开启和关闭很烦琐,玻璃易损坏。因此,往往达不到预期效果。屋顶通风器是以型钢为骨架,用彩色压型钢板(或玻璃钢)组合而成的全避风型新型自然通风装置。它具有结构简单、重量轻,不用电力也能达到好的通风效果。屋顶通风器局部阻力小,已有工厂批量生产多种形式的产品,尤其适用于高大工业建筑。

（a）工业用自然排风天窗

（b）无动力风帽

图 4.62　屋顶天窗及风帽

3）机械通风

（1）机械通风的原理

当自然通风无法满足使用要求时,需要设置机械通风系统,通过机械设备提供动力实现强制通风即机械通风。机械通风的动力设备称为风机,通风通道称为风管。

（2）机械通风系统组成

机械通风系统主要由风机、风管、风口、风阀及相应附件组成,如图 4.63 所示。

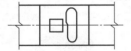
轴流风机图例

离心风机图例

轴流风机实物图

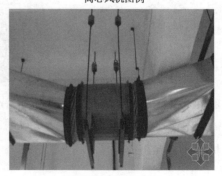
轴流风机现场吊装图

离心风机实物图   防火阀实物图

矩形风管   矩形风管弯头   矩形风管三通   矩形风管四通   矩形风管来回弯

圆形风管   圆形风管弯头   圆形风管三通   圆形风管四通   圆形风管来回弯

矩形风管弯变径   圆形风管弯变径   "天圆地方"风管

图 4.63　风机、风管及常用附件

（3）机械通风系统分类

①局部通风系统。

局部通风系统是利用局部气流直接在有害物质产生地点设置局部排风罩或送风机，对其加以控制或捕集，避免污染物扩散到车间作业地带。它具有排风量小、控制效果好等优点。因此在散放热、湿、蒸汽或有害物质的工业生产建筑物内，应首先考虑采用局部排风。当采用局部通风后仍达不到卫生标准要求时，再采用全面通风。

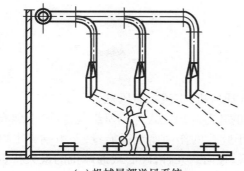
（a）机械局部送风系统

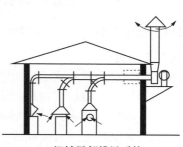
（b）机械局部排风系统

（c）局部排风柜

（d）局部排风罩

图4.64   局部排风系统及末端

②全面通风系统。全面通风与局部通风的主要区别在于,其通风末端设备没有采用局部通风的通风罩,而是设置一般的风口,让整个房间气流循环起来。全面通风风量较局部排风更大,但效果更均匀,适合一般民用建筑功能用房设置。

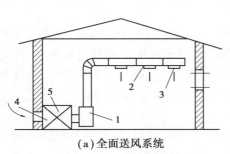
（a）全面送风系统

（b）全面排风系统

图4.65   全面通风系统
1—通风机;2—风管;3—送风口;4—采风口;5—空气处理箱

▶ 4.7.2 通风系统主要设备及材料

1)风机的分类及特点

（1）按照构造分类

风机按照构造分为离心式通风机、轴流式通风机、贯流式通风机。

①离心式通风机。离心式通风机由旋转的叶轮和蜗壳式外壳所组成，叶轮上装有一定数量的叶片。气流由轴向吸入，经90°转弯，由于叶片的作用而获得能量，并由蜗壳出口甩出离心式通风机的叶片结构形式有前向式、后向式、径向式几种，离心式通风机的最大特点是噪声较轴流式通风机低，所以离心式通风机主要应用在对噪声有一定要求的场所，如办公室、会议室等。

②轴流式通风机。轴流式通风机的叶片安装于旋转轴的轮毂上，叶片旋转时，将气流吸入并向前方送出。轴流式通风机的叶片有板型、机翼型多种，叶片根部到梢常是扭曲的，有些风机叶片安装角度可调，调整角度会相应改变风机性能。轴流式通风机较离心式通风机噪声更大，优势在于成本更低，所以轴流式风机更多应用在对噪声要求较低的场所如车库，或者平时不开启的系统（如排烟系统）。

③贯流式通风机。贯流式通风机是将机壳部分敞开，使气流直接径向进入通风机，气流横穿叶片两次后排出。它的叶轮一般是多叶式前向叶型，两个端面封闭。它的流量随叶轮宽度的增大而增加。贯流式通风机的全压系数较大，效率较低，其进、出口均是矩形的，易与建筑配合。它目前大量应用于大门空气幕等设备产品中。

（2）按照风机的用途分类

按照风机的用途分为：一般用途通风机、除尘通风机、防爆通风机、防腐通风机、排烟风机、屋顶通风机。

①一般用途通风机。该类通风机用于输送温度低于80 ℃，含尘浓度小于150 mg/m^3 的清洁空气。

②排尘通风机。它适用于输送含尘气体，因为粉尘阻力较大，所以为了防止磨损，可在叶片表面渗碳、喷镀三氧化二铝、硬质合金钢等，或焊上一层耐磨焊层如碳化钨等。C4-73 型排尘通风机的叶轮采用 16 锰钢制作。

③防爆通风机。对于排除有易燃易爆危险气体的风机应采用防爆型风机，该类型通风机选用与砂粒、铁屑等物料碰撞时不发生火花的材料制作。对于防爆等级低的通风机，叶轮用铝板制作，机壳用钢板制作；对于防爆等级高的通风机，叶轮、机壳则均用铝板制作，并在机壳和轴之间增设密封装置。风机配套一般采用隔爆型电动机，其型号则应根据电机所处使用场所、允许的最高表面温度分组等因素确定。

④防腐通风机。对于排除有腐蚀性气体的风机应采用防腐风机，防腐通风机输送的气体介质较为复杂，所用材质因气体介质而异。F4-72 型防腐通风机采用不锈钢制作。有些工厂在通风机叶轮、机壳或其他与腐蚀性气体接触的零部件表面喷镀一层塑料，或涂一层橡胶，或刷多遍防腐漆，以达到防腐目的，效果很好，应用广泛。

另外，用过氯乙烯、酚醛树脂、聚氯乙烯和聚乙烯等有机材料制作的通风机（即塑料通风机、玻璃钢通风机），质量轻、强度大、防腐性能好，已有广泛应用。但这类通风机刚度差，易开裂；在室外安装时，容易老化。

⑤消防用排烟通风机。该类型通风机供建筑物消防排烟使用,具有耐高温的显著特点,一般在温度大于 280 ℃的情况下可连续运行 30 min,目前在高层建筑的防排烟通风系统中广泛应用。HTF、GYF、GXF 系列通风机均属这一类型。消防排烟通风机应符合《消防排烟通风机》(JB/T 10281—2014)的相关规定。

⑥屋顶通风机。这类通风机直接安装于建筑物的屋顶上,由于长期暴露在室外,所以需要防雨、防晒等,其材料可用钢制或玻璃钢制,有离心式和轴流式两种。这类通风机常用于各类工业建筑物的室内换气,施工安装极为方便。

（3）按照风机的转速分类

按照风机的转速分为:单速风机、双速风机、变频风机。

①单速通风机。风机转速唯一,即风机的性能曲线是唯一的。

②双速通风机。变换通风机的转速可改变通风机的性能曲线。双速通风机是利用双速电动机,通过接触器转换改变极数达到两挡转速。双速风机主要应用在同一个场合不同的工况,例如车库需要设置平时通风系统及消防排烟系统,可设置双速风机,工况 1 平时通风,工况 2 火灾排烟,以简化系统数量,节省成本。

③变频风机。变频风机是通过变频器作为变频电源来改变风机转速,从而降低风机运行功率,实现节能的目的。变频风机的使用是目前在实际工程中节能的重要手段。

2）风管及风管保温

用作通风管道的材料很多,但常用的主要有以下两大类。

（1）金属材料

金属薄板是制作风管及部件的主要材料,通常使用的有普通薄钢板、镀锌薄钢板、不锈钢钢板、铝板和塑料复合钢板。它们的优点是易于工业化加工制作、安装方便、能承受较高温度。须防静电的风管应采用金属材料制作。

①普通薄钢板:具有良好的加工性能和结构强度,但其表面容易生锈,所以制作时应刷油漆进行防腐处理。

②镀锌薄钢板:由普通薄钢板镀锌而成,由于表面镀锌,可起防锈作用,一般用来制作无酸雾作用的潮湿环境中的风管。

③不锈钢板:具有耐锈耐酸能力,常用于制作含湿、含酸环境中的排风管道及化工环境中需耐腐蚀的通风管道。

（2）非金属材料

①硬聚氯乙烯塑料板:它适用于有酸性腐蚀作用的通风系统,具有表面光滑、制作方便等优点;但不耐高温、不耐寒,只适用于 0～60 ℃的空气环境,在太阳辐射作用下易脆裂。

②玻璃钢:无机玻璃钢风管以中碱玻璃纤维作为增强材料,用十余种无机材料科学地配成黏结剂作为基体,通过一定的成型工艺制作而成。具有质轻、高强、不燃、耐腐蚀、耐高温、抗冷融等特性。在选用时应了解玻璃钢的氧指数是否符合防火要求。保温玻璃钢风管可将管壁制成夹层,夹层厚度根据设计而定。夹心材料可以采用聚苯乙烯、聚氨酯泡沫塑料、蜂窝纸等。

③酚醛铝箔复合风管:采用酚醛铝箔复合夹心板制作,内外表面均为铝箔。酚醛铝箔复合风管刚度和气密性好,具有保温性能,质量轻,使用寿命长。其温度适应性强,适用范围广。

④聚氨酯铝箔复合风管:采用聚氨酯铝箔复合夹心板制作,内外表面均为铝箔。聚氨酯

铝箔复合风管刚度和气密性好,具有保温性能,质量轻,使用寿命长,适用范围广。

⑤玻璃纤维复合板风管:采用离心玻璃纤维板材,外壁贴敷铝箔,内壁贴阻燃的无碱或中碱玻璃纤维布。具有保温、消声、防火、防潮、防腐的功能。质量轻,使用寿命长。

⑥聚酯纤维织物风管:断面形状为圆形或半圆形。可在风管表面上开设纵向条缝口或圆形孔口送风。质量轻、无噪声、表面不结露、安装、拆卸方便,易清洗维护,适用于某些生产车间及允许风管明装的公共建筑空调系统。

⑦玻镁风管:根据结构分为整体普通型风管、整体保温型风管、组合保温型风管。结构层由玻璃纤维布和氯氧镁水泥构成,保温材料是聚苯乙烯发泡塑料或轻质保温夹芯板,属于一种替代无机玻璃风管和玻璃纤维风管的新一代环保节能型风管。管板材表面光滑、平整,漏风率低,具有良好的隔音、吸音性能,不燃、抗折、耐压、吸水率小,无吸潮变形现象,使用寿命长。

3)风管形状和规格

通风管道的断面形状有圆形和矩形两种。在同样断面积下,圆形风管周长最短,最经济。由于矩形风管四角存在局部涡流,所以在同样风量下,矩形风管的压力损失要比圆形风管大。因此,在一般情况下(特别是除尘风管)都采用圆形风管。

但是民用建筑一般均采用矩形风管,是因为矩形风管可根据实际需求设计风管的高度,这对建筑的吊顶净高帮助极大,所以目前民用建筑除设备接口处设置局部圆形风管之外,其他区域一般情况均设置矩形风管。

4)风管的保温

当风管在输送空气过程中冷、热量损耗大,又要求空气温度保持恒定,或者要防止风管穿越房间时对室内空气参数产生影响及低温风管表面结露,都需要对风管进行保温。

保温材料主要有软木、聚苯乙烯泡沫塑料、超细玻璃棉、玻璃纤维保温板、聚氨酯泡沫塑料和蛭石板等。它们的导热系数大都在0.12 W/(m·℃)以内,通过管壁保温层的传热系数一般控制在1.84 W/(m²·℃)以内。

保温层厚度要根据保温目的计算出经济厚度,再按其他要求来校核。保温层结构可参阅有关的国家标准图,通常保温结构有四层:

①防腐层:涂防腐油漆或沥青。

②保温层:填贴保温材料。

③防潮层:包油毛毡、塑料布或刷沥青,用以防止潮湿空气或水分侵入保温层内,从而破坏保温层或在内部结露。

④保护层:室内管道可用玻璃布、塑料布或木板、胶合板制作,室外管道应用铁丝网水泥或薄钢板作保护层。

▶ **4.7.3　通风系统施工工艺**

风管的安装相关要求详见4.5.8节。

风机安装注意事项包括:

①风机应附带装箱清单、设备说明书、产品质量合格证书和性能检测报告等随机文件,进口设备还应具有商检合格的证明文件。设备安装前,应进行开箱检查验收,并应形成书面的

验收记录。设备就位前应对其基础进行验收,合格后再安装。

②产品的性能、技术参数应符合设计要求,出口方向应正确;叶轮旋转应平稳,每次停转后不应停留在同一位置上;固定设备的地脚螺栓应紧固,并应采取防松动措施;落地安装时,应按设计要求设置减振装置,并应采取防止设备水平位移的措施;悬挂安装时,吊架及减振装置应符合设计及产品技术文件的要求。

③通风机传动装置的外露部位以及直通大气的进、出风口,必须装设防护罩、防护网或采取其他安全防护措施。

④通风机安装允许偏差应符合规定,叶轮转子与机壳的组装位置应正确。叶轮进风口插入风机机壳进风口或密封圈的深度,应符合设备技术文件要求或应为叶轮直径的1/100。

⑤轴流风机的叶轮与筒体之间的间隙应均匀,安装水平偏差和垂直度偏差均不应大于1%。

⑥减振器的安装位置应正确,各组或各个减振器承受荷载的压缩量应均匀一致,偏差应小于2 mm。

4.8　通风系统识图

▶ 4.8.1　设计、施工说明识读

设计说明中需识读的内容主要有:设置通风系统的场所以及具体设置方式;重要设备房机械通风的设置方式、风口的形式、风口的高度等;排油烟系统风管坡度、铺内接头长度等。

施工说明中需识读的内容主要有:风管管材及连接方式;系统压力等级及厚度;风管耐火极限要求;保温材料类型及厚度;防腐工程的技术要求;管道支吊架的形式、规格、材料。

▶ 4.8.2　风管平面图识读

风管平面图的识读主要读取系统类型、风机参数、风管尺寸及标高、风口类型及尺寸等信息。图4.66为某项目通风系统局部平面图,以此图为例介绍通风系统平面图的识读。

识读结果:该系统位于地下车库,系统功能为车库排烟兼排风系统,风机功能为排烟兼排风机,风机类型为轴流风机,功率为15 kW,风机进出口设置防火软接,风机其他参数详见材料表。风机接风井部分风管为圆形风管,直径为1 000 mm,距墙200 mm以内设置280 ℃防火阀。风管出机房位置距离机房隔墙200 mm以内设置防火阀,在机房外面设置消声器。机房出口风管尺寸为2 000 mm×400 mm,管顶标高距地2.8 m。风口尺寸为800 mm×300 mm,类型为单层百叶风口(带阀),该系统共10个风口,风口侧装在风管上。

图4.67为某配电房通风系统图,以此图介绍设备用房通风系统图的识读。

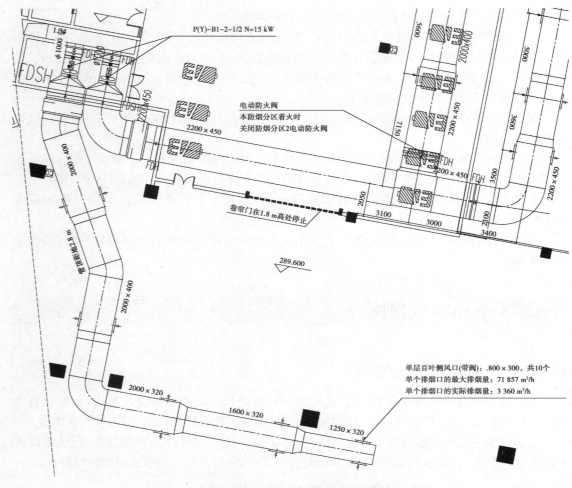

P(Y)-B1-2-1/2 N=15 kW

电动防火阀
本防烟分区着火时
关闭防烟分区2电动防火阀

卷帘门在1.8 m高处停止

289.600

单层百叶侧风口(带阀)：.800×300，共10个
单个排烟口的最大排烟量：71 857 m³/h
单个排烟口的实际排烟量：3 360 m³/h

图4.66 通风系统局部图平面图

该系统为某配电房通风系统,配电房设置了气体灭火系统,所以通风系统的目的主要有两方面:

①排除房间内余热及废气,保证室内基本空气品质;

②由于七氟丙烷会导致人窒息,所以气体灭火后,须先开启通风系统,排除房间内的七氟丙烷,以保障人员进入的安全。

识读结果:排风系统的编号为"P-7",风机类型为轴流风机,风机接室外侧风管尺寸为1 250 mm×400 mm,外墙设置防雨百叶,尺寸为1 250 mm×400 mm。接外墙处设置70 ℃电动防火阀,风机进出口设置防火软接。风机入口侧设置800 mm×320 mm风管,风管顶标高距地2.8 m,在角落设置竖向风管,风管尺寸为800 mm×320 mm,底部距地约0.2 m,竖向风管上安装两个排风口,高度分别距地0.3 m、2.8 m。在机房侧墙设置70 ℃电动防火风口,风口尺寸为1 000 mm×800 mm,风口的电动执行机构长度尺寸为1 000 mm×800 mm,风口内衬钢丝网,钢丝网网孔尺寸为2.5 mm×2.5 mm,钢丝直径为0.5 mm。

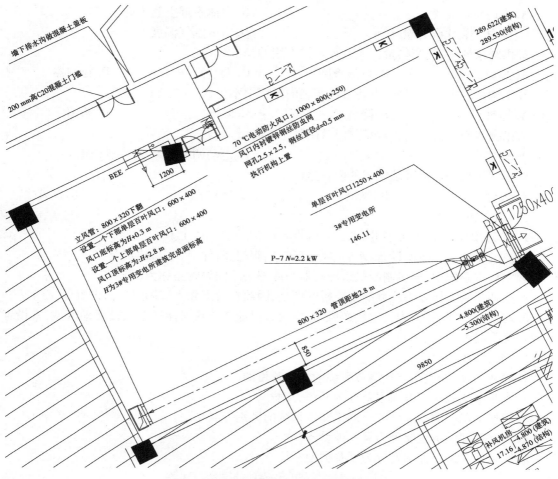

图4.67 配电房通风系统局部图平面图

本章小结

供暖、通风与空气调节系统主要着力于提升建筑室内空气品质及降低系统能耗,同时结合智能建筑、自动控制、可再生能源等新技术逐步发展成了一门系统性及综合性极强的学科。本章讲授了供暖、通风与空气调节系统的基础原理,系统分类、施工图识读及施工工艺,学生通过本章内容,可掌握供暖、通风与空气调节系统的相关内容。

课后习题

一、单选题

1.下列不属于影响热舒适度的因素是(　　)。

A.室内空气温度　　　　　　　　　　　B.人体附近空气流速

C.室内二氧化碳含量　　　　　　　　　D.室内空气湿度

2.供暖系统中,充当热量传递过程桥梁作用的是(　　　)。

A.锅炉　　　　　　B.供热管网　　　　　　C.调节阀　　　　　　D.控制器

3.空调系统中,空气处理设备可以实现的过程中不包含(　　　)。

A.加热　　　　　　B.降温　　　　　　　　C.除湿　　　　　　　D.杀菌

4.吊顶式空调器回水管常见阀门及附件不包含(　　　)。

A.软接头　　　　　B.温度计　　　　　　　C.电动调节阀　　　　D.过滤器

5.不属于机械通风系统组成的内容是(　　　)。

A.风管　　　　　　B.风机　　　　　　　　C.风口　　　　　　　D.无动力风帽

二、填空题

1.空调、供暖负荷的类型分为三类,分别是(　　　)、(　　　)、(　　　)。

2.空调系统由冷热源设备、水管、风管、风口、阀门、附件、(　　　)组成。

3.空调水系统中,连接制冷机组冷凝器与冷却塔之间的管路称为(　　　)。

4.空调水管支架处要注意防止冷桥的产生,因此在管道和支架固定处需设置(　　　)。

5.对于高空间场所,为了解决送风高度过高,保证冬季热风能送至人员活动区域,常设置的风口类型是(　　　)。

三、简答题

1.简述供暖、通风与空气调节系统的含义及目的。

2.供暖系统从制式方面主要分为哪些类型?

3.简述空调冷冻水系统与空调冷却水系统的区别与联系。

4.空气处理设备主要分为哪几种设备?

5.风机从构造上分主要分为哪些类型?

5

建筑智能化系统

【知识目标】

1. 熟悉建筑智能化系统的分类和组成；
2. 掌握建筑智能化系统各组成部分的组成及常见管、线、设备等；
3. 掌握建筑智能化系统的识图技巧；
4. 了解建筑智能化系统的施工工艺。

【能力目标】

1. 具备独立识读建筑智能化系统施工图纸的能力；
2. 具备对建筑智能化系统施工图纸中数据问题的分析与处理能力。

【素质目标】

1. 工匠精神的培养，职业理想和信念的确立；
2. 自信心与自律性的增强，全局观整体意识的形成；
3. 沟通、合作、创新以及主动适应环境变化意识的提升。

5.1 建筑智能化系统概述

智能建筑是随着人类对建筑内外信息交换、安全性、舒适性、便利性和节能性的要求而产生的。智能建筑及节能行业强调用户体验，具有内生发展动力。建筑智能化可以提高客户工作效率，提升建筑适用性，降低使用成本，已经成为发展趋势。

智能建筑应具有以下功能：

①智能建筑应具有信息处理功能，并且信息的范围不只局限于建筑物内部，还应能够在城市、地区或国家间进行。

②能对建筑物内照明、电力、空调、智能化、防灾、防盗和运输设备等进行综合自动控制，使其能够充分发挥效力。

③能够实现各种设备运行状态监视和记录统计的设备管理自动化，并实现以安全状态监视为中心的防灾自动化。

④建筑物应具有充分的适应性和可扩展性，它的所有功能应能够随着技术进步和社会需要而发展。

建筑业界有智能建筑"3A"和"5A"的说法，"3A"是指 BA(楼宇自动化)、OA(办公室自动化)和 CA(通信自动化)，"A"代表自动化，如图 5.1 所示。"5A"是指建筑设备自动化系统(BA)、通信自动化系统(CA)、办公自动化系统(OA)、火灾报警与消防联动自动化系统(FA)、安全防范自动化系统(SA)。智能建筑就是通过综合布线系统将这 5 个系统进行有机结合，使建筑物具有了安全、便利、高效、节能的特点，如图 5.2 所示。

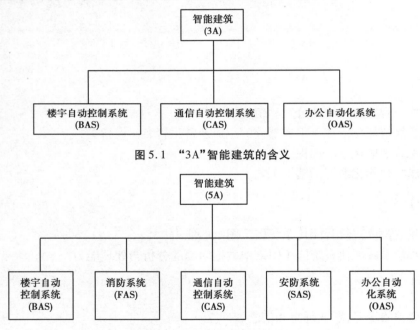

图 5.1 "3A"智能建筑的含义

图 5.2 "5A"智能建筑的含义

▶ 5.1.1 智能化系统的分类及组成

在方案设计时要以"智能建筑"概念为基础，以"高效安全、舒适、便利"为主导设计理念，最大限度地满足单体中各个部分的功能要求和其使用需求。在施工图纸的绘制过程中，各专业间需相互配合以达到单体或者整个项目的"智能最大及最合理"化，具体设计时也可分为基础部分、通信部分、服务管理部分。

1）基础部分

基础部分在"智能建筑"中起着奠基石的作用，主要是建筑专业要协调电气专业以及结构专业，在单体的基础部分就开始布置和实施，为单体内部的下一步组织和分配奠定基础。其主要内容包括两个方面：一方面为弱电线路基础布置，主要是指单体内部弱电管道和布线排布。其包含单体内主管道的水平及垂直走向，布线总线路走向及布置位置以及相关线路的接地系统。另一方面为单体建筑物的防雷接地，其内容包括有相关网控机房、消防和安防调度室、GPS 接收系统、单体周边设备、楼内管线的防雷接地点和接地网的布置。这部分需要建筑专业统一协调，以达到各部分的相互统一。

2）通信部分

通信部分是指单体内弱电线缆的铺设和相关设备线路的走线。具体包括以下几个方面的内容：

（1）综合布线系统

综合布线系统包含小区内部计算机的相互连接以及与因特网连接的网络可视电话的区域连接、视频监控系统、楼宇设备自控系统以及其他相关智能化系统的综合线缆布置等。以上通信部分需要建筑专业人员与甲方沟通，确定其需要的部分，并指导相关专业配合以达到统一布置、综合利用的总体效果。

当前绝大多数项目均接入万兆以太网，能保证千兆到各层百兆到用户端。如果单体为综合体的话，应考虑不使用功能部分的信息通信在物理层面上相互各自独立。

（2）电话通信系统

电话通信系统应包含以下几个方面：电话程控交换系统、带有无线基站的无绳电话、带有寻呼基站的寻呼系统。采用微蜂窝寻呼技术与程控电话交换机相对接，实现交换机分机寻呼、人工键盘寻呼或手持对讲机寻呼等功能。

（3）相关机房系统

相关机房系统包含网络中心的装修、强电配置、防雷接地、安防及专用区域的 VRV 空调系统等内容，同时为我国现行的移动信号商提供信号覆盖、增强及相关特定区域的屏蔽。建筑专业在施工图绘制过程中要考虑这些方面的空间预留，以及与相关专业间的配合走线，以达到布局合理、空间利用紧凑的效果。

3）服务管理部分

此部分设计是为了便于整体管理而设置，以达到项目"管家式"管理的设计理念。具体包括以下几个方面：

（1）相关设备监测系统

相关设备监测系统包含热水、给水、中水、强弱电、防排烟、喷淋以及电梯扶梯等相关系统的控制和管理。同时还要对不用的使用功能进行独立分隔、同一使用功能部分进行独立计费等。在综合管理的同时还要兼顾其分别使用的要求。

（2）安防系统

安防系统包含视频监控、入侵报警、保安巡逻、门禁控制、停车场管理及访客对讲等若干个相对独立的小系统。

（3）火灾报警控制系统

该部分主要是保证各个单体建筑物内部、各建筑物之间的火灾自动报警、消防联动与自动灭火等功能。这部分相对独立，但是在建筑专业绘制施工图工程中要考虑相关位置的预留，这部分最容易出现问题的就是预留空间不足或者无预留空间。

▶ 5.1.2 智能化技术在建筑节能中的应用

1）建筑自动化控制应用

当前，电气工程施工建设已经成为建筑工程的重要环节。传统建筑施工方案比较关注工程主体施工，往往忽略了电气工程施工的重要性。自动化控制涉及较多控制内容，其中以神经网络控制为主。该控制方式能够多次反复学习运算，通过子系统，可以对转子速度与其他参数进行调节。神经网络控制也应用到信号处理中，部分控制设备可以代替 PID 控制器，实现相互协作方式。

2）在建筑电气故障中的应用

当前所应用的智能化技术，能够有效作用于突发情况处理中。不管是运行流程，还是操作方式，都可以为电气设备提供参考价值，以此找寻出最佳处理措施。当前人工智能已经被作为故障诊断方法，并且联合 ANN、ES 技术，按照长期经验总结，可以将理论知识更好地应用到实践中。

3）电气优化设计中的应用

建筑电气自动化与管理应用实践中，涉及设计工序，整个设计过程的复杂性较高。设计人员应当具备扎实的电气知识和磁力知识，在具体应用期间，通过知识技能可以不断提升运行效益。基于智能化模式，设计建筑电气工程时，应当结合专业理论知识和积累的经验，对设计内容和方法进行优化。在智能化技术支持下，通过计算机辅助软件能够明显缩短设计时间，确保设计方案的科学性和合理性。

4）火灾报警系统

现阶段大部分智能建筑的楼层比较高，且依赖于电子设备运行。电子设备运行期间会产生热量，再加上不同设备的信号干扰问题，极易引发火灾，安全隐患比较大。鉴于此，在施工建设期间，应当安装火灾报警系统，并且联合灭火系统、火灾监测系统和自动报警系统，建立一体化安防体系。同时，工程人员应当严格控制工程质量，能够在火灾隐患发生时及时作出相关的安全警示，以此降低故障安全隐患的影响程度。

5）智能照明系统

智能照明系统具备自动化特点，遥控开关能够对照明灯具的亮度进行自动调节。在大空间顶部安装接收器，利用遥控器能够对照明系统进行控制。照明系统的控制设备还包含开关灯同步门锁功能和红外传感器功能。多数建筑照明系统都采用人工照明方式，并且包含建筑自动喷淋系统、回/送风口、烟雾探测器等。基于电子控制的照明系统已经被广泛应用到智能建筑中，且开始应用非中心化照明系统实现绿色环保要求。

6）能耗计量

在建筑智能化发展过程中，研发出建筑能耗计量系统，能够对建筑内安装分类与分项能耗进行计量,采集建筑能耗数据,在线监测建筑能耗,并且实现实时动态分析。分类能耗是按照建筑能源种类所划分的能耗数据,包括电气、水数据等,所应用的分类能耗计量装置为热量表、燃气表、水表以及电表等分项能耗是按照不同能源的用途进行划分的。采集和整理的能耗数据,包括空调能耗、照明能耗、动力能耗以及特殊能耗等。

► 5.1.3 建筑智能化系统识图准备

建筑智能化弱电工程是建筑电气工程中的一个组成部分,其识图过程与建筑电气工程一致,一般先阅读图纸目录、设计施工说明、设备材料表和图例等文字叙述较多的图纸,了解本套设计图纸的基本情况、本工程各系统大致概况、主要设备材料情况以及各设备材料图例表达方式的综合概念,再进入具体识图过程。

1)图纸目录

智能建筑专业的施工图组成,通常单独一套图纸第一张是封面,图纸目录的内容一般有:设计/施工/安装说明、平面图、原理图、系统图、设备表、材料表和设备/线箱柜接线图或布置图等。

2)设计说明和安装/施工、系统说明

设计说明部分介绍工程设计概况和智能建筑设计依据、设计范围、设计要求和设计参数,凡不能用文字表达的施工要求,均应以设计说明表述。

安装/施工说明介绍设备安装位置、高度、管线敷设、注意事项、安装要求、系统形式、调测和验收、相关标准规范和控制方法等;系统说明一般包括系统概念、功能和特性等。

3)设备表、主要材料表

该部分主要是对本设计中选用的主要运行设备进行描述,其组成主要有设备科学称谓、图纸中的图例标号、设备性能参数、设备主要用途和特殊要求等内容。

4)图例及标注

图例是在图纸上采用简洁、形象、便于记忆的各种图形、符号,来表示特指的设备、材料、系统。图5.3为综合布线工程图例符号。

建筑群配线架	CD	信息插座	TO	电源插座	
主配线架	BD	综合布线接口	■	电话出线盒	●
楼层配线架	FD	架空交接箱 A:编号 B:容量	A B	一般电话机	
程控交换机	SPC	落地交接箱 A:编号 B:容量	A D	按键式电话机	
集线器	HUB	防爆电话机		一般传真机	

光缆配线设备	LIU	壁龛交楼箱 A:编号 B:容量	A　B	光衰减器	
自动交换设备	─┃─*	光纤配线架	ODF	综合布线配线架	
总配线架	MDF	单频配线架	VDF	集合点	CP
数字配线架	DOF	中间配线架	IDF	室内分线盒	
语音信息点	TP	数据信息点	PC	室外分线盒	
有线电视信息点	TV	电话出线座	─○TP	drgExpress DEIIO(插座)	

图 5.3　综合布线工程图例符号

5.2　综合布线系统

▶ 5.2.1　综合布线系统概述

综合布线系统(Generic Cabling System,GCS)是指用数据和通信电缆、光缆、各种软电缆及有关连接硬件构成的通用布线系统,它能支持语音、数据、影像和其他信息技术的标准应用系统。

综合布线系统是建筑物或建筑群内的传输网络系统,它能使语音和数据通信设备、交换设备和其他信息管理系统彼此相连接,包括建筑物到外部网络的连接点与工作区的语音或数据终端之间的所有电缆及相关联的布线部件。显然,它包含了建筑物内部和外部线路(网络线路、通信局线路等)间的缆线(所谓缆线,是指电缆、光缆在一个总的护套里,由一个或多个同一类型的缆线线对组成,并可包括一个总的屏蔽物)及相关设备的连接措施。作为开放系统,综合布线也为其他系统的接入提供了有力的保障,如图 5.4 所示。

综合布线系统与智能大厦的发展紧密相关,是智能大厦的实现基础。智能大厦一般包括中央计算机控制系统、楼宇控制系统、办公自动化系统、通信自动化系统、消防自动化系统、安保自动化系统等。

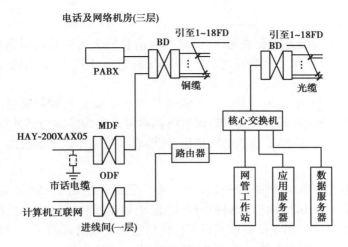

图 5.4 综合布线系统

▶ 5.2.2 综合布线系统工程的各个子系统

《综合布线系统工程设计规范》(GB 50311—2016)规定,在综合布线系统工程设计中,宜按照下列 7 个部分进行:工作区子系统、配线子系统、干线子系统、建筑群子系统、设备间子系统、进线间子系统和管理间子系统。

为了满足教学和初始识图的需求,将综合布线系统按照以下 7 个子系统进行介绍,工作区子系统、水平子系统(对应配线子系统)、垂直子系统(对应干线子系统)、管理间子系统、设备间子系统、进线间子系统和建筑群子系统。综合布线系统工程各个子系统示意图,如图 5.5 所示。

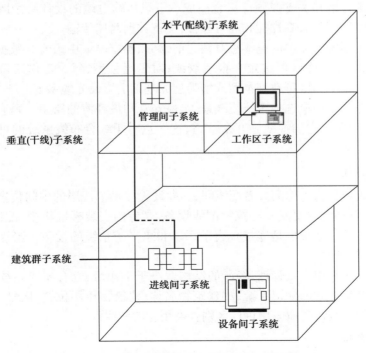

图 5.5 综合布线系统工程各个子系统示意图

1）工作区子系统

工作区子系统又称为服务区子系统，它由跳线与信息插座所连接的设备组成。其中，信息插座包括墙面型、地面型和桌面型等，常用的终端设备包括计算机、电话机、传真机、报警探头、摄像机、监视器、各种传感器件和音响设备等。

在进行终端设备和 I/O（Input/Output）设备连接时可能需要某种传输电子装置，但这种装置并不是工作区子系统的一部分。例如，调制解调器可以作为终端与其他设备之间的兼容性设备，为传输距离的延长提供了所需的转换信号，但它不是工作区子系统的一部分。

2）水平子系统

水平子系统在国家标准（GB 50311—2016）中属于配线子系统的一部分，也被称为水平干线子系统。配线子系统应由工作区信息插座模块、模块到楼层管理间的连接缆线（水平子系统）、配线架和跳线等组成。水平子系统实现工作区信息插座和管理间子系统的连接，包括工作区与楼层管理间之间的所有电缆。一般采用星形结构，它与垂直子系统的区别是水平干线子系统总是在一个楼层上，仅与信息插座和楼层管理间子系统连接。

在综合布线系统中，水平子系统通常由 4 对 UTP（非屏蔽双绞线）组成，能支持大多数现代化通信设备，如果有磁场干扰或需要信息保密则可用屏蔽双绞线，而在高带宽应用时，宜采用屏蔽双绞线或者光缆。

3）垂直子系统

垂直子系统在 GB 50311—2016 国家标准中称为干线子系统，提供建筑物的干线电缆，负责连接管理间子系统到设备间子系统。它实现了主配线架与中间配线架、计算机、PBX、控制中心与各管理子系统间的连接。该子系统由所有的布线电缆组成，或由导线和光缆以及将此光缆连接到其他地方的相关支撑硬件组合而成。干线传输电缆的设计必须既满足当前的需要，又适合今后的发展，具有高性能和高可靠性，支持数据高速传输。

在确定垂直子系统所需要的电缆总对数之前，必须确定电缆中语音和数据信号的共享原则。对于基本型，每个工作区可选定 2 根双绞线；对于增强型，每个工作区可选定 3 根双绞线；对于综合型，每个工作区可在基本型或增强型的基础上增设光缆系统。

垂直子系统布线走向应选择干线缆线最短、最安全和最经济的路由。垂直子系统在系统设计施工时，就预留了一定的缆线做冗余信道，这一点对于综合布线系统的可扩展性和可靠性来说是十分重要的。

4）管理间子系统

管理间子系统也称为电信间或者配线间，一般设置在每个楼层的中间位置。对于综合布线系统设计而言，管理间主要安装建筑物配线设备，是专门安装楼层机柜、配线架、交换机的楼层管理间。管理间子系统也是连接垂直子系统和水平子系统的设备。当楼层信息点很多时，可以设置多个管理间。

管理间子系统应采用定点管理，场所的结构取决于工作区、综合布线系统规模和选用的硬件。在交接区应有良好的标记系统，如建筑物名称、建筑物楼层位置、区号、起始点和功能等标志。管理间的配线设备应采用色标区别各类用途的配线区。

5）设备间子系统

设备间在实际应用中一般称为网络中心或者机房，是在每栋建筑物适当地点进行网络管理和信息交换的场地。其位置和大小应该根据系统分布、规模以及设备的数量来具体确定，通常由电缆、连接器和相关支撑硬件组成，通过缆线把各种公用系统设备互连起来。其主要设备有计算机网络设备、服务器、防火墙、路由器、程控交换机、楼宇自控设备主机等，它们可以放在一起，也可以分别放置。

在较大型的综合布线中，也可以把与综合布线密切相关的硬件设备集中放在设备间，其他计算机设备、程控交换机、楼宇自控设备主机等可以分别设置单独机房，这些单独的机房应该紧靠综合布线系统设备间。

6）进线间子系统

进线间是建筑物外部通信和信息管线的入口部位，并可作为入口设施和建筑群配线设备的安装场地。GB 50311—2016 要求在建筑物前期系统设计中要有进线间，满足多家运营商业务需要，避免一家运营商自建进线间后独占该建筑物的宽带接入业务。进线间一般通过地埋管线进入建筑物内部，宜在土建阶段实施。

建筑群主干电缆和光缆、公用网和专用网电缆、光缆及天线馈线等室外缆线进入建筑物时，应在进线间转换成室内电、光缆，并在缆线的终端处由多家电信业务经营者设置入口设施，入口设施中的配线设备应按引入的电、光缆容量配置。

电信业务经营者在进线间设置安装的入口配线设备应与 BD 或 CD（详见 5.2.3 节）之间敷设相应的连接电缆、光缆，实现路由互通。缆线类型与容量应与配线设备一致。

7）建筑群子系统

建筑群子系统也称为楼宇子系统，主要实现楼与楼之间的通信连接，一般采用光缆并配置相应设备，它支持楼宇之间通信所需的硬件，包括缆线、端接设备和电气保护装置。设计时，应考虑布线系统周围的环境，确定楼间传输介质和路由，并使线路长度符合相关网络标准规定。

《综合布线系统工程设计规范》（GB 50311—2016）第 8.0.10 条为强制性条文，必须严格执行。第 8.0.10 条具体内容为"当电缆从建筑物外面进入建筑物时，应选用适配的信号线路浪涌保护器"。配置浪涌保护器的主要目的是防止雷电通过室外线路进入建筑物内部设备间，击穿或者损坏网络系统设备。

在建筑群子系统的室外缆线敷设方式中，一般有管道、直埋、架空和隧道 4 种情况。具体情况应根据现场环境来定。表 5.1 是建筑群子系统缆线敷设方式比较。

表 5.1　建筑群子系统缆线敷设方式比较

方式	优点	缺点
管道	提供比较好的保护；敷设容易，扩充、更换方便；美观	初期投资高
直埋	有一定保护；初期投资低；美观	扩充、更换不方便
架空	成本低、施工快	安全可靠性低；不美观；除非有安装条件和路径，一般不采用
隧道	保持建筑物的外貌，如有隧道，则成本最低且安全	热量或泄漏的热气会损坏电缆

▶ 5.2.3 智能建筑综合布线系统的结构

智能建筑综合布线系统的拓扑结构由各种网络单元组成,并按技术性能要求和经济合理原则进行组合和配置。图5.6为智能建筑综合布线系统的基本组成结构图,其中CD(Campus Distributor)为建筑群配线设备,BD(Building Distributor)为建筑物配线设备,FD(Floor Distributor)为楼层配线设备,CP(Consolidation Point)为集合点(可选),TO(Telecommunications Outlet)为信息插座模块,TE(Terminal Equipment)为终端设备。

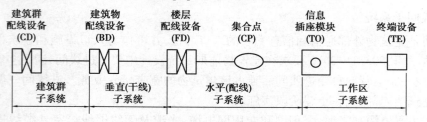

图5.6 智能建筑综合布线基本结构

CD是用于终接建筑群主干线缆的配线设备;BD是用于为建筑物主干线缆或建筑群主干线缆终接的配线设备;FD是用于终接水平电缆、水平光缆和其他布线子系统线缆的配线设备;CP为楼层配线设备与工作区信息点之间水平线缆路由中的连接点,配线子系统中可以设置集合点,也可不设置集合点;TO是用于各类电缆或光缆终接的信息插座模块;TE是用于接入智能建筑综合布线系统的终端设备。

图5.7中以建筑群配线架CD为中心节点,以若干建筑物配线架BD为中间层中心节点,相应的有再下层的楼层配线架FD和配线子系统。BD与BD之间、FD与FD之间可以通过垂直线缆连接。

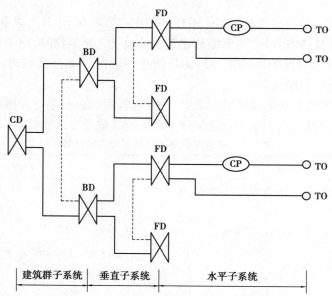

图5.7 智能建筑综合布线系统结构(一)

楼层配线设备FD可以经过主干线缆直接连接到CD上,中间不设置建筑物配线设备

BD。信息插座 TO 也可以经过水平线缆直接连接到 BD 上,中间不设置 FD,如图 5.8 所示。

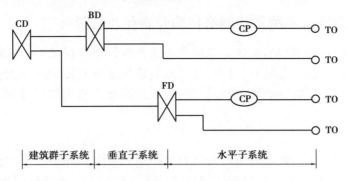

图 5.8　智能建筑综合布线系统结构(二)

图 5.9 中以一个建筑物配线架 BD 为中心节点,配置若干个楼层配线架 FD,每个楼层配线架 FD 连接若干个信息插座 TO,全网使用光纤作为传输介质。

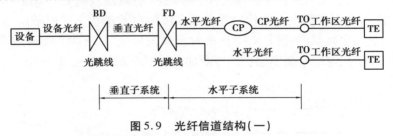

图 5.9　光纤信道结构(一)

楼层配线设备 FD 通过端接(熔接或机械连接)的方式连接水平光缆和垂直光缆,FD 只设置光分路器(无源光器件),不需要其他设备,不需要供电设备,如图 5.10 所示。

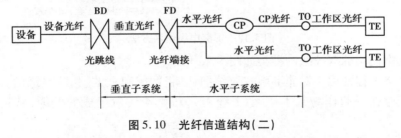

图 5.10　光纤信道结构(二)

信息插座 TO 直接连接到建筑物配线设备 BD,可以不设楼层配线设备 FD,如图 5.11 所示。楼层配线设备 FD 可以设置光分路器(无源光器件),不需要供电设备,也可以考虑设置光交换机等有源网络设备。

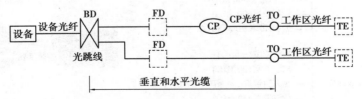

图 5.11　光纤信道结构(三)

选择正确的智能建筑综合布线系统结构非常重要,它影响整个智能建筑综合布线工程的产品选型、布线方式、升级方法和网络管理等各个方面。

▶ 5.2.4 综合布线系统常用网络传输介质和连接器材

在网络传输时,首先遇到的是通信线路和通道传输问题。目前,网络通信分为有线通信和无线通信两种。有线通信是利用电缆、光缆或电话线来充当传输导体的;无线通信是利用卫星、微波、红外线来充当传输导体的。目前,在通信线路上使用的传输介质有双绞线电缆、大对数双绞线电缆、光缆等。

1)双绞线

双绞线(Twisted Pair,TP,也称对绞线或对绞电缆)是综合布线工程中最常用的一种传输介质。双绞线由两根具有绝缘保护层的铜导线组成。把两根具有绝缘保护层的铜导线按一定节距互相绞在一起,可降低信号干扰的程度,每一根导线在传输中辐射出来的电波会被另一根线上发出的电波抵消。

目前,双绞线可分为UTP(非屏蔽双绞线)和FTP(屏蔽双绞线),根据ISO/IEC 11801—2002的命名规则,根据防护要求通常按增加的金属屏蔽层数量和金属屏蔽层绕包方式,将屏蔽对绞电缆分为电缆金属箔屏蔽(F/UTP)、线对金属箔屏蔽(U/FTP)、电缆金属编织丝网加金属箔屏蔽(SF/UTP)、电缆金属箔编织网屏蔽加上线对金属箔屏蔽(S/FTP)几种结构,如图5.12所示。

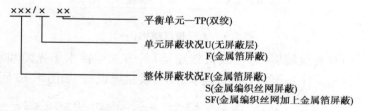

图5.12 屏蔽电缆命名方法

综合布线中使用的双绞线的种类如图5.13所示。

计算机网络工程使用4对非屏蔽双绞线缆,是将两根独立的、相互绝缘的金属线按一定密度螺旋状绞合在一起作为基本单元(1线对),再由4线对组成的电缆,其物理结构如图5.14所示。

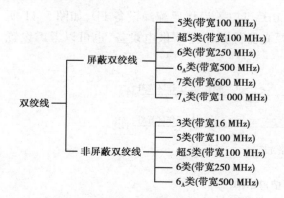

图5.13 综合布线中使用的双绞线种类

图5.14 非屏蔽双绞线缆物理结构

为了防火和防毒,在易燃区域,综合布线所用的缆线应具有阻燃护套,相关连接件也应选用阻燃型的。采用防火、防毒的缆线和连接件,在火灾发生时,不会或很少散发有害气体,对疏散人员和救火人员都有较好的作用。当缆线穿在不可燃管道内,或在每个楼层均采用切实有效的防火措施而不会发生火势蔓延时,也可以选用非阻燃型缆线。阻燃防毒缆线有以下几种:

①低烟无卤阻燃型(LSHF-FR):不易燃烧,释放一氧化碳(CO)少,低烟,不释放卤素,危害性小。

②低烟无卤型(LSZH):有一定的阻燃能力,燃烧时释放 CO,但会不释放卤素。

③低烟非燃型(ISNC):不易燃烧,释放 CO 少,但会释放少量有害气体。

④低烟阻燃型(LSLC):情况与 LSNC 类相同。

如果缆线所在环境既有腐蚀性,又有被雷击的可能时,选用的缆线除了要有外护层,还应有复式铠装层。

在实际布线工程中,对于电话语音数据、视频传输的干线子系统、配线子系统布线主要采用 5 类、5e 类及 6 类产品。在双绞线缆中,非屏蔽双绞线缆(UTP)的使用率最高,如果没有特殊说明,一般是指 UTP。

典型的 5 类 4 对非屏蔽对绞电缆是美国缆线规格为 24AWG 的实心裸铜导体,以高质量的氟化乙烯作为绝缘材料。其与低级别的电缆相比较,增加了绕绞密度,传输频率为 100 MHz。5 类 4 对非屏蔽对绞电缆物理结构如图 5.15 所示。本书将常用的双绞线缆的性能简单汇总在表 5.2 中。

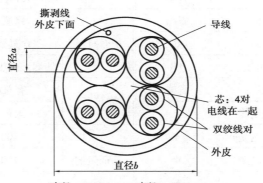

直径a: 0.914 mm; 直径b: 5.08 mm

图 5.15 5 类 4 对非屏蔽对绞电缆物理结构

表 5.2 对绞电缆的性能简表

缆线类型	Cat8	Cat7	Cat6e	Cat6ea	Cat5e
传输速率/(bit·s^{-1})	40 G	10 G	10 G	1 000 M	100 M
频率宽带/MHz	2 000	600	500	250	100
传输距离/m	30	100	100	100	100
导体(对)	8	8	8	8	8
缆线类型	双层屏蔽	屏蔽非屏蔽	屏蔽非屏蔽	屏蔽非屏蔽	屏蔽非屏蔽
应用环境	高速宽带	高速宽带	大型企业高速应用	大型企业高速应用	办公室家用

双绞线缆作为数字通信用对称电缆产品,包括类型和规格两个方面的标记。

①双绞线缆型式代码的标记如图5.16所示,其中产品的型式代号规定见表5.3。数字通信用对称双绞线缆产品代号为HS。

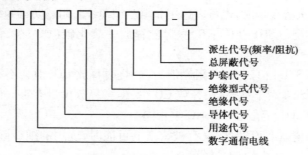

派生代号(频率/阻抗)
总屏蔽代号
护套代号
绝缘型式代号
绝缘代号
导体代号
用途代号
数字通信电线

图5.16 双绞线缆型式代码的标记

表5.3 双绞线缆型式代号

划分方法	类别	代号	划分方法	类别	代号
用途	主干电缆	HSG	绝缘材料	聚烯烃	Y
	水平电缆	HS		聚氯乙烯	V
	工作区电缆	HSQ		含氟聚合物	W
	设备	HSB		低烟无卤热塑性材料	Z
导体结构	实心导体	省略	护套材料	聚氯乙烯	V
	绞合导体	R		含氟聚合物	W
	铜皮导体电缆	TR		低烟无卤热塑性材料	Z
绝缘形式	实心绝缘	省略	总屏蔽	有总屏蔽	P
	泡沫实心皮绝缘	P		无总屏蔽	省略
最高频率	16 MHz(3类电缆)	3	特征阻抗	100 Ω	省略
	20 MHz(4类电缆)	4		150 Ω	150
	100 MHz(5类电缆)	5			

②非屏蔽双绞线缆规格代码的标记如图5.17(a)所示;屏蔽双绞线缆规格代码的标记如图5.17(b)所示。

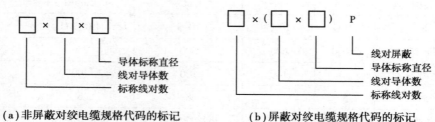

导体标称直径
线对导体数
标称线对数

线对屏蔽
导体标称直径
线对导体数
标称线对数

(a)非屏蔽对绞电缆规格代码的标记　　　(b)屏蔽对绞电缆规格代码的标记

图5.17 对绞电缆规格代码的标记

例如,4 对 0.4 mm 线径实心聚丙烯聚氯乙烯护套 100 Ω 非屏蔽 5 类数字对称电缆标记为:HSBYV5 4×2×0.4;2 对 0.5 mm 线径绞合导体聚乙烯绝缘低烟无卤护套 150 Ω 屏蔽 5 类工作区电缆标记为:HSQRYZP-5/150 2×2×0.5P。

2)大对数双绞线电缆

大对数双绞线电缆是由 25 对具有绝缘保护层的铜导线组成的。它有 3 类 25 对大对数双绞线电缆、5 类 25 对大对数双绞线电缆等,为用户提供更多的可用线对,并被设计为实现高速数据通信应用,传输速度为 100 bit/s。

导线色谱由白、红、黑、黄、紫和蓝、橙、绿、棕、灰编码组成,见表5.4。

表 5.4 导线色谱排列

主色	白	红	黑	黄	紫
副色	蓝	橙	绿	棕	灰

5 种主色和 5 种副色组成 25 种色谱,50 对电缆由 2 个 25 对组成,100 对电缆由 4 个 25 对组成,以此类推。每组 25 对再用副色标识,例如蓝、橙、绿、棕、灰。

3)同轴电缆

同轴电缆(Coaxial Cable)是一种由内、外两个导体组成的通信电缆。它的中心是一根单芯铜导体,铜导体外面是绝缘层,绝缘层的外面有一层导电金属层,最外面还有一层保护用的外部套管。同轴电缆与其他电缆不同之处是只有一个中心导体,图 5.18 是同轴电缆的结构示意图。金属层可以是密集型的,也可以是网状的,用来屏蔽电磁干扰,防止辐射。由于同轴电缆只有一个中心导体,通常被认为是非平衡传输介质。

同轴电缆按其特征阻抗的不同,分为基带同轴电缆和宽带同轴电缆两类。基带同轴电缆的特征阻抗为 500,如 RG-8(细缆)、RG-58(粗缆);宽带同轴电缆的特征阻抗为 75Q,如 RG-59;此外还有一种特征阻抗为 930 的 RG-62 电缆,主要用于 ARCnet 网络。

同轴电缆主要用于对带宽容量需求较大的通信系统,特别适合高频传输。当频率在 60 kHz 以上时,同轴电缆中电波的传输速度可接近光速,且受频率变化影响不大,所以时延失真很小。同轴电缆的下限频率定为 60 kHz,上限频率可达数十兆赫兹。

同轴电缆因外部设有密闭的金属(铅、铝、钢)或塑料护套,以保护缆芯免遭外界机械、电磁、化学或人为侵害和损伤。同轴电缆具有寿命长、容量大、传输稳定、外界干扰小、维护方便等优点。所以,早期构建的总线拓扑结构计算机网络多数采用同轴电缆作为传输介质,现在同轴电缆主要用于有线电视网络。

4)光纤

光纤(Optical Fiber,OF)是光导纤维的简称,它由特殊材料的石英玻璃制成。光纤是一种新型的光波导,其主要用途是通信。在光纤的生产工艺中可能会产生微裂纹,并且由于光纤微小的几何尺寸和较为敏感的机械性能,是不能直接应用在通常的光纤通信系统中的。图 5.19 是光纤的结构示意图。为了保护光纤不受外界环境的影响,满足通信系统的需求,需要将光纤包在各类附加材料组成的光缆中,才可以进行系统应用。

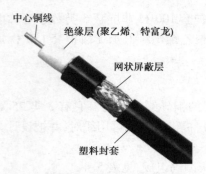

图 5.18　同轴电缆的结构示意图

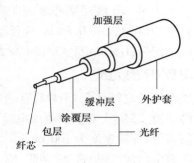

图 5.19　光纤的结构示意图

光纤主要用于高质量数据传输及网络干线连接。而光纤通信系统则是以光波为载体、光导纤维为传输介质的通信方式,起主导作用的是光源、光纤(光缆)、光发送机和光接收机。光发送机负责产生光束,将电信号转变成光信号,再把光信号导入光纤。光接收机负责接收从光纤上传输过来的光信号,并将它转变成电信号,经解码后再作相应处理。

按照制造光纤所用的材料分类,光纤可分为石英系列光纤、多组分玻璃光纤、塑料包层石英芯光纤、全塑料光纤和氟化物光纤等。

按横截面上的折射率分布情况,可将光纤分为突变型(或阶跃型)光纤(Step Index Fiber, SIF)、渐变型(或梯度型)光纤(Graded Index Fiber,GIF)以及三角形光纤。三角形光纤是渐变型光纤的一种特例。

按光纤中信号的传输模式,光纤可分为多模光纤(Multi Mode Fiber,MMF)和单模光纤(Single Mode Fiber,SMF)两类。由于光波是一种频率极高的电磁波,光波在光纤中的传播就是电磁波在介质波导中的传播。根据介质波导的结构,电磁场将在其中构成一定的分布形式。通常把电磁场的各种不同分布形式称为"模式"。

单模光纤的纤芯较小(一般为 9 μm 左右),只能传输一种模式的光。因此,其模间色散很小,适用于远程通信,多用于传输距离长、传输速率相对较高的线路,如长途干线传输、城域网建设等。

适于单模光纤的国际标准有 ITU-T 建议和 IEC 建议。我国的 GB/T 9771.1 至 GB/T 9771.5—2000《通信用单模光纤系列》标准共有 5 个部分,每一部分在主要技术内容上都参照了国际标准的规定,某些特性要求也参照了国际上同类产品的先进技术指标。ITU-T G.652 至 C.656 系列标准在 2009—2010 年进行了更新,但实际的技术指标并没有大的变化。

按照 ITU-T 的定义,单模光纤从 G.652 到 G.657 共 6 个系列,其中,G.653、G.654、G.656 这 3 类光纤在当前通信网络中基本不使用,G.655 单模光纤有少量使用。G.652D 单模光纤是当前光纤通信网络的主流光纤,而 G.657 单模光纤的应用需求呈现不断增长趋势。

5)光缆

光缆(Optical Cable)是指由单芯或多芯光纤构成的缆线。在综合布线系统中,光纤不但支持 FDDI 主干、1000Base-FX 主干、100Base-FX 到桌面,还可以支持 CATV/CCTV 及光纤到桌面(FTTD),因而成为综合布线系统中的主要传输介质。

根据缆芯结构的特点,光缆可分为中心束管式(图 5.20)、层绞式、带状式(图 5.21)和骨架式 4 种基本结构。不同的结构,用途也不相同,用户可以根据线路情况选择使用。

根据光缆的应用环境与条件,可将其分为室内型、室外型(4~12 芯铠装型与全绝缘型)及室外室内通用型(单管全绝缘型)3 个类别。室内型、室外型类别的光缆不能互换应用环境,而且室内型光缆与室外型光缆连接时需分别端接后再通过光纤跳线进行连接,因此还有引入户内光缆等。

根据光缆敷设方式划分,一般将光缆分为直埋光缆、管道光缆、架空光缆和水底光缆等。

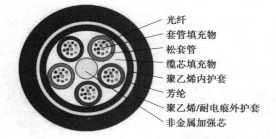

图 5.20　松套管全介质无凝胶光缆的结构示意图

图 5.21　带状光缆的结构示意图

6)光端机

光端机是光通信的一个主要设备,其外观如图 5.22 所示。主要分为模拟信号光端机和数字信号光端机两大类。

模拟信号光端机主要分为调频式光端机和调幅式光端机。由于调频式光端机比调幅式光端机的灵敏度高约 16 dB,所以市场上模拟信号光端机是以调频式 FM 光端机为主导的,调幅式光端机

图 5.22　光端机

是很少见的。光端机一般按方向分为发射机(T)、接收机(R)、收发机(X)。作为模拟信号的FM 光端机,市场上主要有这几种类型:单模光端机/多模光端机、数据/视频/音频光端机、独立式/插卡式/标准式光端机。

7)水晶头

水晶头按照应用场合分为 RJ-45 水晶头和 RJ-11 水晶头两种,如图 5.23 所示。RJ-45 水晶头用于网络接口,RJ-11 水晶头用于电话接口。水晶头按照传输性能分为 5 类水晶头、超 5 类水晶头、6 类水晶头、7 类水晶头 4 种。

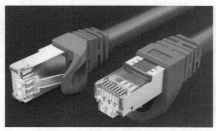 

图 5.23　RJ-45 和 RJ-11 水晶头

8)网络模块

网络模块是网络工程中经常使用的一种器材,分为 6 类网络模块、超 5 类网络模块、3 类

网络模块,且有屏蔽网络模块和非屏蔽网络模块之分。网络模块如图 5.24 所示。

网络模块满足 T568A 超 5 类传输标准,符合 T568A 和 T568B 线序,适用于设备间与工作区的通信插座连接。它采用免工具型设计,便于准确快速地完成端接,扣锁式端接帽确保导线全部端接并防止滑动。芯针触点材料为 50 μm 厚的镀金层,耐用性为 1 500 次插拔。打线柱外壳材料为聚碳酸酯,IDC 打线柱夹子为磷青铜。

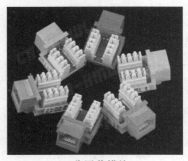
(a)非屏蔽模块

(b)免打模块

(c)屏蔽模块

图 5.24　网络模块

9)面板、底盒

（1）面板

常用面板分为单口面板和双口面板。面板型号尺寸应符合国标 86 型、120 型的要求。86 型面板的宽度和长度均为 86 mm,通常采用高强度塑料材料制成,适合安装在墙面,具有防尘功能,如图 5.25 所示;120 型面板的宽度和长度均为 120 mm,通常采用铜等金属材料制成,适合安装在地面,具有防尘、防水功能,如图 5.26 所示。

应用于工作区的布线子系统:面板表面带嵌入式图标及标签位置,便于识别数据和语音端口;配有防尘滑门用以保护模块、遮蔽灰尘和污物。

图 5.25　86 型面板

图 5.26　120 型面板

（2）底盒

常用底盒分为明装底盒和暗装底盒,如图 5.27 所示。明装底盒通常采用高强度塑料材料制成,而暗装底盒有使用塑料材料制成的,也有使用金属材料制成的。

·5 建筑智能化系统□·

（a）明装底盒　　　　　　（b）暗装底盒

图 5.27　底盒

10）配线架

配线架是管理子系统中最重要的组件,是实现垂直干线子系统和水平布线子系统交叉连接的枢纽,一般放置在管理区和设备间的机柜中。配线架通常安装在机柜内。通过安装附件,配线架可以全线满足 UTP、STP、同轴电缆、光纤、音视频的需要。网络工程中常用的配线架有双绞线配线架和光纤配线架。

双绞线配线架的作用是在管理子系统中将双绞线进行交叉连接,用在主配线间和各分配线间。双绞线配线架的型号很多,每个厂商都有自己的产品系列,并且对应 3 类、5 类、超 5 类、6 类和 7 类缆线分别有不同的规格和型号,在具体项目中,应参阅产品手册,根据实际情况进行配置。双绞线配线架如图 5.28 所示。

图 5.28　双绞线配线架——超 5 类 24 口配线架

用于端接传输数据缆线的配线架采用 19 英寸 RJ-45 口 110 型配线架,此种配线架背面进线采用 110 端接方式,正面全部为 RJ-45 口,用于跳线配线,它主要分为 24 口、48 口等,全部为 19 英寸机架/机柜式安装。

光纤配线架的作用是在管理子系统中将光缆进行连接,通常在主配线间和各分配线间进行。

11）端接跳线

端接跳线简称跳线(Patch Cord/Jumper),是指不带连接器件或带连接器件的电缆线对和带连接器件的光纤,用配线设备之间进行连接。跳线主要有铜跳线(包括屏蔽/非屏蔽对绞电缆)和光纤跳线(包括多模/单模光纤跳线)两种。

（1）铜跳线

综合布线所用的铜跳线由标准的跳线电缆和连接器件制成,跳线电缆有 2 ~ 8 芯不等,连接器件为两个 6 位或 8 位的模块插头,或者为一个或多个裸线头。跳线根据使用场合不同可有多种型号。模块化跳线两头均为 RJ-45 水晶头,采用 ANSI/TIA/EIA 568-A 或 ANSI/TIA/EIA 568-B 针结构,并有灵活的插拔设计,防止松脱和卡死;110 型跳线的两端均为 110 型接头(也称鸭嘴头),有 1 对、2 对、3 对、4 对共 4 种;117 适配器跳线的一端带有 RJ-45 水晶头,另一端不端接,常用于电信设施的网络设备与配线架的连接;119 适配器跳线的一端带有 RJ-45 水晶头,另一端为 1 对、2 对或 4 对的 110 型接头,常用于电信设施的网络设备与配线架的连接;还有一种区域布线跳线,线的一端带有 RJ-45 水晶头,另一端带有 RIJ-45 插座。跳线的长度根据用户的需要可长可短,通常为 0.305 ~ 15.25 m。图 5.29 给出了部分铜跳线的实物图。

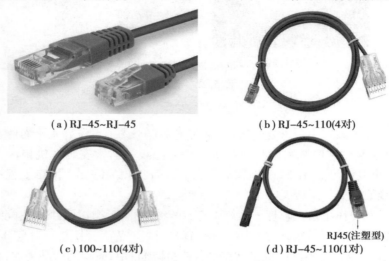

(a)RJ-45~RJ-45

(b)RJ-45~110(4对)

(c)100~110(4对)

RJ45(注塑型)

(d)RJ-45~110(1对)

图 5.29　部分铜跳线的实物图

(2)光纤跳线和尾纤

光纤跳线和尾纤是光纤通信网络中应用最广泛的基础元器件之一。光纤两端的接头可以是同一种接头,也可以是不同接头的混合。光纤两端都端接光纤连接器插头的称为跳线,只有一端端接光纤连接器插头的称为尾纤,如图 5.30 所示。光纤连接器插头的常见形式有 APC、SC 大方口、LC 小方口、FC 圆形螺纹、S 圆形卡口这五种类型,如图 5.31 所示。

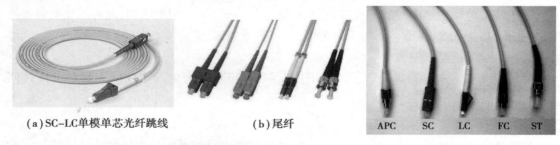

(a)SC-LC单模单芯光纤跳线　　　　(b)尾纤

图 5.30　光纤跳线和尾纤

APC　SC　LC　FC　ST

图 5.31　光纤连接器插头的形式

光纤跳线和尾纤都是实现光纤通信设备及系统活动连接的无源器件,也是光纤、光缆配线的重要组成部分。它们与光纤配线架、交接箱、终端盒配合使用,可以实现光纤设备与光纤跳接、光纤直接连接、光纤和信息插座之间的连接,从而实现整个光纤通信网络高效灵活的管理与维护。其中,尾纤主要用于室内电缆到各种工厂制作中继设备的连接。

12)机柜

机柜是存放设备和缆线交接的地方。机柜以 U 为单元区分。

标准的机柜,设备安装孔距为 19 英寸,机柜宽度为 600 mm。一般情况下,服务器机柜的深度≥800 mm,而网络机柜的深度≤800 mm,具体规格见表 5.5。

表 5.5 网络机柜规格

产品名称	用户单位	规格型号/mm（宽×深×高）	产品名称	用户单位	规格型号/mm（宽×深×高）
普通墙柜系列	6U	530×400×300	普通网络机柜系列	18U	600×600×1 000
	8U	530×400×400		22U	600×600×1 200
	9U	530×400×450		27U	600×600×1 400
	12U	530×400×600		31U	600×600×1 600
普通服务器机柜系列(加深)	31U	600×800×1 600		36U	600×600×1 800
	36U	600×800×1 800		40U	600×600×2 000
	40U	600×800×2 000		45U	600×600×2 200

小型壁挂式机柜有体积小、纤巧、节省机房空间等特点,广泛用于计算机数据网络布线、音响系统、银行、金融、证券、地铁、机场工程、工程系统等领域。

13）线槽、线管、桥架

线槽、线管、桥架的类别及敷设方式与电气工程一致,参见第 2 章相关章节。

5.3 有线电视系统

5.3.1 有线电视系统概述

有线电视(CATV)系统是通信网络系统的一个子系统,由共用天线电视系统演变而来,是住宅建筑和大多数公用建筑必须设置的系统。有线电视(CATV)系统一般采用同轴电缆和光缆在电视中心和用户终端之间传递声、像和数据等信息。有线电视(CATV)系统由前端系统、信号传输分配网络和用户终端三部分组成。

有线电视系统常用图例如图 5.32 所示。

名称	符号	说明	名称	符号	说明
天线		天线（VHF、UHF、FM 调频用）	放大器		具有反向通道的放大器
		矩形波导馈电的抛物面天线			具有反向通路并带有自动增益/自动频率控制的放大器
放大器		放大器,一般符号			带自动增益/自动频率控制的放大器

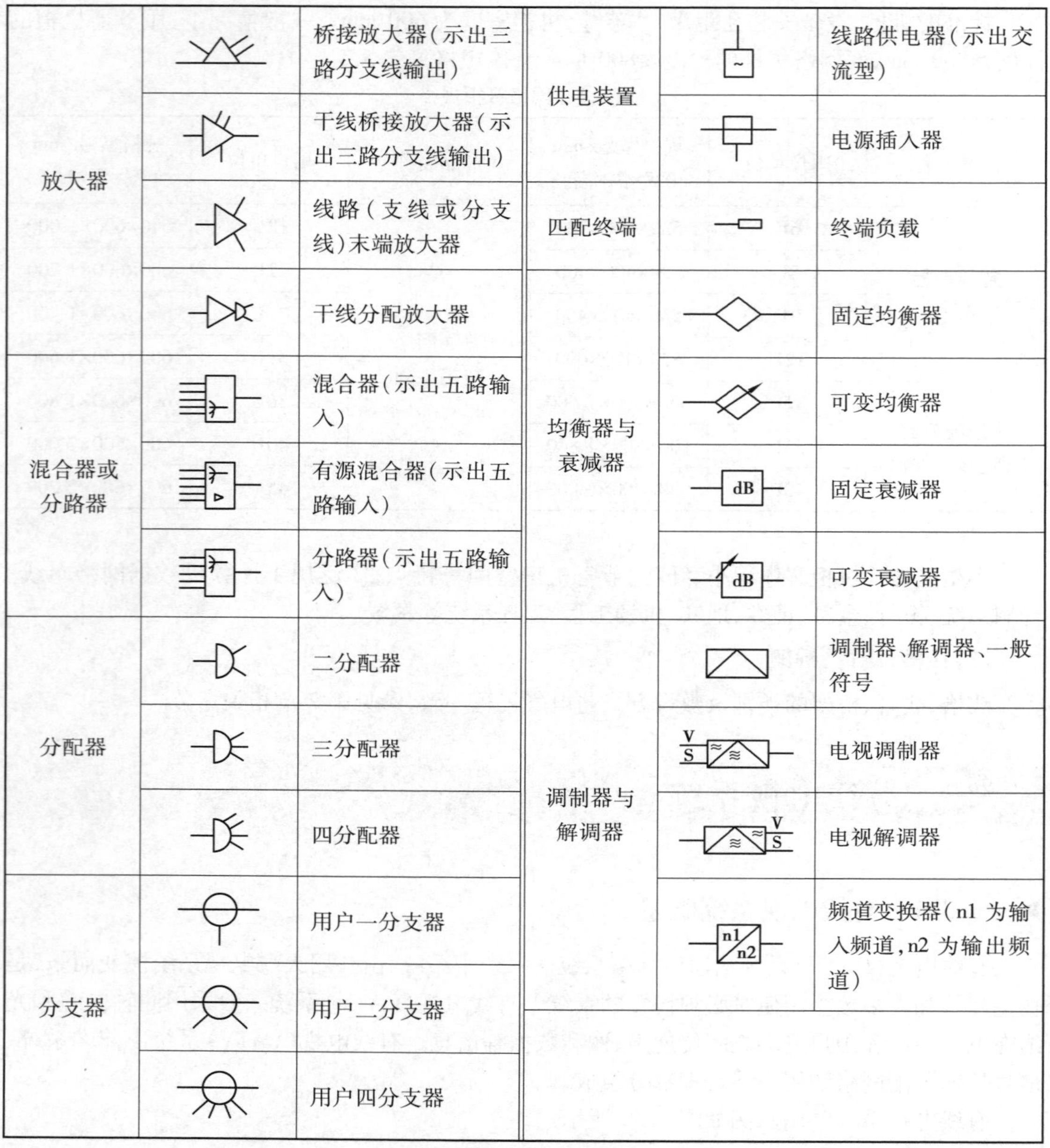

放大器		桥接放大器(示出三路分支线输出)	供电装置		线路供电器(示出交流型)
		干线桥接放大器(示出三路分支线输出)			电源插入器
		线路(支线或分支线)末端放大器	匹配终端		终端负载
		干线分配放大器	均衡器与衰减器		固定均衡器
混合器或分路器		混合器(示出五路输入)			可变均衡器
		有源混合器(示出五路输入)			固定衰减器
		分路器(示出五路输入)			可变衰减器
分配器		二分配器	调制器与解调器		调制器、解调器、一般符号
		三分配器			电视调制器
		四分配器			电视解调器
分支器		用户一分支器			频道变换器(n1 为输入频道,n2 为输出频道)
		用户二分支器			
		用户四分支器			

图 5.32　有线电视系统常用图例

▶ 5.3.2　有线电视系统组成

　　有线电视系统一般由(接收)信号源、前端处理设备、干线传输系统、用户分配系统和用户终端系统 5 个部分组成,每个子系统包括多少部件和设备,要根据具体需要来定,如图 5.33所示。

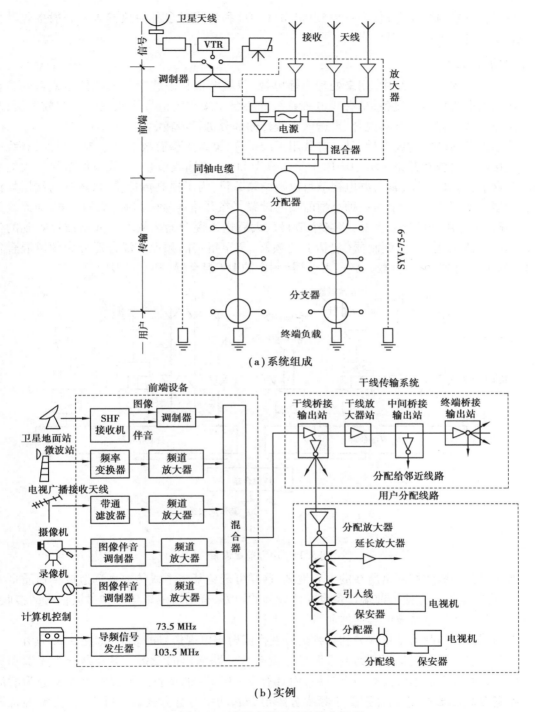

（a）系统组成

（b）实例

图 5.33　有线电视系统的基本组成

各个子系统及常用设备如下：

1）（接收）信号源

信号源通常包括卫星地面站、微波站、无线接收天线、有线电视网、电视转播车、录像机、摄像机、电视电影机、字幕机、影音播放机（如 DVD）和计算机多种播放器等。一般接收其他台、站、源的开路或闭路信号。

2）前端设备

在有线电视广播系统中，用来处理广播电视、卫星电视和微波中继电视信号或自办节目设备送来的电视信号的设备，是有线电视系统的心脏。接收的信号经频道处理和放大后，与其他闭路信号一起经混合器混合，再送入干线传输部分进行传输。

前端设备前端的构成多种多样，有共用天线系统，也有大型有线电视系统。目前，有线电视系统接收节目包括开路 VHF、UHF，卫星电视节目，开路调频节目，自放录像节目。大的有线电视台节目套数多了，常自办电视节目以及调频节目，为了提高传播质量，还在前端增加信号放大器。如图 5.34 所示为一种小型前端的设置。在开路信号较弱时（如 60 dB）加天线放大器，开路信号添加频道放大器，将各个节目放大后送入混合器。从卫星或微波接收到的信号解调成 A、V 信号，经过调制器（包括上变频器）调至指定的频道。混合器分为频道混合器（图中的 V 混合器、U 混合器）、频段混合器（图中的 UV 混合器）和宽带混合器。

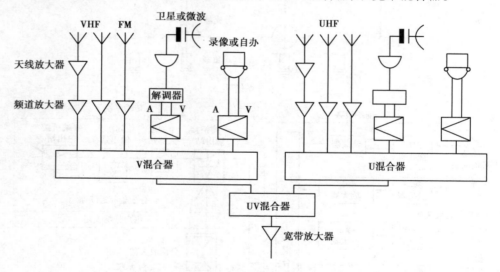

图 5.34　小型前端设置

前端设备一般建在网络所在的中心地区，这样可避免某些干线传输太远造成传输质量下降，而且维护也比较方便。前端设备设在比较高的地方，有利于卫星信号和微波信号的接收，位置应避开地面邮电微波或其他地面微波的干扰。

①调制器。调制器是将视频和音频信号变换成射频电视信号的装置，如图 5.35 所示。

②混合器。混合器是把两路或多路信号混合成一路输出的设备。混合器分为无源和有源两种。有源混合器不仅没有插入损耗，而且有 5～10 dB 的增益。无源混合器又分为滤波器式和宽带变压器式，它们分别属于频率分隔混合和功率混合方式。实际上，在无源混合器基础上增加宽带放大器就成为有源混合器，其实物如图 5.36 所示。

③均衡器。均衡器通常串接在放大器的电路中。因为电缆的衰减特性随频率的升高而增加，为平衡电缆传输造成的高频、低频端信号衰减不一而设置均衡器，其实物如图 5.37 所示。

图 5.35 调制器实物图

图 5.36 混合器实物图

图 5.37 数字频谱均衡器实物图

3)干线传输系统

干线传输系统是指把前端设备输出的宽带复合信号高质量地传送到用户分配系统。

在电缆传输系统中使用的放大器主要有干线放大器、干线分支(桥接)放大器和干线分配(分路)放大器。在光缆传输系统中要使用光放大器。其实物如图 5.38 所示。

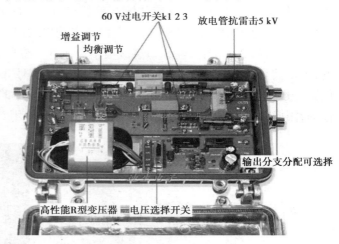

图 5.38 CATV 主干线放大器实物图

①干线放大器是为了弥补电缆的衰减和频率失真而设置的中电平放大器,通常只对信号进行远距离传输而不带终端用户,因此只有一个输出端。

②干线分支和分配放大器又称桥接放大器,它除一个干线输出端外,还有几个定向耦合

(分支)输出端,将干线中信号的一小部分取出,然后再经放大送往用户或支线。

③光放大器主要有干线光放大器和分配光放大器两种。按工作原理分类,主要有半导体激光放大器和光纤激光放大器两种。

4)用户分配网络

用户分配网络是连接传输系统与用户终端的中间环节。主要包括延长分配放大器、分配器、串接单元、分支器和用户线等。

①分配器是有线电视传输系统中分配网络里最常用的器件,它的功能是将输入有线电视一路的信号均等分成几路输出,通常有二分配、四分配、六分配等。分配器的类型很多:有电阻型、传输线变压器型和微带型;有室内型和室外型;有 VHF 型、UHF 型和全频道型。分配器标称一个 IN 输入,其他均为 OUT 输出(平均分配),以相同的信号强度输出到各个端口。分配器实物及图例符号如图 5.39 所示。

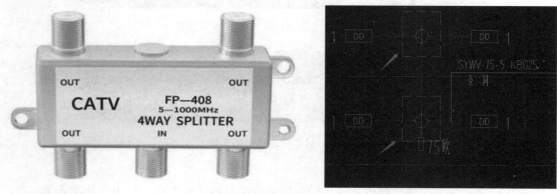

图 5.39　4 分配器实物图和图纸图例符号

②分支器的功能是从所传输的有线电视信号中取出一部分馈送给支线或用户终端,其余大部分信号则仍按原方向继续传输。通常有一、二、四分支等。分支器由一个主路输入端(IN)、一个主路输出端(OUT)和若干个分支输出端(BR)构成。分支器的 BR 表示输出给下一个分支器或者分配器,输出口衰减很小保证下一路有足够的信号。分支器的输出是不均衡的,主干信号强 BR 输出,分支信号弱 OUT(同一信号分支输出各个 OUT 口的信号强度相同),一般用于有多户人家或者酒店客房使用同路信号时。在分支器中,信号的传输是有方向性的,因此分支器又称定向耦合器,它可作混合器使用。4 分支器实物及图例符号如图 5.40 所示。

图 5.40　4 分支器实物图和图纸图例符号

图 5.41 为常用的两种网络分配方式,其中,分支-分支方式最为常用。在靠近延长放大器的地方,分支器选用分支损耗大一些的;远离延长放大器的地方,分支器选用分支损耗小一些的,这样可使用户电平保持一致。为了实现系统的匹配,最后一个分支器的输出口应接上75 Ω 假负载。分配-分支方式适用于以延长放大器为中心分布的用户簇,且每簇的用户数相差不多,若为二簇,则第一个分配器采用二分配器,以此类推。

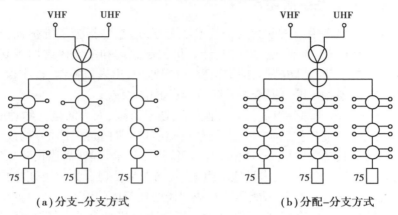

(a)分支-分支方式　　　　　　　　(b)分配-分支方式

图 5.41　CATV 用户网络分配方式

5)用户终端(电视插座)

用户终端是有线电视系统的最后部分,它从分配网络中获得信号。在双向有线电视系统中,用户终端也可作为信号源,但它不是前端或首端。简单的终端盒有接收电视信号的插座,有的终端分别接有接收电视、数据、电话的信号插座。插座实物如图 5.42 所示。

(a)电话插座　　　　　　　　　(b)电话双联数据插座

图 5.42　用户终端插座实物图

5.4 安全防范系统

▶ 5.4.1 安全防范系统概述

安全防范系统,严格来说应该称为安全技术防范系统,它是指为了维护社会公共安全和预防灾害事故,将现代电子、通信、信息处理、计算机控制原理和多媒体应用等高新技术及其产品,应用于防劫、防盗、防暴、防破坏、网络报警、电视监控、出入口控制、楼宇保安对讲、周界防范、安全检查以及其他相关的以安全技术防范为目的的系统。

安全防范系统一般由 3 部分组成,即物理防范、技术防范、人力防范。物理防范(简称物防),或称实体防范,它由能保护防护目标的物理设施(如防盗门、窗、铁柜)构成,主要作用是阻挡和推迟罪犯作案,其功能以推迟作案的时间来衡量。技术防范(简称技防),它由探测、识别、报警、信息传输、控制、显示等技术设施所组成,其功能是发现罪犯并迅速将信息传送到指定地点。人力防范(简称人防),是指能迅速到达现场处理警情的保安人员。安全防范系统是否有效,由物防、技防、人防的有机结合决定,而三者能否有机结合的关键在于"管理"。对一个安全防范系统进行精心设计和施工还不够,还必须在建成后进行严格的管理和维护,才能保证安全防范系统的有效性。以下如无特殊说明,文中所述的安全防范系统即指安全技术防范系统。

安全防范系统的图例符号依据中华人民共和国公共安全行业标准《安全防范系统通用图形符号》(GA/T 74—2017)执行。

▶ 5.4.2 安全防范系统的组成

智能建筑的安全防范系统是智能建筑设备管理自动化一个重要的子系统,是向建筑物内工作和居住的人们提供安全、舒适及便利的工作生活环境的可靠保证。

智能建筑的安全防范系统一般由 6 个系统组成,如图 5.43 所示,闭路电视监控系统和入侵报警系统是其中两个最主要的组成部分。

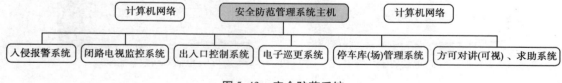

图 5.43 安全防范系统

①闭路电视监控系统(CCTV)。CCTV 的主要任务是对建筑物内重要部位的事态、人流等动态状况进行宏观监视、控制,以便对各种异常情况进行实时取证、复核,达到及时处理的目的。

②入侵报警系统。对于特殊区域及重要部位,需要建立必要的入侵防范警戒措施,这就是防盗报警系统。

③电子巡更系统。安保工作人员在建筑物相关区域建立巡更点,按所规定的路线进行巡逻检查,以防止异常事态的发生,便于及时了解情况,加以处理。

④出入口控制系统。它对建筑物内通道、财物与重要部位等区域的人流进行控制,还可以随时掌握建筑物内各种人员出入活动情况。

⑤访客对讲(可视)、求助系统。它也可称为楼宇保安对讲(可视)求助系统,适用于高层及多层公寓(包括公寓式办公楼)、别墅住宅的访客管理,是保障住宅安全的必备设施。

⑥停车库(场)管理系统。停车库(场)管理系统对停车库/场的车辆进行出入控制、停车位与计时收费管理等。

▶ 5.4.3　安全防范系统常用设备

1)云台

云台是由两个交流电机组成的安装平台,可以向水平和垂直方向运动。控制系统在远端可以控制其云台的转动方向。云台有多种类型,按使用环境分为室内型和室外型(室外型密封性能好,防水防尘,负载大);按安装方式分为侧装和吊装(即云台可安装在天花板上,还安装在墙壁上);按外形分为普通型和球型。球型云台是把云台安置在一个半球形、球形防护罩中,除了防止灰尘干扰图像,还具有隐蔽、美观、快速的优点。

2)监视器

监视器是监控系统的标准输出,用来显示前端送过来的图像。监视器分彩色、黑白两种,尺寸有9、10、12、14、15、17、21 in 等,常用的是 14 in(1 in=2.54 cm)。监视器也有不同的分辨率,同摄像机一样用线数表示,实际使用时一般要求监视器线数要与摄像机匹配。另外,有些监视器还有音频输入、S-video 输入、RGB 分量输入等,除了音频输入监控系统会用到,其余功能大部分用于图像处理。

3)视频放大器

当视频传输距离比较远时,最好采用线径较粗的视频线,同时可以在线路内增加视频放大器增强信号强度达到远距离传输目的。视频放大器可以增强视频的亮度、色度和同步信号,但线路内干扰信号也会被放大。另外,回路中不能串接太多视频放大器,否则会出现饱和现象,导致图像失真。

4)视频分配器

一路视频信号对应一台监视器或录像机,若想把一台摄像机的图像给多个管理者看,最好选择视频分配器。因为并联视频信号衰减较大,送给多个输出设备后由于阻抗不匹配等原因,图像会严重失真,线路也不稳定。视频分配器除了阻抗匹配外,还有视频增益,使视频信号可以同时送给多个输出设备而不受影响。

5)视频切换器

多路视频信号要送到同一处监控,可以每一路视频对应一台监视器。但监视器占地大,价格贵,如果不要求时时刻刻监控,可以在监控室增设一台切换器,把摄像机输出信号接到切换器的输入端,切换器的输出端接监视器。切换器的输入端分为2、4、6、8、12、16 路,输出端分为单路和双路,而且还可以同步切换音频(视型号而定)。切换器有手动切换、自动切换两种工作方式。手动方式是想看哪一路就把开关拨到哪一路;自动方式是让预设的视频按顺序延时切换,切换时间通过一个旋钮可以调节,一般为1~35 s。切换器在一个时间段内只能显示输入中的一个图像。要在一台监视器上同时观看多个摄像机图像,则需要用到画面分割器。

6)画面分割器

画面分割器有 4 分割、9 分割、16 分割几种,可以在一台监视器上同时显示 4、9、16 个摄像机的图像,也可以送到录像机上记录。4 分割是最常用的设备之一,其性能价格比也比较好,图像的质量和连续性可以满足大部分要求。大部分分割器除了可以同时显示图像外,也可以显示单幅画面,可以叠加时间和字符,设置自动切换,连接报警设备等。

7)录像机

监控系统中最常用的记录设备是民用录像机和长延时录像机。延时录像机可以长时间工作,可以录制 24 h(用普通 VHS 录像带)甚至上百小时的图像;可以连接报警设备,收到报警信息自动启动录像;可以加时间日期,可以编制录像机自动录像程序,以选择录像速度,录像带到头后是自动停止还是倒带重录等。

8)探测器

探测器也称为入侵探测器,是用于探测入侵者移动或其他动作的器件,可称为安防的"哨兵"。

9)控制器

报警控制器由信号处理器和报警装置组成,是对信号中传来的探测信号进行处理,判断出信号中"有"或"无"危险信号,并输出相应的判断信号。若有入侵者侵入的信号。处理器会发出报警信号,报警装置发声光报警,引起保安人员的警觉,或起到威慑入侵者的作用。

10)报警中心

为实现区域性的防范,可把几个需要防范的区域连接到一个接警中心,称为报警中心。

▶ 5.4.4 安全防范系统功能

智能建筑的入侵报警系统负责对建筑内外各个点线、面和区域的侦测任务。它一般由探测器、区域控制器和报警控制中心 3 个部分组成。

入侵报警系统的结构如图 5.44 所示。最底层是探测器和执行设备,负责探测人员的非法入侵,有异常情况时会发出声光报警,同时向区域控制器发送信息。区域控制器负责下层设备的管理,同时向控制中心传送相关区域内的报警情况。一个区域控制器和一些探测器声光报警设备就可以组成一个简单的报警系统,但在智能建筑中还必须设置监控中心。监控中心由微型计算机、打印机与 UPS 电源等部分组成,其主要任务是对整个防盗报警系统的管理和系统进行集成。

目前,防盗入侵报警器主要分为开关式报警器、主动与被动红外报警器、微波报警器、超声波报警器、声控报警器、玻璃破碎报警器、周界报警器、视频报警器、激光报警器、无线报警器、振动及感应式报警器等,它们的警戒范围各不相同,有点控制型、线控制型、面控制型和空间控制型之分,如表 5.6 所示。

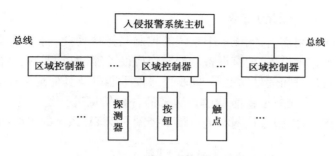

图 5.44　入侵报警系统

表 5.6　按报警器的警戒范围分类

序号	警戒范围	报警器种类
1	点控制型	开关式报警器
2	线控制型	主动式报警器、激光报警器
3	面控制型	玻璃破碎报警器、震动式报警器
4	空间控制型	微波报警器、超声波报警器、被动红外报警器、声控报警器、视频报警器、周界报警器

► 5.4.5　闭路电视监控系统(CCTV)

闭路电视监控系统的作用是监控重要地点的人员活动状况,为安全防范系统提供动态图像信息为消防等系统的运行提供监视手段。闭路电视系统主要由前端(摄像)、传输、终端(显示与记录)与控制 4 个主要部分组成(图 5.45),具有对图像信号的分配、切换、存储、处理、还原等功能。

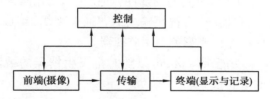

图 5.45　闭路电视监控系统的组成

1)前端(摄像)部分

前端(摄像)部分包括安装在现场的摄像机、镜头、防护罩、支架和电动云台等设备,其任务是获取监控区域的图像和声音信息,并将其转换成电信号。

2)传输部分

传输部分包括视频信号的传输和控制信号的传输两大部分,由线缆、调制和解调设备、线路驱动设备等组成。传输系统将电视监控系统的前端设备和终端设备联系起来,将前端设备产生的图像视频信号、音频监听信号和各种报警信号送至中心控制室的终端设备,并把控制中心的控制指令送到前端设备。

3)终端（控制、显示与记录）部分

终端设备安装在控制室内，完成整个系统的控制与操作功能，可分成控制、显示与记录3个部分。它主要包括显示设备、记录设备和控制切换设备等，如监视器、录像机、录音机、视频分配器、时序切换装置、时间信号发生器、同步信号发生器以及其他配套控制设备等。它是电视监控系统的中枢，主要任务是将前端设备送来的各种信息进行处理和显示，并根据需要向前端设备发出各种指令，由中心控制室进行集中控制。CCTV系统的组成如图5.46所示。

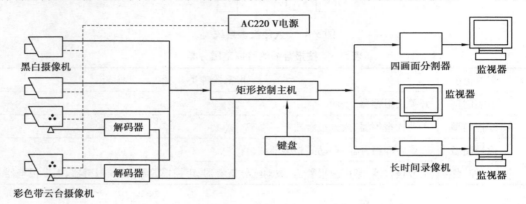

图5.46 闭路电视系统的组成

4)控制部分

控制部分包括视频切换器、画面分割器、视频分配器、矩阵切换器等。控制设备是实现整个系统的指挥中心。控制部分主要由总控制台（有些系统还设有副控制台）组成。总控制台的主要功能有：视频信号的放大与分配，图像信号的处理与补偿，图像信号的切换，图像信号（或包括声音信号）的记录，摄像机及其辅助部件（如镜头、云台、防护罩等）的控制（遥控）等。

显示部分一般由多台监视器（或带视频输入的普通电视机）组成。它的功能是将传输过来的图像显示出来，通常使用黑白或彩色专用监视器。

总控制台上设置的记录功能录像机，可以随时把发生情况的被监视场所的图像记录下来，以便备查或作为取证的重要依据。

5.5 智能化系统与空调系统

▶ 5.5.1 自动控制与空调系统关系概述

暖通空调系统需要调节与控制，因为暖通空调系统都是按最不利条件下设计的，而且设计时留有一定裕量，系统实际的能力通常大于实际负荷。以北京某大型医院的能耗分析结果为例，2013年该医院能耗中，用电耗能占总能耗费用的86%；用水能耗占总能耗费用的4%；热能消耗占总能耗费用的10%。2013年全年用电中，空调系统耗电量占总用电量的49%。也就是说，一所医院近一半的电力都用来营造就医环境。这是因为设计条件下最不利工况出现的时间很少，大部分时间都是处于部分负荷工况，由于缺乏自动控制系统的调节，空调系统

运行能耗偏高。因此,暖通空调系统必须进行调节与控制,以使系统的出力与负荷相匹配和使它所控制的环境符合设计要求。系统的运行调节与控制有两种途径来实现——人工控制和自动控制。人工控制的最大优点是无须设置一套自动控制的系统,初始投资少,但需要较多运行管理人员,劳动强度大,调节质量依赖管理人员的专业知识水平、经验和责任心;一般来说调节质量不高,因为人的精力有限,难以时刻跟踪负荷的变化,且调节量不易把握,而出现过度调节或调节量不足。自动控制与人工控制相比有以下优点:

①保证了系统按预定的最佳方案运行,达到节能和降低运行费用的目的。系统即使有最佳的节能运行方案,如果不能完全实施,也就难以真正达到节能的目的。例如,全空气空调系统运行调节方案中有些气候条件可以加大新风量或全新风运行,既节能又改善室内空气质量;调节时需要比较室内外空气的焓值与温度,并确定调节量,用人工调节就困难得多,也可能只能进行大致的调节。

②调节精度高。尤其是工艺性空调更离不开自动控制,例如要求恒温精度±1 ℃、±0.5 ℃,恒湿精度±10%、±5 %的空调系统,人工控制几乎无法实现,只能依靠自动控制来实现。

③系统的运行安全、可靠。例如,寒冷和严寒地区,冬季空调机组引入的新风温度在0 ℃以下,稍有不慎就会引起换热盘管中水结冰而损坏。通常在盘管表面设测温元件,根据温度自动报警或自动处置;又如,建筑中的防烟排烟系统应设自动控制,以保证火灾时系统及时按要求投入运行。

④运行管理人员少,劳动强度低。自动控制的缺点是初投资大,但人工费用、暖通空调能耗费用、其他物资消耗的费用均低而得到补偿。人工控制宜用在系统比较简单、基本无调节要求的场所,如工厂中一些局部排风系统、进风系统等。自动控制在空调中的应用愈来愈广泛,基本上已经无纯人工控制的空调系统,至少是人工与自动联合控制的系统。例如,空调系统中的冷源设备(如冷水机组)都自带有自控系统,它具有自动能量调节、安全保护和运行参数显示等功能,即使空调系统中不再配置其他自控设备,这个系统也是人工与自动联合控制的系统。

现代技术的发展,自动控制已深入各个领域。现在许多建筑中都设置有楼宇自控系统(Building Automation System,BAS),不仅可对机电设备系统进行自动控制,而且在安全保卫、车库管理等方面可进行监控。楼宇自控系统由以下几部分组成:

①建筑设备运行监控与管理,包括暖通空调、给排水、供配电与照明。

②火灾报警与消防联动控制、电梯运行管制。

③公共安全防范与管理,包括电视监控、防盗报警、出入口管理、保安人员巡查、汽车和重要仓库管理与防范等。

暖通空调系统的监控系统只是BAS的一个子系统,它除了对建筑内的暖通空调系统实施检测和控制,还与中央监控系统联网。现代建筑正向着智能建筑(Intelligent Building)方向发展。

暖通空调中的自动控制系统是由电气工程师来设计的,但暖通空调系统的运行调节控制方案应由暖通空调工程师来制订。因此暖通空调自动控制内容主要有系统参数检测、参数与设备状态显示、自动调节与控制、工况自动转换、设备联锁与自动保护、能量计量以及中央监控与管理。一个工程自动控制的具体内容与建筑的功能要求、系统类型、设备运行时间以及工艺对管理要求等因素有关,并通过技术经济比较确定。

▶ **5.5.2 空调自动控制系统的相关环节与控制设备**

空调自动控制系统的应用场景

1)控制系统各环节

制冷空调自动控制系统一般都是反馈控制系统。所谓反馈,就是将系统的输出量引回来作用于系统的控制部分,形成闭合回路,这样的系统称为闭环控制系统,也称为反馈控制系统。

在反馈控制系统中,被控对象的有关信息被获取以后,通过一些中间环节,最后又作用于被控对象本身,使之发生变化。这样,信息的传递途径是一个闭合的环路。在这个闭合的环路中,除被控对象以外,还有实现控制的设备(称为控制器),以及获取被控对象有关信息的设备(称为传感器),如图5.47所示。

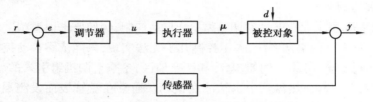

图中:

r:设定值;μ:执行器输出;d:干扰;e:偏差;y:受控变量;

u:调节器输出;b:受控变量测量值。

图 5.47 反馈控制系统图

2)控制系统各设备及其特性

(1)传感器

在自动控制系统中,为了对各种变量(如温度、压力)进行检测和控制,首先要把这些物理量转换成容易比较而且便于传送的信息(一般是电气信号,如电压、电流等),这就要用到传感器。在制冷空调自动控制系统中,常用的传感器有温度传感器、湿度传感器、压力传感器和流量传感器等。

从传感器送往控制器的电气信号,当前通用的有两种,即0~10 V的直流电压信号,习惯上称为Ⅰ类信号;以及4~20 mA的直流电流信号,习惯上称为Ⅱ类信号。有时候,Ⅱ类信号也可以是1~5 V的直流电压信号,用于与计算机系统的连接。

各种传感器的主要应用目的是对被测量进行连续测量和输出。如果仅仅是出于安全保护的目的和对设备运行状态进行监视,一般不宜采用如温度传感器、湿度传感器、压力传感器和流量传感器等以连续量输出的传感器,而应尽量采用如温度开关、压力开关、风流开关、水流开关、压差开关、水位开关等以开关量输出的传感器。

除了传送标准电信号,有的温度传感器采用电阻信号输出的形式,通过调节器中设置的变送器转换后变成标准电信号来参与控制。湿度传感器通常采用标准电信号输出。对传感器的性能要求,包括线性度、时间常数等技术指标和测量范围、测量精度等工程应用指标。

①温度传感器。常用的温度传感器有热电偶、热电阻和半导体热敏电阻等。

热电偶:将不同材质的两种金属导线互相焊接起来,将焊点置于被测温度下,两根导线的另一端就会出现电动势,其值与被测温度之间有确定的关系。这种温度传感器被称为热电偶。热电偶所提供的信号称为"热电动势",它是不超过几十毫伏的微弱直流电动势。

热电偶的特点是结构简单,根据所选择的两根导线的材质,最高可以测量 1 600～1 800 ℃ 的高温;本身尺寸小,可以用来测量狭小空间的温度,而且热惯性也小,动态响应快;输出信号为直流电动势,便于转换、传送和测量。

热电偶的型号一般用"分度号"表示,它代表了构成热电偶的两种金属的材质、它的测温范围以及热电动势与温度之间的关系。在使用热电偶测温时,应当注意进行正确的冷端补偿;在将热电偶的信号从现场引到控制室时,应当采用相应的补偿导线。

热电阻:绝大多数金属都具有正的电阻温度系数,即温度越高、电阻越大。利用这一自然规律可以制成温度传感器。与热电偶相对应,这种利用金属材料的电阻与温度的关系制成的温度传感器,被称为"热电阻"。应当指出的是,这里所说的热电阻是由金属材料制成的,它与由半导体材料制成的"热敏电阻"有着完全不同的特性。

半导体热敏电阻:与金属热电阻相比,半导体热敏电阻具有灵敏度高、体积小、反应快等优点,这也是各种半导体热敏电阻的特性。适用于作为双位调节的温度传感器,只有 NTC 型热敏电阻。半导体热敏电阻的电阻温度系数不是常数,它的电阻与温度之间的关系接近指数关系,因此半导体热敏电阻是非线性器件,这将对其应用带来不利的影响。但是,它在常温下的电阻温度系数大约是铂热电阻的 12 倍,因此它的测温灵敏度是任何金属热电阻所无法达到的,这是半导体热敏电阻的一个突出优点。半导体热敏电阻的另外一个突出优点是连接导线的电阻值几乎对测温没有影响。因为热敏电阻在常温下的阻值很大,通常都在几千欧姆以上,不必考虑连接导线的电阻随温度变化的影响,这就给使用带来了方便。

②湿度传感器。在制冷空调自动控制系统中,经常需要测量空气的相对湿度,因此所用到的湿度传感器都是相对湿度传感器。测量空气相对湿度的方法很多,常用的有干湿球温度计以及各种湿敏传感元件。

干湿球温度计:最常见的湿度传感器。在控制系统中采用干湿球温度计时,用热电阻或热电偶代替平常使用的玻璃温度计,同样将其中的一支保持湿润(湿球),分别测出干球温度 T_1 和湿球温度 T_2,再根据干球温度和干、湿球温差,计算求得相对湿度 φ。无论是在高湿度条件还是在低湿度条件下,干湿球温度计都有很好的测量精度。将干湿球温度计在制冷空调自动控制系统中作为湿度传感器使用时,最大的问题在于如何在无人值守的情况下始终保证湿球湿润。

湿敏传感元件:可以用作湿敏传感元件工作物质的材料很多,一般都是多孔性材料。如氯化锂湿敏元件、炭粒树脂湿敏元件、氧化铁湿敏元件和多孔陶瓷湿敏元件等。无论采用哪种工作物质,湿敏传感元件都是利用多孔性材料吸收水分的多少,其电阻值将随之发生相应变化这一性质来测量空气的相对湿度。有时候,也可以利用电介质吸湿后造成电容量的变化来测量空气的相对湿度。

采用多孔性材料的湿敏元件都有一个共同的特点,那就是吸湿快而脱湿慢。为了克服这一缺点,首先在选择湿度传感器的安装位置时,应当尽量将传感器安装在气流速度较大的地方。如测量室内相对湿度时,往往不是将湿度传感器直接安装在室内,而是安装在回风风道内;而在测量室外空气的相对湿度时,则将湿度传感器安装在新风风道内。

除了以上要求,安装湿度传感器时还应当避免附近的热源和水滴对传感器的影响。如被测空气中含有易燃易爆物质时,同样应当采用本安型湿度传感器。

③压力(压差)传感器。压力(压差)传感器的敏感元件一般由两部分组成。首先,通过一个弹性测压元件将压力(压差)的变化转换成位移的变化,然后,再通过一个位移检测元件将位移的变化转换为电信号,最后转换成标准信号输出。

压差传感器与压力传感器的差别仅在于导压管的数量。压力传感器只有一支导压管,弹性测压元件的位移直接反映了该点的压力。压差传感器有两支导压管,分别接在两个不同的地方,弹性测压元件的位移就反映了这两点之间的压力差。

④流量传感器。流量传感器类型有许多种,如差压式、容积式、速度式等。

差压流量计需要在管道内安装如孔板等的节流装置。当流体通过时,在节流装置的前后将产生静压差,这一静压差与流速的平方根成正比。只要测得节流装置前后的差压,就可以得到流速,再乘以管道的截面积,就可以得到流量值。差压流量计的主要优点是结构简单、可靠耐用,且能够适用于多种流体。

(2)控制器

空调自控中用到的控制器有两种:可编程控制器(PLC)和直接数字控制器(DDC)。两者都由 CPU 模块、I/O 模块、显示模块、电源模块、通信模块等组成。在工程中,两者都被称为计算机控制,由于它们通常被设置在被控设备附近,也被称为现场控制器。装有控制器的控制箱与设备的配电箱并列布置在空调机房内,以利于布线。目前也有一些有实力的机电一体化的工程公司将控制箱与配电箱合二为一,减少了机房布线。

控制器通过模拟量输入通道(AI)和数字量输入通道(DI)采集实时数据,并将模拟量信号转变成计算机可接收的数字信号(A/D 转换),然后按照一定的控制规律进行运算,最后发出控制信号,并将数字量信号转变成模拟量信号(D/A 转换),通过模拟量输出通道(AO)和数字量输出通道(DO)直接控制设备的运行。同时,控制器能接收中央管理计算机(上位机)发来的各种直接操作命令,对监控设备和控制参数进行直接控制。

(3)执行器

执行器从驱动方式上可分为电磁式执行器、电动执行器、气动执行器和自力式执行器四种形式。随着技术进步,已出现智能电动执行器。

执行器是制冷空调自动控制系统中不可缺少的组成部分。它接受来自控制器的信号,转换成角位移或直线位移输出,带动调节阀改变开度,从而达到控制温度、相对湿度、压力、流量等参数的目的。制冷空调自动控制系统中常用的执行器有电磁执行器、电动执行器、气动执行器等。

①电磁执行器。在制冷空调自动控制系统中,电磁执行器一般用于驱动截止阀。电磁执行器的特点是电动执行器的种类很多,一般可分为直行程、角行程和多转式 3 种。这 3 种电动执行器都是由电动机带动减速装置,在控制信号的作用下产生直线运动或旋转运动。

②电动执行器。它是在制冷空调自动控制系统中应用最多的一种执行器,一般用于驱动调节阀。它与电磁执行器之间的最大差别在于电动执行器可以进行连续调节,这也是它的主要优点。电动执行器的主要缺点是结构复杂。

③气动执行器。气动执行器也是常用的执行器之一。它通过压缩空气推动波纹薄膜及推杆,带动调节阀运动。气动执行器可以作两位式调节,也可以作简单的、不精确的连续调节;加上阀门定位器以后,可以作精确的连续调节。在空气中含有易燃易爆物质的环境中,以及在多粉尘的环境中,应当采用气动执行器来驱动调节水阀和调节风阀,而不能采用电磁/电

动执行器,以保证安全。

无论哪种执行器,都必须同时具备手动机构。一方面是为了在紧急情况下能够进行人工操作,以维持系统最低水平的运行,同时也是为了满足系统调试的需要。手动机构一般需要设置远动/手动转换开关,实现功能的转换,并且将远动/手动转换开关的状态在集中监控系统中进行显示。

④自力式执行器。自力式执行器的工作原理是依靠被控介质本身的参数变化作为执行器的输入而参与控制环节,不需要其他的驱动能源,因此具有较好的可靠性和稳定性(比较典型的有散热器恒温阀、自力式定流量阀等),但其控制的精度等相对较低,适用于被控对象容量较大的场所。

(4)调节阀

调节阀是制冷空调系统中广泛应用的流量调节器件。作为一种阻力可变器件,它与各种执行器一起,根据控制器的指令调节冷、热水和蒸汽的流量,完成各种参数的控制任务。

▶ 5.5.3 建筑设备监控系统

前面所述的空调 DDC 控制系统已经能完成空调自控的基本要求,但是如果空调系统很大,末端设备众多而且分散,控制系统的维护(例如参数的设定,某台空调机组的设定温度需要提高或降低 1 ℃),都需要到现场的控制器上去设置,非常不方便。如果通过网络把所有的 DDC 控制器都连接到一台或多台电脑上,即增加上位机,就可以通过电脑来管理所有的 DDC 控制器,远程监控现场参数和设备运行状态,还可以远程设定参数、记录历史数据、故障监视、自动报警等,非常方便,这就诞生了空调自控系统。空调自控系统管理着分布在建筑各处的空调设备,如果将其他专业少量设备(如给排水泵、公共照明及电梯等)纳入进来,这样就省去了另建控制系统的投资,此时的空调自控系统就变成了建筑设备监控系统(BAS)。

建筑设备监控系统(BAS)的主要应用目的是优化建筑物内建筑设备的运行状态,节省建筑设备能耗,提高设备自动化监控和管理水平,为建筑提供良好环境,以及提高运行和管理人员效率,减少运行费用。

在建筑设备监控系统(BAS)中,暖通空调设备占绝大部分比例。该系统由监控计算机、分布在建筑各处的 DDC 控制器、现场仪表及通信网络 4 个主要部分组成。这样组成的控制系统分工明确,分散在各个机房的 DDC 控制器负责现场设备的控制运行,监控计算机负责集中管理。

建筑设备监控系统(BAS)必须架构在一个通信网络上。这种通信网络架构通常是分层级设置的。大型的建筑设备监控系统(BAS),垂直方向由管理网络层级、控制网络层级及现场网络层(仪表)三个部分组成;水平方向各个过程控制级间必须能相互协调,同时还能向垂直方向传递数据,收发指令,水平级与级之间也能进行数据交换。这种控制系统要求控制功能尽可能分散,管理功能尽可能集中。分散控制的最主要目的是把风险分散,使控制系统的可靠性得以提高,不会因局部控制器的故障影响全局。

建筑设备监控系统的网络层结构,包含现场网络层、控制网络层、管理网络层 3 个部分,如图 5.48 所示。

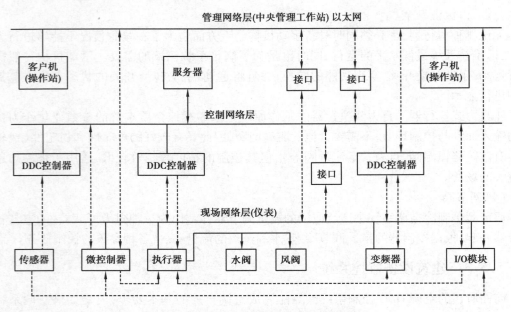

图 5.48　建筑设备监控系统三层网络层结构

1)现场网络层

现场网络层由通信总线连接微控制器、智能现场输入输出模块和智能现场仪表(智能传感器、智能执行器、智能变频器)、现场仪表组成,通信总线可以是以太网或现场总线;普通现场仪表,包括传感器、电量变送器、照度变送器、执行器、水阀、风阀、变频器,不能连接在通信总线上。

(1)微控制器

微控制器体积小、集成度高、基本资源齐全、专用资源明确、具有特定控制功能;不同种类控制设备使用不同种类的微控制器,不同种类的微控制器可以连接在同一条通信总线上。微控制器独立于 DDC 控制器和中央管理工作站完成全部控制应用操作,通常具有由某些国际行业规范决定的标准控制功能,以符合控制应用标准化和数据通信标准化需要,使产品具有可互操作性。暖通空调微控制器包括变风量末端装置微控制器、实验室的区域控制器等;微控制器通常直接安装在被控设备的电力柜(箱)里,成为机械设备的一部分,例如变风量末端装置控制器就直接安装在变风量末端装置所附的电力箱中。

(2)智能现场仪表

嵌入计算机硬件和软件的网络化现场设备,通过通信总线与控制器、微控制器进行通信,如具有远传功能的热计量表、流量计等。

(3)分布式输入输出模块

嵌入计算机硬件和软件的网络化现场设备,作为控制器的组成部分,通过通信总线与控制器计算机模块连接。组建自动化系统时,通常需要将过程的输入和输出集中集成到该自动化系统中。

2)控制网络层

现场控制层的主要作用就是 DDC 现场控制器或 PLC 控制器。在民用建筑中,除有特殊要求外,应选用 DDC 控制器,它跟现场的传感器、执行机构和变送器直接对接,完成对现场各设备的实时监控,通过通信网络与上层计算机完成信息交换。DDC 现场控制器习惯上被称为下位机,除了能接收上位机传送来的命令,还能传递给上位机本地的数据与状态。现场控制器能对设备进行单独控制,运用设定的参数作各种算法运算,实现输出控制,当然前提是在上位机不干预的情况下。

DDC 控制器应按工艺设备的系统进行设置,即同一工艺系统的测量控制点宜接入同一台现场 DDC 控制器中,以增加系统的可靠性,便于系统调试。现场 DDC 控制器的输入输出点应留有适当余量,以备系统调整和今后扩展,预留量一般应大于 10%。

控制网络层可包括并行工作的多条通信总线,每条通信总线可通过网络通信接口与管理网络层(中央管理工作站)连接,也可通过管理网络层服务器的 RS232 通信接口或内置通信网卡直接与服务器连接。

3)管理网络层

管理层就是监控计算机,习惯称上位机。监控计算机包括服务器与工作站,服务器与工作站软件通常安装在多台 PC 机上,宜建立多台客户机(操作站)并行工作的局域网系统。当系统规模较小时,也可以安装在一台计算机上。监控计算机一般采用与系统处理性能相适应的工控机或办公微机。中央监控主机通过与 DDC 现场控制器通信,完成对所有空调设备的监测、控制与管理,实现自动记录、存储和查询历史运行数据,对设备故障和异常参数及时报警和自动记录等。

5.6 建筑智能化施工图识读

智能建筑弱电工程是建筑电气工程中的一个组成部分,在现代建筑(宾馆、商场、写字楼、办公室、科研楼及高级住宅)中普遍安装了较为完善的弱电设施,如火灾自动报警及联动控制装置、防盗报警装置、闭路电视监控系统、网络视频监控系统(包括无线网络视频监控系统)、电话、计算机网络综合布线系统、公用天线有线电视系统及广播音响系统等。

对建筑智能化弱电系统工程的设计、安装与调试,要求相关的专业人员要熟练掌握弱电平面图、弱电系统图、弱电设备原理框图。

建筑智能化弱电系统工程图与建筑电气工程图一样,形式多样,常见的有弱电平面图、弱电系统图和框图。

▶ 5.6.1 识读建筑弱电系统工程图

识读建筑弱电系统工程图时,要注重掌握不同子系统的读图、识图具体分析方法和读图、识图规律。

建筑智能化弱电系统由楼宇自控系统、安防系统、消防报警联动控制系统、给排水及控制系统、网络通信系统等子系统组成。每个子系统的工程图都有自己的特点,如网络通信系统的工程图与安防系统、消防报警联动控制系统等子系统的工程图有很大的不同,主要是由于系统的组成设备和组件不同、设备连接方式不同,表现在绘图方面,图形符号连接方式也不同。因此,对于建筑弱电系统的识图和读图,就要注重掌握不同子系统读图、识图的具体方法和规律。

对于建筑弱电系统各子系统,读图、识图基本的规律性主要体现在以下几点:

①按照不同的子系统来读图、识图。由于建筑弱电系统是由许多子系统组成的,具体分析识读工程图时,要将子系统作为单元来读图、识图。

②每个子系统都有自身的一些设备、组件,设备和组件的标准符号都有自己的特点。因此,阅读各子系统的基础之一就是熟悉各子系统的常用设备、组件的标准符号。

③按照一般电气工程图读图、识图的一般规律和步骤进行。

▶ 5.6.2 对建筑智能化子系统平面图的识读

1)综合布线系统图的识读

(1)综合布线系统图的识读

综合布线系统图分析内容主要有以下几方面:

①主配线架的配置情况。

②建筑群干线线缆采用哪类线缆,干线线缆和水平线缆采用哪类线缆。

③是否有二级交接间对干线线缆进行接续。

④通过布线系统,使用交换机组织计算机网络的情况。

⑤整个布线系统对数据的支持和对语音的支持情况,即数据点和语音点的分布情况。

⑥设备间的设置位置,以及设备间内的主要设备,包括主配线架和网络互联设备的情况。

⑦布线系统中光纤和铜缆的使用情况。

(2)平面图的识读分析

综合布线平面图分析内容主要有以下几类:

①水平线缆使用线缆种类及采用的敷设方式,如两根四对对绞电缆穿 SC20 钢管暗敷在墙内或吊顶内。

②每个工作区的服务面积,每个工作区设置信息插座数量,数据点信息插座和语音点信息插座的分布情况。

③用户的需求不同,就有不同的布线情况,如有无光纤到桌面,有无特殊的布线举措,大开间办公室内的信息插座既有壁装的也有地插式的等。

④各楼层配线架 FD 装设位置(楼层配线间或直接将楼层配线架 FD 装设于弱电竖井内),各楼层所使用的信息插座是单孔、双孔或四孔等情况。

⑤随着光网络技术的发展,综合布线系统和电信网络的配合是一个必须考虑的问题,如布线系统是采用 FTTB+LAN(光纤到大楼+局域网)方式,还是采用 FTTC(光纤到路边)、FTTH(光纤到家)和 FTTR(光纤到远端模块局)等方式。

2)有线电视平面图的识读

识读有线电视平面布置图时,注意掌握以下内容:

①有线电视主要设备场所的位置及平面布置,前端设备规格型号、台数,电源柜和操作台规格型号及安装位置要求,交流电源进户方式、要求、线缆规格型号,天线引入位置及方式、天线数量。

②信号引出回路数、线缆规格型号、电缆敷设方式及要求、走向。

③各房间有线电视插座安装位置标高、安装方式、规格型号数量、线缆规格型号及走向、敷设方式。

④在多层结构中,房间内有线电视插座的上下穿越敷设方式及线缆规格型号;有无中间放大器,其规格型号数量、安装方式及电源位置等。

⑤如果提供自办节目频道时,应标注演播厅、机房平面布置及其摄像设备的规格型号、电缆及电源位置等。

⑥设置室外屋顶天线时,应说明天线规格型号、数量、安装方式、信号电缆引下及引入方式、引入位置、电缆规格型号、天线电源引上方式及其规格和型号,天线安装要求(方向、仰角、电平等)。

3)对安全防范系统平面图的识读

识读安全防范系统平面图时,注意掌握以下内容:

①保安中心(机房)平面布置及位置,监视器、电源柜及 UPS 柜、模拟信号盘、通信柜、操作柜等机柜室内安装排列位置、台数、规格型号、安装要求及方式。

②各类信号线、控制线的引入及引出方式、根数,线缆规格型号、敷设方法,电缆沟、桥架及竖井位置,线缆敷设要求。

③所有监控点摄像头的安装及隐蔽方式,线缆规格型号、根数、敷设要求,管路或线槽安装方式及走向。

④所有安防系统中的探测器,如红外幕帘、红外对射主动式报警器、窗户破碎报警器、移动入侵探测器等的安装及隐蔽方式,线缆规格型号、根数、敷设要求,管路或线槽安装方式及走向。

⑤门禁系统中电动门锁的控制盘、摄像头、安装方式及要求,管线敷设方法及要求、走向,终端监视器及电话安装位置和方法。

⑥将平面图和系统图对照,核对回路编号、数量、元件编号。

⑦核对以上的设备组件的安装位置标高。

5.7　智能建筑弱电系统施工工艺

智能建筑属于电气安装工程的一部分,也是整个建筑工程项目的一个重要组成部分,与其他施工项目必然发生多方面的联系,尤其和土建施工的关系最为密切。如:电源的进户、明暗管道的敷设、防雷和接地装置的安装、配电箱(屏、柜)的固定等,都要在土建施工中预埋构件和预留孔洞。随着现代化设计和施工技术的发展,许多新结构、新工艺的推广应用,施工中的协调配合就愈加显得重要。弱电系统施工工艺流程如图 5.49 所示。

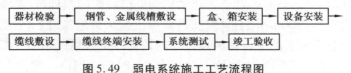

图 5.49　弱电系统施工工艺流程图

▶ 5.7.1 施工前的准备工作

在工程项目的设计阶段，由设计人员对土建设计提出技术要求，例如弱电设备和线路的固定件预埋，这些要求应在土建结构施工图中得到反映。土建施工前，弱电安装人员应会同土建施工技术人员共同审核土建和弱电施工图纸，以防遗漏和发生差错；工人应看懂土建施工图纸，了解土建施工进度计划和施工方法，尤其是梁、柱、地面、屋面的做法和相互间的连接方式，并仔细地校核自己准备采用的安装方法能否和这一项目的土建施工相适应。施工前，还必须加工制作和备齐土建施工阶段中的预埋件、预埋管道和零配件。

施工前应对所用器材进行外观检验，检查其型号规格、数量、标志、标签、产品合格证、产品技术文件资料，有关器材的电气性能、机械性能、使用功能及有关特殊要求，应符合设计规定。

▶ 5.7.2 基础阶段

在基础工程施工时，应及时配合土建做好弱电专业的进户电缆穿墙管及止水挡板的预留预埋工作。这一方面要求弱电专业应赶在土建做墙体防水处理之前完成，避免弱电施工破坏防水层造成墙体渗漏；另一方面要求格外注意预留的轴线、标高、位置、尺寸、数量用材规格等方面是否符合图纸要求。进户电缆穿墙管和预留预埋是不允许返工修理的，返工后土建二次做防水处理很困难也容易产生渗漏。按惯例，直径>300 mm 的孔洞一般在土建图纸上标明，由土建负责留，这时安装工长应主动与土建工长联系，核对图纸，保证土建施工时不会遗漏。配合土建施工进度，及时做好直径<300 mm、土建施工图纸上未标明的预留孔洞及需在底板和基础垫层内暗配的管线及稳盒的施工。对需预埋的铁件、吊卡、木砖、吊杆基础螺栓及配电柜基础型钢等预埋件，施工人员应配合土建，提前做好准备，土建施工到位就及时埋入，不得遗漏。根据图纸要求，做好基础底板中的接地措施，如需利用基础主筋作接地装置时，要将选定的柱子内的主筋在基础根部散开与底筋焊接，并做好色标标记，引上留出测接地电阻的干线及测试点。需人工砸接地极时，在条件许可的情况下，尽量利用土建开挖基础沟槽，把接地极和接地干线做好。

▶ 5.7.3 结构阶段

根据土建浇筑混凝土的进度要求及流水作业的顺序，逐层逐段地做好电管暗敷工作，这是整个弱电安装工程的关键工序，不仅影响土建施工进度与质量，而且也影响整个安装工程后续工序的质量与进度，应引起足够的重视。这个阶段也是通常所说的一次预埋：在底层钢筋绑扎完后，上层钢筋（面筋）未绑扎前，将须预埋的管、盒、孔等绑扎好，做好盒、管的防堵工作，注意不要踩坏钢筋。土建浇筑混凝土时，应留人看守，以免振捣时损坏配管或使得底盒移位。遇有管路损坏时，及时修复。对于土建结构图上已标明的预埋件（如电梯井道内的轨道支架预埋铁等以及直径>300 mm 的预留孔洞）应由土建负责施工，但工长要随时检查以防遗漏。对于要求专业自己施工的预留孔洞及预埋的铁件、吊卡吊杆、木砖、木箱盒等，施工人员应配合土建施工，提前做好准备，土建施工一到位就及时埋设到位。配合土建结构施工进度，及时做好各层的防雷引下线焊接工作，如利用柱子主筋作防雷引下线应按图纸要求将各处主筋的两根钢筋用红漆做好标记。继续在每层对该柱子主筋的绑扎接头按工艺要求做焊接处理,一直到高层的顶端,再用镀锌圆钢与柱子主筋焊接引出女儿墙并与屋面防雷网连接。

▶ 5.7.4　装修阶段

在土建工程砌筑隔断墙之前,施工人员应与土建工长和放线员将水平线及隔墙线核实一遍。然后配合土建施工,砌筑隔断墙时,将一次预埋时防堵的密封条等拆开,使接续管、盒到指定标高。在土建抹灰之前,施工人员应按内墙上弹出的水平线(50线)、墙面线(冲筋)将所有的预留孔洞按设计和规范要求查对核实一遍,符合要求后将箱、盒稳固好。将全部暗配管路也检查一遍,然后扫通管路,穿上带线,堵好管盒。抹灰时,配合土建做好接线箱的贴门脸及箱盒的收口,箱盒处抹灰收口应光滑平整,不允许留大敞口。做好防雷的均压线与金属门窗、玻璃幕墙铝框架的接地连接。配合土建安装轻质隔板与外墙保温板,在隔墙板上与保温板内接管与稳盒时,应使用开口锯,尽量不开横向长距离槽口,而且应保证开槽尺寸准确、合适。施工人员应积极主动和土建人员联系,等待喷浆或涂料刷完后进行箱、柜、墙上终端安装。安装时,弱电施工人员一定要保护好土建成品,防止墙面被弄脏碰坏。当弱电器具安装完毕后,土建修补喷浆或墙面时,要保护好弱电器具,防止污染。

一个建筑物的施工质量与内装修和墙面工程有很大关系,内线安装的全面施工应在墙面装饰完成后进行,但一切可能损害装饰层的工作都必须在墙面工程施工前完成。因此,必须事先仔细核对土建施工中的预埋配合、预留工作有无遗漏、暗配管路有无堵塞,以便进行必要的补救工作。如果墙面工程结束后再凿孔打洞,则会留下不易弥补的痕迹。工程施工实践表明,建筑设备安装工程中的施工配合是十分重要的,要做好配合工作,弱电施工人员要有丰富的实践经验和对整个工程的深入了解,并且在施工中要有高度的责任心。

▶ 5.7.5　部分器材操作工艺要求

1)信息插座安装

①安装在活动地板或地面上时,应固定在接线盒内,插座面板有直立和水平等形式;接线盒盖可开启,并应严密防水、防尘。接线盒盖面应与地面平齐。

②安装在墙体上时,宜高出地面 300 mm,如地面采用活动地板,应加上活动地板内净高尺寸。

③信息插座底座的固定方法因施工现场条件而定,宜采用配套螺丝安装方式。

④固定螺丝需拧紧,不应产生松动现象。

⑤信息插座应有标签,以颜色、图形、文字表示所接终端设备类型。

2)交接箱或暗线箱安装要求

交接箱或暗线箱宜暗设在墙体内,预留墙洞安装,箱底高出地面宜为 500 ~ 1 000 mm。

3)机架安装要求

①机架安装完毕后,水平、垂直度应符合厂家规定。如无厂家规定时,垂直度偏差不应大于 3 mm。

②机架上的各种零件不得脱落或碰坏。漆面如有脱落应予以补漆,各种标志完整清晰。

③机架的安装应牢固,应按设计图的防震要求进行加固。

④安装机架面板、架前应留有 1.5 m 空间,机架背面离墙距离应大于 0.8 m,以便于安装

和施工。

⑤壁挂式机柜底距地面宜为 300～800 mm。

4)配线设备机架安装要求

①采用下走线方式,架底位置应与电缆上线孔相对应。

②各直列垂直倾斜误差不应大于 3 mm,底座水平误差不应大于 2 mm。

③接线端子各种标识应齐全。

5)各类接线模块安装要求

①模块设备应完整无损,安装就位、标识齐全。

②安装螺丝应拧牢固,面板应保持在一个水平面上。

6)接地要求

安装机架、配线设备及金属钢管、槽道、接地体,保护接地导线截面、颜色应符合设计要求,并保持良好的电气连接,压接处牢固可靠。

7)缆线敷设要求

①缆线布放前应核对型号规格、程式、路由及位置与设计规定相符。

②缆线的布放应平直,不得产生扭绞、打圈等现象,不应受到外力的挤压和损伤。

③缆线在布放前两端应贴有标签,以标明起始和终端位置,标签标识应清晰、端正和正确。

④电源线、信号电缆、对绞电缆、光缆及建筑物内其他弱电系统的缆线应分离布放。各缆线间的最小净距应符合设计要求。

⑤缆线布放时应有冗余。在交接间,设备间对绞电缆预留长度一般为 0.5～1.0 m;工作区为 0.1～0.3 m;光缆在设备端预留长度一般为 3～5 m;有特殊要求的应按设计要求预留长度。

⑥缆线的弯曲半径应符合下列规定:

a.非屏蔽 4 对对绞电缆的弯曲半径应至少为电缆外径的 4 倍。

b.屏蔽对绞电缆的弯曲半径应至少为电缆外径的 6～10 倍。

c.主干对绞电缆的弯曲半径应至少为电缆外径的 10 倍。

d.光缆的弯曲半径应至少为光缆外径的 15 倍,在施工过程中应至少为 20 倍。

⑦缆线布放,在牵引过程中,吊挂缆线的支点相隔间距不应大于 1.5 m。

⑧布放缆线的牵引力应小于缆线允许张力的 80%,对光缆瞬间最大牵引力不应超过光缆允许的张力。在以牵引方式敷设光缆时,主要牵引力应加在光缆的加强芯上。

⑨缆线布放过程中,为避免受力和扭曲,应制作合格的牵引端头。如果用机械牵引时,应根据缆线牵引的长度、布放环境、牵引张力等因素选用集中牵引或分散牵引等方式。

⑩布放光缆时,光缆盘转动应与光缆布放同步,光缆牵引的速度一般为 15 m/min。光缆出盘处要保持松弛的弧度,并留有缓冲的余量,又不宜过多,避免光缆出现背扣。

⑪对绞电缆与电力电缆最小净距应符合表 5.7 的规定,与其他管线最小净距应符合表 5.8 的规定,与配电箱、变电室、电梯机房、空调机房之间最小净距应符合表 5.9 的规定。

表5.7　对绞电缆与电力线最小净距

条件	最小净距/mm		
电力线缆规格	380 V　<2 kV·A	380 V　2~5 kV·A	380 V　>5 kV·A
对绞电缆与电力电缆平行敷设	130	300	600
有一方在接地的金属槽道或钢管中	70	150	300
双方均在接地的金属槽道或钢管中②	10①	80	150

注:①当380 V电力电缆<2 kV·A,双方都在接地的线槽中,且平行长度≤10 m时,最小间距可为10 mm。
　　②双方都在接地的线槽中,是指两个不同的线槽,也可在同一线槽中用金属板隔开。

表5.8　对绞电缆与其他管线最小净距

管线种类	平行净距/m	垂直交叉净距/m
避雷引下线	1.00	0.30
保护地线	0.05	0.02
热力管(不包封)	0.50	0.50
热力管(包封)	0.30	0.30
给水管	0.15	0.02
煤气管	0.30	0.02

表5.9　综合布线电缆与其他机房最小净距

机房名称	最小净距/m	机房名称	最小净距/m
配电箱	1	电梯机房	2
变电室	2	空调机房	2

8)预埋线槽和暗管敷设

①敷设管道的两端应有标志,表示出房号、序号和长度。

②管道内应无阻挡,管口应无毛刺,并安置牵引线或拉线。

③敷设暗管宜采用钢管或阻燃硬质(PVC)塑料管。布放双护套缆线和主干缆线时,直线管道的管径利用率应为50%~60%,弯管道为40%~50%,暗管布放4对对绞电缆时,管道的截面利用率应为25%~30%。预埋线槽宜采用金属线槽,线槽的截面利用率不应超过40%。

④光缆与电缆同管敷设时,应在暗管内预置塑料子管,将光缆设在子管内,使光缆和电缆分开布放,子管的内径应为光缆外径的1.5倍。

9)设置电缆桥架和线槽敷设

①电缆桥架宜高出地面2.2 m以上,桥架顶部距顶棚或其他障碍物不应小于100 mm。桥架宽度不宜大于100 mm,桥架内横断面的填充率不应超过50%。

②电缆桥架内缆线垂直敷设时,在缆线的上端和每间隔1.5 m处,应固定在桥架的支架上;水平敷设时,直线部分间隔距离在3~5 m处设固定点。在缆线的首端、尾端、距转弯中心

点处300~500 mm处设置固定点。

③电缆线槽宜高出地面2.2 m。在吊顶内设置时,槽盖开启面应保持不小于80 mm的垂直净空,线槽截面利用率不应超过50%。

④布放线槽缆线可以不绑扎,槽内缆线应顺直,尽量不交叉,缆线不应溢出线槽,在缆线进出线槽部位、转弯处应绑扎固定。垂直线槽布放缆线应每间隔1.5 m处固定在缆线支架上。

⑤在水平、垂直桥架和垂直线槽中敷设缆线时,应对缆线进行绑扎。4对对绞电缆以24根为束,25对或以上主干对绞电缆、光缆及其他信号电缆应根据缆线的类型、缆径、缆线芯数分束绑扎。绑扎间距不宜大于1.5 m,扣间距应均匀,松紧适度。

10)顶棚内敷设缆线要求

顶棚内敷设缆线应考虑防火要求缆线敷设应单独设置吊架,不得布放在顶棚吊架上,宜放置在金属线槽内。缆线护套应阻燃,缆线截面选用应符合设计要求。

11)在竖井内采用明敷配管、桥架、金属线槽等方式

在竖井内采用明敷配管、桥架、金属线槽等方式敷设缆线时,应符合以上有关条款要求,同时竖井内楼板孔洞周边应设置高50 mm的防水台,洞口用防火材料封堵严实。

12)对绞电缆芯线终端要求

①终端时,每对对绞线应尽量保持扭绞状态,非扭绞长度对于5类线不应大于13 mm;6类线不大于10 mm。

②剥除护套时均不得刮伤绝缘层,应使用专用工具剥除。

③对绞电缆与RJ45信息插座的卡接端子连接时,应按先近后远、先下后上的顺序进行卡接。

④对绞电缆与接线模块(IDC,RJ45)卡接时,应按设计和厂家规定进行操作。

⑤对绞电缆的屏蔽层与接插件终端处屏蔽罩可靠接触,缆线屏蔽层应与接插件屏蔽罩圆周接触,接触长度不宜小于100 mm。

⑥对绞线在信息插座(RJ45)相连时,必须按色标和线对顺序进行卡接。插座类型、色标和编号应符合图5.50规定。T568A线序为:白绿、绿、白橙、蓝、白蓝、橙、白棕、棕,T568B线序为:白橙、橙、白绿、蓝、白蓝、绿、白棕、棕。

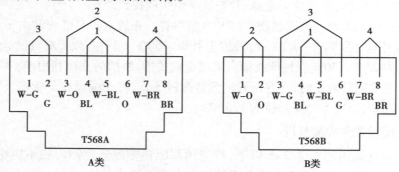

图5.50 8位模块式通用插座连接图

G(Green)—绿;BL(Blue)—蓝;BR(Brown)—棕;W(White)—白;O(Orange)—橙

13）光缆芯线终端要求

①采用光纤连接盒对光缆芯线接续、保护时,光纤连接盒可分为固定和抽屉两种方式。在连接盒中,光纤应能得到足够的弯曲半径。

②光纤融接或机械连接处应加以保护和固定,使用连接器以便于光纤的跳接。

③连接盒面板应有标志。

④跳线软纤的活动连接器在插入适配器之前应进行清洁,所插位置符合设计要求。

⑤光纤接续损耗值应符合表5.10的规定。

表5.10　光纤接续损耗　　　　　　　单位:dB

光纤类别	多模		单模	
	平均值	最大值	平均值	最大值
融接	0.15	0.30	0.15	0.30
机械接续	0.15	0.30	0.20	0.30

14）各类跳线的端接

①各类跳线缆线和插件间接触应良好,接线无误,标志齐全。跳线选用类型应符合系统设计要求。

②各类跳线长度应符合设计要求,一般对绞电缆不应超过5 m,光缆不应超过10 m。

15）系统测试

建筑智能化系统工程系统测试,包括缆线、信息插座及接线模块等内容的测试。各项测试应有详细记录,以作为竣工资料的一部分。

①测试仪表应能测试3类、4类、5类、超5类、6类对绞电缆。

②测试仪表对于一个信息插座的电气性能测试时间宜为20~50 s。

③测试仪表应有输出端口,以将所有测试数据加以存储,并随时输出至计算机和打印机进行维护管理。

④电缆、光缆测试仪表应经过计量部门校验,取得合格证后,方可在工程中使用。

⑤测试程序如下:由数据终端、语音终端开始检查,由信息出口、水平缆线、楼层配线架、主配线架、垂直缆线、电脑机房、电话交换机房,经过全面的调试检查确认无误时,再进行系统综合调试,传输速率等技术参数符合规定后,便可交付使用。

本章小结

建筑智能化技术是一门跨学科的技术,它融合了计算机技术、自动控制技术、通信技术、现代显示技术等。随着科技的不断进步,智能建筑系统从最初的楼宇设备自动化、办公自动化、通信自动化的“3A”系统,逐步发展为集合绿色环保、能源控制、大数据等新技术、新理念的“智能与绿色建筑”有机整体,实现了从传统意义上的系统、技术迈向了系统、技术与建筑物的融合。这就需要加强全局观、整体意识的培养。同时,人工智能技术作为新一轮的技术革命,已融入建筑智能化中,推动着智能建筑向更高层次发展。如何应对人工智能带来的变化,是我们每个人应思考的问题。变化是永恒的,未来的我们,不仅需要和同伴合作,还需要跟机器合作,良好的沟通、合作、创新意识,以及主动适应变化的观念都是我们人生必修课。

课后习题

一、单选题

1.下列不属于智能建筑"3A"的是(　　)。

A. BAS 　　　　B. SAS 　　　　C. OAS 　　　　D. CAS

2.有线电视系统一般由(接收)信号源、前端处理设备、(　　)、用户分配系统和用户终端系统5部分组成。

A.干线传输系统　　B.水平传输系统　　C.垂直传输系统　　D.综合传输系统

3.安全防范最主要的两个组成部分是(　　)。

A.出入口控制系统和电子巡更系统　　　　B.计算机网络系统和出入口控制系统

C.闭路电视监控系统和入侵报警系统　　　D.停车场管理系统和入侵报警系统

4.在智能化与空调系统中,常用的传感器有温度传感器、湿度传感器、压力传感器和(　　)等。

A.风量传感器　　B.光线传感器　　C.风速传感器　　D.流量传感器

5.交接箱或暗线箱宜暗设在墙体内,预留墙洞安装,箱底高出地面宜为(　　)mm。

A. 300　　　　B. 700　　　　C. 1 100　　　　D. 1 500

二、判断题

1.配线子系统应由工作区信息插座模块、模块到楼层管理间的连接缆线(水平子系统)、配线架和跳线等组成。　　　　(　　)

2.分支器与分配器最大的区别就在于输出到电视的输出口不同,分支器输出到电视的是BR输出口,而分配器是OUT输出口。　　(　　)

3.安全防范系统一般由三部分组成,即物理防范、技术防范、信息防范。　　(　　)

4.制冷空调自动控制系统一般都是反馈控制系统。　　(　　)

5.要做好建筑智能化,重点是完成电气专业的设计和施工。　　(　　)

三、简答题

1.根据《综合布线系统工程设计规范》(GB 50311—2016)规定,综合布线系统工程包括几个部分?

2.简述建筑智能化系统的工艺流程。

参考文献

［1］王凤.建筑设备施工工艺与识图［M］.天津:天津科学技术出版社,2019.

［2］王守督,李星照,高捷婷.建筑设备安装与识图［M］.天津:天津大学出版社,2021.

［3］陈翼翔.建筑设备安装试图与施工［M］.2 版.北京:清华大学出版社,2021.

［4］边凌涛.安装工程识图与施工工艺［M］.重庆:重庆大学出版社,2019.

［5］代端明.建筑水电安装工程识图与算量［M］.重庆:重庆大学出版社,2019.

［6］王刚,乔冠,杨艳婷.建筑智能化技术与建筑电气工程［M］.长春:吉林科学技术出版社,2020.

［7］王公儒.综合布线系统技能实训教程［M］.北京:机械工业出版社,2021.

［8］刘化君.综合布线系统［M］.北京:机械工业出版社,2022.

［9］张振中.智能建筑综合布线工程［M］.成都:西南交通大学出版社,2020.

［10］王斌.建筑设备安装识图与施工工艺［M］.北京:清华大学出版社,2020.

［11］陈翼翔.建筑设备安装识图与施工［M］.北京:清华大学出版社,2018.

［12］张太清,梁波.建筑智能化工程施工工艺［M］.北京:中国建筑工业出版社,2019.

［13］方翠兰,许军,易德勇.电气工程识图工艺预算［M］.北京:北京理工大学出版社,2018.

［14］黄晓燕,赵磊.建筑电气施工与工程识图实例［M］.武汉:华中科技大学出版社,2015.

［15］王守督.建筑设备安装与识图［M］.天津:天津大学出版社,2021.

［16］陈明彩.建筑设备安装识图与施工工艺［M］.北京:北京理工大学出版社,2019.

［17］赵洁.建筑设备安装识图与施工工艺［M］.上海:上海交通大学出版社,2015.